氢能
百科全书

· 精华版 ·

水素エネルギーの事典

日本氢能协会 编著

潘公宇 薛红涛 张云顺 译

机械工业出版社

CHINA MACHINE PRESS

随着全球能源结构向清洁化、低碳化转型，氢能作为可持续能源载体迎来了重要的发展机遇。本书对氢能进行了全面的总结，对于了解氢能这种清洁能源及相关国家地区的氢能政策有重要的帮助作用。

本书主要内容包括如何使用氢、氢在能源系统中的地位、氢气制造与利用的历史、氢的基本物性、氢气的技术、氢气与安全以及社会接受度、氢能源系统与社会、氢能源相关的政策等。

本书可供从事氢能相关产业的专业人员、高等院校的高年级学生以及相关政策制定人员参考阅读。

Original Japanese title：SUISO ENERGY NO JITEN

Copyright © 2019 by Hydrogen Energy Systems Society of Japan

Original Japanese edition published by Asakura Publishing Company, Ltd.

Simplified Chinese translation rights arranged with Asakura Publishing Company, Ltd.

through The English Agency (Japan) Ltd., Tokyo and Shanghai To-Asia Culture Co., Ltd.

北京市版权局著作权合同登记 图字：01-2020-4403 号。

图书在版编目（CIP）数据

氢能百科全书：精华版 / 日本氢能协会编著；潘公宇，薛红涛，张云顺译. —北京：机械工业出版社，2022.6（2024.8 重印）
ISBN 978-7-111-70848-3

Ⅰ.①氢… Ⅱ.①日… ②潘… ③薛… ④张… Ⅲ.
①氢能-普及读物 Ⅳ.①TK91-49

中国版本图书馆 CIP 数据核字（2022）第 090394 号

机械工业出版社（北京市百万庄大街 22 号 邮政编码 100037）
策划编辑：李 军 责任编辑：李 军 徐 霆
责任校对：史静怡 张 薇 责任印制：张 博
北京建宏印刷有限公司印刷

2024 年 8 月第 1 版·第 3 次印刷
169mm×239mm·16.75 印张·2 插页·285 千字
标准书号：ISBN 978-7-111-70848-3
定价：99.00 元

电话服务 网络服务
客服电话：010-88361066 机 工 官 网：www.cmpbook.com
         010-88379833 机 工 官 博：weibo.com/cmp1952
         010-68326294 金 书 网：www.golden-book.com
封底无防伪标均为盗版 机工教育服务网：www.cmpedu.com

译者序

能源是人类社会赖以生存的物质基础，安全、环保、可靠、便捷和廉价的能源是经济稳定和持续发展的保障；而氢能是公认的清洁能源，作为低碳和零碳能源正在脱颖而出。在"碳中和"的背景下，全球主要国家及地区积极布局氢能产业发展。根据中国氢能联盟专家委员会的统计，贡献全球 GDP 约 52% 的 27 个国家中，有 16 个已经制定了全面的国家氢能战略，还有 11 个国家正在制定国家氢能战略。同样，氢能产业的发展对中国实现双碳目标具有重大的战略意义，也是新能源产业发展中重要的一环。

此外，2020 年 11 月 2 日国家发展改革委发布的《新能源汽车产业发展规划（2021—2035 年）》明确提出，有序推进氢燃料供给体系建设，因地制宜开展工业副产氢及可再生能源制氢技术应用，加快推进先进适用储氢材料产业化；开展高压气态、深冷气态、低温液态及固态等多种形式储运技术示范应用，探索建设氢燃料运输管道，逐步降低氢燃料储运成本；健全氢燃料制储运、加注等标准体系；加强氢燃料安全研究，强化全链条安全监管。

《氢能百科全书（精华版）》是由日本氢能协会组织三十余位专家编写而成，其中文版是由江苏大学三位留学日本并获得博士学位的老师翻译完成。其中第 1 章、第 2 章、第 3 章、第 4 章由潘公宇教授翻译，第 5 章、第 6 章由薛红涛副教授翻译，第 7 章、第 8 章由张云顺副教授翻译，全书由潘公宇统稿。虽然在翻译的过程中力求既忠实原文，尽量符合中文习惯，同时尽可能准确地使用各种专业术语，但是由于译者能力有限，难免会存在疏漏、错误和译文不够准确的地方，真诚希望读者及时给予指正。

译者
2021 年 12 月

序

本书从基础到实用，对氢能进行了全面的总结，是一本关于氢能的百科全书。什么是氢能？氢能给人们带来什么便利？关于氢能的技术课题有哪些？本书从历史背景、学术基础、关键技术的实际状况、确保安全的措施、世界发展动向等各个方面，以技术人员能够正确掌握氢能基本知识的角度，进行了全面的解读。当然，为了对氢能方面的专业人士也有帮助，还注重了定量的分析。希望读者把书放在随手可以拿得到的地方，随时能挑出感兴趣的章节来阅读。

很多人都知道汽车是由发动机、方向盘、底盘、车轮等组成的，但很少有人能立即回答出氢能或氢能社会的内涵。即使是在氢能领域从事研究开发的人，也可能不能明确回答。不同的人，不同的国家，对氢能的定义也各不相同，并且随着时代背景的变化，定义也在不断更新，因此很难统一罗列其构成要素。建议由阅读本书的读者自己来定义。

如果您从事的是机械、电气等专业的话，就可以通过氢和机械、氢和电气等的相互关系近距离地感知氢；如果您是社会科学等其他领域的研究人员，就可以通过氢和人工智能、氢和社会实际架构革新等方面来理解；这或许是从根本上理解氢能在社会改变中价值的契机。希望不要因为氢能被说成是"终极清洁能源"而将氢能推向遥远的未来，而是希望有更多的人加入到推动氢能的行列中来。

本书的各章节都是实名撰写，文责分明，但也不是各人随意记述，而是由编委会进行了统一校阅。所有编写委员都是氢能协会的会员，都是在各自的领域积累了足够经验的专家。虽然由网络得到的信息速度很快，但信息的可信度难以保证，可能混入了很多旧的信息或是不够严谨的内容。这里想强调的是，本书的内容是值得信赖的。

迄今为止，许多科学技术是从研究开发（Research& Development，R&D）发展到实际应用（Deployment）阶段，并在社会上加以实现。有目的指向性的研究开发成果如果符合社会的要求，就会被实用化。这么说很简单，但如果不明确实际应用阶段是由私营企业进行，还是由国家来主导，事情就不那么容易了。日本的氢能研究从 1974 年的阳光计划开始，目标明确，发展迅速，也取得了一定成果。希望本书能够在将氢扎根于社会、向氢能社会乃至氢社会过渡的过程中起到一定的作用。

编写委员代表

西宫伸幸

2019 年 1 月

目　录

第1章
如何使用氢

氢能推广项目"朝着氢世界"（受NEDO的委托，由Technova 株式会社制作运营）

1.1 从氢和电的分离到合作

电力是一种方便的清洁能源。从全电气化的家居到办公楼的动力源，可以说我们身边的大部分能源是电力。但电力不是天然存在的，而是利用石油、天然气、煤炭等化石燃料，核能或者水力、太阳能、风能等可再生能源（自然能源）生产出来的。化石燃料、核能、可再生能源本身就是能源，因此被称为一次能源。而由这些一次能源生产出来的电能称为二次能源。二次能源在应用的末端上使用，包括来自石油的汽油、煤油或天然气本身。

作为二次能源，氢能在近年来开始应用于汽车及小型发电机（家庭用燃料电池）。但由于能够从地下喷出的天然氢气极其少量，作为能源利用存在的价值和数量可以忽略不计，因此与电力一样，需要利用某种一次能源来生产氢气。自19世纪初伏打电池发明以来，人类首次在可控的情况下利用电能，因而很多元素可以被单独分离。图1-1表示元素被分离的年份和元素的标准有效能的关系。如果水被电解的话，则可以制作氢。另一方面，在伏打电池发明后的半个世纪，英国的 W. R. Grove 和瑞士的 C. F. Schoenbein 在同一时期用实验验证了用氢气和氧气可以产生电。图1-2所示是 Grove 进行实验的装置。从这些可以看出氢能和电能都是二次能源，两者可以很方便地进行相互转换。

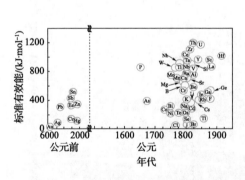

**图1-1 元素被分离的年份和元素的
标准有效能**

很多元素是在1800年伏打电池发明之后被分离的，它们是利用伏打电池进行电解而生成的

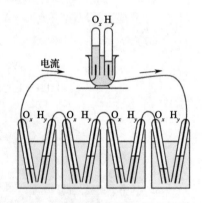

**图1-2 格罗夫（Grove）的燃料电池
（1839年）**

英国的格罗夫勋爵用实验验证了氢和氧可以产生电。如图所示，将4个电池串联起来，用手触摸就能确认到电流，如果将20个电池串联起来，4个人就能同时感受到电流。那是没有电流表的时代

　　19世纪中期感应发电机的发明给发电机带来了巨大的进步。在19世纪末，人们考虑用尼亚加拉瀑布的水的落差设置大型感应发电机的时候，最初的用途是弧光灯，那时爱迪生的白炽灯泡还远没有普及。因此，作为电力的大量利用，考虑了当时较为发达的水电解及铜的电解精炼。当时，应用水电解，氢开始了工业规模化生产。用哈珀法，从电解水得到的氢气与空气中的氮反应就能生产出氨。由氨可合成硫酸铵、硝酸铵，这为农业生产的扩大做出巨大贡献，从而解决了当时的人口爆炸导致的粮食危机。现在世界上的人口也在迅速增加，为了解决该危机，大量制造廉价的氨作为肥料也是一个大的课题。

　　到20世纪60年代中期，日本的大型水电解槽是在昭和电工的川崎工厂，其额定容量是$20000Nm^3/h$、100 MW。但由于无法与从石油等化石燃料生产出的廉价氢气竞争，目前在日本大型的电解水装置正在消失。由水电解而制氢的方法，在目前实施廉价的水力发电的地方仍然被使用，如挪威、埃及、瑞士等。如果今后能从廉价的可再生能源中获得电力的话，这一技术将大有作为。

　　从21世纪开始，氢能成为民用能源及二次能源，这在燃料电池汽车的实用化，以及家用燃料电池的普及中可以明显地体现出来。除此之外，氢是化学物质，可以长期大量的储存。地球变暖问题的显著化，导致扩大再生能源的利用成为紧迫的课题，2015年在巴黎举行的COP21会议上近200个缔约方达成协议，要将地球变暖控制在2℃以下，为此有必要在世界范围内积极推行二氧化碳零排放的政策。也就是说，今后必须以自然能源、可再生能源为基础构建世界的能源系统。

　　可再生能源利用的中心是风能和太阳能，对于整个地球而言，辐射到地球上太阳能是巨大的，风能也可以认为是太阳能的一部分。即使地球上的人口超过100亿，从理论上说，该能源支撑整个地球也是相当充裕的。但是，可再生能源随时间变化很大，特别是廉价的风能受地区差距和季节变动较大。消除这些变动从而解决这些问题，仅仅用二次电池并不十分有效；必须使用能够大量长期储存，适合长距离运输的形式，也就是说必须依靠化学物质。地球上大量存在于水里的氢，作为能源基础的物质是合适的。

　　以可再生能源为一次能源，以电和氢气为二次能源的能源系统在技术上没有问题，不仅在欧洲、日本，在全世界都已经开始构建这样的能源系统。如果能够实现以氢和电为二次能源的绿色能源社会，那么与现在以化石能源为基础的社会相比，CO_2对地球环境的影响应该可以降低几十个百分点以上。图1-3示出了终极的绿色氢能源系统的模式。今后的课题是在利用可再生能源的同时，实现技术创新，能够使用廉价且大量的电能和氢能。这样就可以实现人类的持续发展，也可以使社会更为富足。

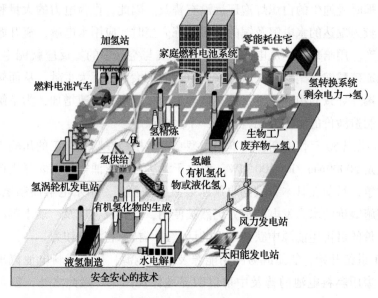

图1-3 绿色氢能系统
在国外利用廉价的太阳能和风能制造氢，通过液化氢、有机氢化合物
再运输到日本，用于利用氢气的系统。

1.2 水电解法的发展和可再生能源利用的展望

氢能作为二次能源呈现出了优异的性质，但天然产出的量很少，必须由含有氢的原料制造。在不使用化石燃料的前提下，原料将是水。地球的水资源丰富，被称为水的行星。如果再考虑到海水，其数量可以说是取之不尽，用之不竭。从水中分离氢的方法原理上有以下几种。

首先可考虑的是利用高温对水进行热分解的方法。但如果仅利用热进行一级反应分解的话，需要4000K左右的温度。要获得这样的高温并不简单，但利用聚光的太阳炉是可以实现的。实际上，利用法国比利牛斯的太阳炉进行过相关实验。在这种超高温下，水可以分离成氢和氧，但在温度下降时，氢和氧还会重新结合，并重新形成水。这种方法的一大难点是在超高温下分离氢和氧。

20世纪70年代，用原子炉进行热水解的方法被称为制氢的热化学法，日本也进行了几个循环的研究。使用高温气炉可以得到1000℃左右的高温。在这个温度下，如果将熵变大的多步骤反应进行组合，从理论上讲，可以将水分解成氧和氢。用这种方式得到的氢也被称为原子能氢，但目前还处于实验阶段。这种热化学法也适用于使用太阳炉得到 1000℃以上的高温，这种情况理论上也可以进行二级反应。

水的热分解法的实用化并不简单，但是利用水电解法作为氢的制造法，从 19 世纪末就开始了实用化。图 1-4 所示是多次电解水后制成的重水。这里氢并不是作为二次能源，而是作为制造氨等化学原料的氢。如果石油和天然气被大量使用，这种水电解氢的工艺大部分也将被从这些化石燃料中获得氢所取代。

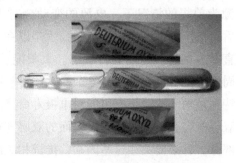

图 1-4　由水电解制成的重水

通常的水中含有 0.02% 左右的重水。进行水电解时，残留的水中所含的重水浓度略有增大。第二次世界大战期间，挪威将海德鲁公司的水电解槽进行多级连接，制造了重水

直到今天，通过水电解法制造氢气仍在水力发电等能够获得廉价电力的地方实施。但该技术并没有取得很大进展。水电解装置基本上由排出氢的阴极、排出氧的阳极、电解质溶液及隔膜四部分组成。碱电解水是初期开始使用的方式，阴极催化剂是铁，阳极催化剂是镍，电解液是碱溶液，隔膜是石棉膜（图 1-5）。其中石棉作为隔膜虽然具有极高的稳定性，但考虑到对环境的影响，逐渐被高分子膜所代替。固体高分子型燃料电池使

图 1-5　开发中的高压碱性水电解槽的案例

用的氟树脂类离子交换膜内部电阻小，可在高电流密度下运行，因此备受关注。但是，由于是酸性电解质，因此需要使用昂贵的离子交换膜，此外，阳极催化剂为氧化铱，阴极催化剂为铂，而含有分离器的结构材料为钛系，因此系统成本相当昂贵。作为目标为廉价氢气的系统，对于这些替代材料的开发必不可少。

水电解的另一个大课题是在生产氢气的同时生成了氧气。在使用少量氢气的情况下,氧气的用途并不需要特别考虑。但是,在真正的氢能时代来临之际,氧气这种副产品的用途很难找到。为了避免这种情况,应该考虑不产生氧气的水电解。因为阳极只要发生适当的氧化反应(脱电子反应)就可以了,所以并不局限于氧气的产生。例如,如果利用甲醇氧化反应,则可在不产生氧气的情况下进行电解反应。这个反应代替锌的电解精炼的阳极产生氧气,已经有规模测试的实绩。为了能廉价地制氢,使用甲醇是没有意义的,因此在有机废弃物中寻找具有阳极活性的物质是必要的。

在使用可再生能源为前提的情况下,电源的变动会对水电解产生一定的影响,具体情况将在此后讨论。迄今为止的水电解技术是以在一定的输入下运行为前提的,电解电力一直努力保持一定的运行状态。太阳能、风能等可再生能源,其输出是短周期与长周期的混合,变动十分复杂。这些对于电解槽的影响是未知的,需要好好研究。特别是输入波动很有可能对电极寿命产生较大影响。而且电压波动与电极界面的双层电容有关,用于电极表面的双层充放电时,会产生不能直接用于电解反应的部分。有必要关注这些因素,推进相关的开发研究。

水电解的电解功率是电压和电流的乘积,这里表示电解槽性能的因子是单位功率、电压效率和电流效率。在水电解的情况下,电流效率大多为97%～98%,基本上可以得到符合法拉第定律的氢气。但是,作为电解电压有很大的损失。理论电压为1.2V左右,但正常运转时需要2V左右的电压。这种施加的电压被称为过电压,这种过电压是水电解的一大损失。其中包括由电极的催化能引起的电极过电压,以及由包含隔膜的电解质的电阻引起的电阻过电压。为了增加生产量,需要高电流,但是过电压变大,电压损失变大,特别是阳极的氧气发生的过电压大。目前的技术是碱电解水的电流是$0.6A/cm^2$,固体高分子电解质电解水的额定电流是$1A/cm^2$。在日本目前没有大型的水电解槽,但技术上相似的食盐电解技术可以作为参考(图1-6)。

利用可再生能源制造氢气时,最重要的是最终获得氢气的成本。因此,有必要充分考虑可再生能源的选址条件。特别是风能在很大程度上取决于选址条件,应在充分考虑包括季节性变动在内的区域性条件的基础上进行开发。

图1-6　离子交换膜法食盐电解槽的案例
在这里,用电解制得$1000Nm^3/h$左右的氢

1.3　PSE&G 公司的前瞻性案例

1974 年，莱利（Reilly）等人在美国电力资源会议（26th Power Sources Conference）上报告了世界上首次使用贮氢合金进行大规模储氢的实证实验结果。在电力需求较少的时间段，通过水的电解制造出氢，并将氢储存在贮氢合金中；在电力需求高峰时，利用燃料电池发电给电网供电，进行峰谷调节（peak shaving）。这是一个微妙的术语，意思是将电力需求变动曲线的峰值部分削去，将削去部分的电量与需求较少时的曲线相加，可使曲线平均化，并使电力需求的负荷变平，因此也被称为负载均衡（load leveling）。

图 1-7 示出当时的系统构成。电解槽由 Teledyne Isotopes 公司生产，制氢能力为 0.73kg/h。氢通过 Pressure Products Industries 公司制造的膜片式压缩机加压到 3.4MPa，并输送到 FeTi 容器中，使其吸收氢。此时，为了消除氢储存反应产生的热，用大约 17℃ 的冷水进行循环。释放氢时切换至 45℃ 左右的温水，保持氢释放反应时不会因吸热引起温度下降，并将氢气释放速度保持在 0.45kg/h。使用的燃料电池为 Pratt and Whitney 公司生产的 12.5kW 磷酸型。新泽西州的 Public Service Electric and Gas（PSE&G）公司和布鲁克海文国家实验室进行了 1 天 1 个循环的氢吸收-排放运行。

图 1-8 示出了容纳 400kg FeTi 容器的外观。该容器的氢储存量规格为 4.5kg，但在实际运行中，储存了 6.4kg 氢，换算成电力的话，为 100kW·h 左右。用化学反应方程式表示如下：

$$1.08FeTiH_{0.1} + H_2 = 1.08FeTiH_{1.95}$$

管状容器内嵌有波纹金属管和热交换管，前者为氢流通道，后者为水流通道。

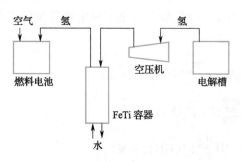

图 1-7　氢储存实证实验的示意图

图 1-8　FeTi 容器的实际情况

为了确认安全性，他们进行了两次容器破坏性测试。结果表明即使在 FeTi 饱和吸收氢的情况下，也没有发生严重的危险现象（acute hazards）。

目前，法国麦菲（McPhy）公司正在市场上销售基于贮氢合金的大规模储氢系统，能够储氢 700kg，换算成燃烧热为 23MW·h 的规格。氢的释放需要接近 300℃的温度，但压力不超过 1MPa。Ti-V-Cr 系贮氢合金，在镁中添加了 Zr_7Ni_{10}、碳等，并加工成盘状，即使氢气释放到空气中也不会燃烧。

1.4 镍氢电池的业绩

铅蓄电池和镍镉电池（使用镉和氧化镍）是应用已久的二次电池。利用氢来代替镉的二次电池，在日本太空开发项目的初期就被利用了。这里的问题是氢气的储存方法。

人们很久以前就发现有几种金属可以吸收氢气，当时作为磁性材料备受关注的包括 $SmCo_5$ 在内的 AB_5 合金被发现在室温附近可以吸收和释放大量的氢，因此从 1970 年开始，以 $LaNi_5$ 为核心的贮氢材料得以开发应用。在日本的 Sunshine 计划中也涉及贮氢材料。这个时候的贮氢材料的研究，或者说利用吸收和释放氢时的热能的热泵研究是主要课题。

另一方面，日本的电池制造商，将贮氢材料用于镍氢二次电池的氢极，并开始进行产品开发。当时在碱性蓄电池中使用了镉，如何应对这一环境问题是一大课题。镍氢电池的额定电压为 1.2V，使用镉材料时也是同样。这对于替代当时的碱性蓄电池是有利的。日本主要电池厂商竞相开发这种镍氢电池，并于 1990 年开始上市。当时正是便携式电源的需求增大的时候，它作为二次电池迅速普及，2000 年共销售了 10 亿个电池，是二次电池中最多的。之后，随着锂电池的普及，其销量有所下降，但现在每年仍有 5 亿个左右的销量。这种电池的构成可以用 NiOOH/KOHaq/MH 来表示，这里 MH 是指氢吸收合金。该电池发生的正极和负极的反应如下：

$$正极：NiOOH + H_2O + e \underset{充电}{\overset{放电}{\rightleftharpoons}} Ni(OH)_2 + OH^-$$

$$负极：MH + OH^- \underset{充电}{\overset{放电}{\rightleftharpoons}} M + H_2O + e$$

$$全反应：NIOOH + MH \underset{充电}{\overset{放电}{\rightleftharpoons}} Ni(OH)_2 + M$$

这种镍氢电池所使用的贮氢合金有钛系的 AB/A2B 型、拉贝斯相的 AB2 型、稀土类的 AB5 型。在电解质中使用碱，因此这种贮氢合金必须具有足够的耐碱性。此外，在电池的使用温度范围内，平衡氢气压应略小于 1 个大气压。当大于 1 个大气压时，容易发生氢化物的自行分解，使电池的自放电变大，充电时发生氢气生成反应，充电效率降低。而比 1 个大气压小太多的话，会使得氢的供应不足，电池反应不顺利，电池功率输出不充分。另外，还有与耐久性相关的、由于电池反复充放电而产生的贮氢合金粉末化的问题。这些问题可以通过添加第三、第四种金属，严密控制其组成来克服。

在 20 世纪 80 年代，三洋电机、松下电工、东芝公司在实用化方面展开了竞争，到 1990 年，三洋电机开始正式推出充电式镍氢电池。这类镍氢电池不仅包括 5 号、7 号等小型电池，还大量用于混动汽车的电力储存。虽然镍氢电池输出电压为 1.2V，但由于使用碱溶液作为电解质，因此与使用有机电解质的锂电池相比安全性更高，可以说是普通家庭使用氢气作为能源的首选方案。

1.5　家用燃料电池 ENE・FARM 和燃料电池汽车

2009 年开始销售的家用燃料电池 ENE・FARM，在 2017 年 12 月确定"氢基本战略"的时候，销量达到了 22 万台。到 2030 年预计将达到 530 万台，这个数量将是全国总家庭户数的 10%。燃料电池汽车目前有 2000 辆，加氢站有 100 座，到 2030 年预计有 80 万辆和 900 座加氢站。另外，燃料电池公交车将由 2 辆增加到 200 辆，叉车将从 40 台增加到 1 万台。

随着燃料电池汽车在 2014 年末上市，有人将 2015 年称为"氢社会元年"，但在家用燃料电池 ENE・FARM 投入市场时，并没有出现"氢社会来了"的表述。这可能是因为氢气是通过对城市煤气等的改造来制造的，因此被认为是化石燃料的高效利用。

燃料电池汽车的英文名称有两种，分别是 FCV（Fuel Cell Vehicle）及 FCEV（Fuel Cell Electric Vehicle）。后者主张把燃料电池汽车放在电动汽车的范畴内，即在使用动力电池的电动汽车上附加燃料电池，以增加续驶里程，作为其增程的选择。

氢一直被认为是"3E + S"，即由能源安全、环境及经济的三个英文首字母和安全的首字母组成的关键词。如果氢气主要转向来自可再生能源的"无二氧化碳氢气"的话，那么在环境、社会及治理因素纳入投资判断的 ESG 投资中，氢气及氢气利用设备将受到越来越多的关注。

1.6 氢发电的前景

随着氢能国际供应链的建立，将氢能发电商用化的愿望日益高涨。日本在2030年左右的目标是，氢气年产量为30万t，发电量为100万kW，氢气的采购成本为30日元/Nm^3左右，发电成本为17日元/kW·h；2050年左右的发电量为1500万~3000万kW，发电成本为12日元/kW·h。设想用氢气发电来代替天然气火力发电。

不过，在实际安装时，预计将以现有天然气火力的混烧发电为主。据报道，神户港人工岛1MW级的燃气轮机的氢发电项目计划也是混烧系统，但目前的实际运行也试验了100%使用氢的情况。

2006年BP公司开始的50万kW级氢发电的氢源是石油焦炭。2007年，陶氏化学公司开始的26万kW的氢气发电，是通过天然气和氢气的混合燃烧来进行的。意大利Enel公司从2009年开始使用100%的氢气发电，其氢源是化学工厂排出的副产品氢气，但发电容量仅为1.2万kW。到目前为止这三个案例的CO_2减排效果究竟有多大，还没有公开发表的数据来验证。

关于国际氢能供应链，欧洲在欧洲魁北克计划（1986—1998年）中进行了比较探讨，日本在WENET计划（1993—2002年）中进行了研究。液化氢、有机氢化物及氨水至今仍是运输形式的主要选择，这当然也需要继续站在全球的视野进行综合性的研究。有越来越多的大学开始参与研究，东京工业大学国际氢能研究所（GHEU）就是一个很好的例子。

第 2 章
氢在能源系统中的地位

德国慕尼黑的小型加氢站(Linde)

2.1 能源的种类和特征

1. 一次能源和二次能源

氢是宇宙中最丰富的元素，在地表附近存在的元素按质量排序，氢排在第 9 位；换算成元素数的话，仅次于氧和硅元素，排在第 3 位。氢分子由于是可燃性气体，故可以用作燃料；但它在大气中的体积分数在 1×10^{-6} 以下，且天然存在于水和碳氢化合物中。因此，使用氢作为燃料的氢能源系统中，采用什么样的工艺制造氢是一个重要的问题。

在讨论能源的基本形态分类及变化时，一次能源是指自然界中以原有形式存在的、未经加工转换的能量资源，又称天然能源。由一次能源加工成适于运输和利用的能源称为二次能源。

一次能源中代表性的化学能源包括煤炭、石油、天然气、可燃木柴等；一次光能包括太阳光能、太阳热能等；一次机械能包括水能、风能、潮汐等；核能源包括天然铀等。

二次能源由天然能源加工而来，包括汽油、石脑油（用作燃料或用于制造化学品）、煤油、柴油、重油、LPG 等石油产品，以及城市煤气、高炉煤气、焦炭、液化天然气（LNG）、酒精、蜂窝煤及煤球或煤饼、氢、电力、热水、蒸汽等。其中石油产品精制需要的能量是产品本身拥有的能量的百分之几。另一方面，火力发电制造的电能，即使发电效率提高到约 50%，也会失去一半能量，但它仍是一种转换效率较高的能源。

在二次能源中，氢是一种可以通过比较简单的工艺从各种一次能源中制造出来的化学能。目前，从化石能源制造氢气用得最多的工艺是让水蒸气改性、氢化分解以及部分氧化反应的组合。虽然与从原油中提炼石油制品的过程相比，其反应产生的热损失较大，但通过与热回收的组合可建立高效的实用工艺。另外，氢虽然可以使用由各种各样的能源制造出来的电力，通过水电解的方式比较高效地得到，但在对地球环境的影响等进行评价时，也应考虑用于电解水的电能的一次能源及其变换的过程。此外，也可使用太阳能与光触媒进行水分解，利用高温汽炉（超高温原子炉）及太阳能等热源的水分解热化学法，以及利用微生物和细菌分解有机物来制造氢。

由于氢气可从各种一次能源制造得到，所以在评价利用氢而引起的环境影响时，必须了解和评价一次能源是什么、采用什么样的工艺制造的氢。

2. 能量的形式及在能量系统中的作用

能量由力（N）和距离（m）的乘积以焦耳（J）为单位来表示。电力则由电流（A）、电压（V）和时间（h）的乘积瓦特小时（W·h，$3600J = 1W·h$）来表示。在物理学中，一个电子以1V的电势差被加速时获得的能量为1电子伏特（eV，$1eV = 1.6 \times 10^{-19}J$）。另外，常见的单位包括1g水的温度在标准大气压下升高1℃所需要的热量为1卡路里（cal）、1磅（lb）的水升高1华氏度（℉）所需的热量为1英热单位（Btu）。

能源有各种各样的形态，根据用途，可在各种能源形式之间相互变化、相互利用。图2－1总结了各种能量之间的相互转换及其现象和转换方式。

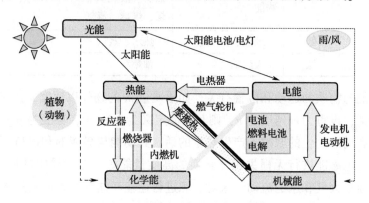

图 2－1　各种能量之间的相互转换

植物通过光合作用将太阳光能转化为碳氢化合物，成为生物燃料和化石燃料的化学物质或能源物质。另外，通过太阳热能产生水蒸发、大气对流、降雨等，并以此为基础产生水力和风力等机械能源，这些也与生物燃料和化石燃料一样，属于一次能源。燃烧是将化学能源转换为热能的手段，而内燃机是将热能转换为动能的机构，动能和电能之间的转换机构则是发电机和电动机，电池和电解用于化学能和电能之间的转换。

这些能量的形式见表2－1，有机械能、电磁能、光能、电磁辐射能、化学能、热能、核能等，具有各自的特征。

能源转换为其他形式的能源时，能量损失少的被认为是高质量能源，而能量损失多的被认为是低质量能源。另外，根据各自的形态特征，它们具有不同的储存和运输特性。下面将说明各种形态能源的特点，考察化学能源之一的氢能源在能源系统中的作用。

表 2-1　能量的区别、形态和品位

分类	品位	一次能源	二次能源
守恒的能量 机械能 电磁能	高	水力、风力、潮汐	动力、电力
光能、电磁 辐射能	高-低	太阳光	—
化学能	中	煤炭、原油、天然气、木材、生物能	石油制品（汽油、石脑油、煤油、柴油、重油、LPG）、城市煤气、高炉煤气、焦炭、液化天然气（LNG）、酒精、蜂窝煤、煤球、氢气
热能	低	地热、太阳能	热水、蒸汽
核能	低	天然铀	铀燃料

　　机械能与物质的运动和位置有关。如果质量 m 的物体以速度 v 在移动，其高度为 h 的话，设重力加速度为 g，则其动能定义为 $1/2mv^2$，势能为 mgh。如果物体的运动和周围发生的摩擦不产生热量的话，其动能与势能的和保持不变。机械能是可以与电磁能进行无损失相互转换的高质量能源。自然界中的风力、水力、潮汐等，通过大气和水的流动，来对能源进行运输和储存。人们利用风力和水力等一次能源进行发电，利用水库通过势能来储存能量。

　　电磁能包括利用静电效应得到的电荷系统的电能，以及利用电流形成的磁场系统的磁场能。电容是静电系统的设备，而发电机和电动机是利用电磁感应作用，将动能与电能进行转换的设备。这些能量的质量很高，其相互的转换效率接近100%。人们用电线来输送电能，使用从细到粗的各种规格的电线。电容器和超导线圈是不将电磁能量转换为其他形式而进行储存的方法。利用二次电池（蓄电池）储存电力是将电能转换为化学能并加以储存。以上的机械能及电磁能可被看成是可存储的能量。

　　电磁波是由空间的电场和磁场的变化而形成的波，光（红外线、可见光、紫外线）和电波是电磁波的一种。光和电磁波能量是由光子的数量和其频率（波长）所决定的。光子的能量是普朗克常数 h 和振动频率 ν 的乘积，波长越短（振动频率很高），能量越大。为了能在真空中传输，地球上的一次能源太阳能是以光和电磁波能的形式传输的。能源的质量取决于其波长，与可储存能量相比其能源质量较低。可以通过光合作用将光能转换为化学能，通过太阳能电池转化为电力，也可以通过太阳能系统转换为热能来利用。

化学能源是与构成物质的原子之间的化学作用力相关的能源，化学反应使得化学键组成发生改变时产生或吸收能量。比如化石燃料在燃烧反应时，碳氢化合物与空气中的氧气反应生成水和二氧化碳，释放出能量，包括体积变化等做功的能量和分子运动变化的热能。由于做功的能量可转化为机械能和电能，因此被称为自由能。分子动能的变化部分只能作为热量变化。

相对于可存储能量、光能、电磁能、热能等的高密度储存难的问题，化学能源的能量密度较高。例如，$1m^3$ 的水在 100m 高度其势能为 980kJ，$1m^3$ 的 100℃的热水在变成温度为 25℃的水时，放出的热量为 313MJ；与此相比，$1m^3$ 的锂电池的容量达到 1900MJ，$1m^3$ 的汽油的燃烧热高达 34600MJ。由于便于长时间保存，因此化学能源是非常优秀的能量输送和储存介质。

核能是原子能源，也被称为原子能，是伴随原子核的结构发生变化或核反应而释放出的能量。伴随着铀 233、铀 235 及钚等的裂变，放射性物质的衰变，重元素氘、氚等核聚变等，都会释放出放射线和热能。铀等核燃料本身的能量密度非常大，可以通过热能进行能源输出。轻水反应堆等原子能发电，通过水传输其热能，由于用约 300℃的热源作为蒸汽涡轮的动力，其热效率仅为 30% 左右，因此，其能级表现较低。

氢作为能源考虑时，作为二次能源，是能量品位中等的具有保存性的化学能源，是含量丰富的元素。但由于氢本身是非常轻的气体，必须考虑到其体积能量密度低的特点。

2.2　能源系统与地球上的碳氢循环

1. 地球上的碳、氢、二氧化碳、水的循环

联合国政府间气候变化专门委员会（IPCC）在 2009 年的报告中对地球上的碳循环进行了定量分析，如图 2-2 所示。概括地说，由于人类的活动，每年有 9Gt 的碳以二氧化碳气体的形式被排放到大气中，其中 2.4Gt 被海洋溶解，2.6Gt 通过光合作用被还原成碳氢化合物，因此，在大气层中，碳以每年 4Gt 的速度，以二氧化碳的形式增加。另外，在海洋中溶解的二氧化碳将导致海洋的酸性化。人类的碳排放中约有 7.8Gt 是化石能源燃烧等造成的，化石能源的利用是大气中二氧化碳浓度增加的最大因素。

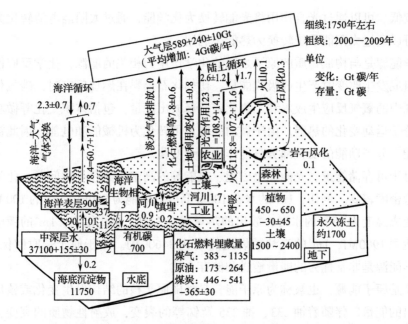

图2-2　地球上碳循环（来自 IPCC-AR5）

化石能源是源自远古动植物的碳氢化合物或其衍生物，经过长久的光合作用才形成，是生态系统和地球活动的生成物。另一方面，以木柴等为代表的生物能源是人类生命周期水平的光合作用生成物，两者都是重要的能源储存物质。利用化石能源会排放出二氧化碳，而且在人类的生命周期跨度里是不可再生的；相对化石能源，生物能源能对环境进行保护，并且通过光合作用可再生出能源，所以被看成是无 CO_2 的能源循环。

图2-3所示是 IPCC 报告的碳循环加上水-氢循环的物质-能量循环。在这个物质-能量循环系统中，光合作用是天然的唯一的还原反应，由二氧化碳和水生成碳氢化合物和氧气。燃烧这些碳氢化合物燃料在生成二氧化碳的同时会生成水蒸气。地面或海面的水蒸气浓度远远大于二氧化碳的浓度；但二氧化碳的浓度基本上是由该地点的气液平衡，即根据其温度来决定的，因而排放到大气中的水蒸气浓度增加，很难被认为是气候变化的直接控制因子。因此，好的能源循环应该使得二氧化碳排放量无增加。为了达到该目标，必须构建如图2-3所示的不使用化石能源等碳元素的物质-能量循环。有别于光合作用形成碳氢化合物的途径，这里考虑了由水还原氢的制造循环。此时，一次能源必须是可再生能源，所以可使用太阳能光触媒技术对水进行分解，当然由可再生能源产生的电力来电解水制造氢也是一个后备选择。由于分子量大的碳氢化合物和衍生物是便于能源储

存的物质，相对而言，氢气的体积能量密度低，因此难以处理。为了使得该能源循环成立，相关氢储存、运输等氢能源关键技术的开发显得非常重要。

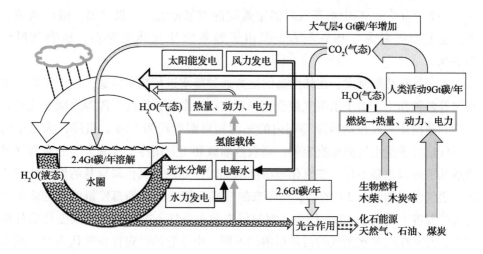

图 2-3 地球上的碳循环、氢循环及能量循环系统

2. 温室效应气体的种类及其对全球变暖的影响

当气体分子吸收光时，分子内的能量（内能）就会变高。远红外线和微波的能量相当于分子旋转运动的能量，红外线相当于分子的振动动能，可见光和紫外线相当于电子移动的能量，成为吸收光的区域。

太阳辐射光谱是峰值波长约为 $0.6\mu m$ 的紫外光 - 可见光 - 短波长红外光，接近约 5800K 黑体的辐射光谱。另一方面，地球辐射光谱是峰值约为 $10\mu m$ 的热红外区域，接近约 288K 黑体的辐射光谱。因此，太阳辐射除了被氧气、臭氧、水蒸气吸收一部分外，大部分都到达了地球表面。另一方面，地球辐射会被水蒸气、二氧化碳、甲烷、氮氧化物、卤化碳类、臭氧等多种气体吸收，地球辐射能量在向宇宙散发时被阻止，保持着地球的温度。

图 2-4 示出了红外线从地球表面及大气上端流出时与热波长的依赖性。地表和大气上端的差表示大气的吸收量，图 2-4 中示出了温室效应物质的分子式及其各个分子的红外吸

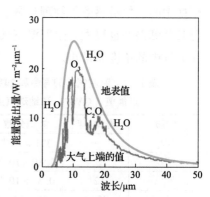

图 2-4 作为红外线从地表放出的热量和从大气上端流出的热量

收的波长。各温室效应物质的贡献量为水蒸气 48% （75W·m^{-2}），二氧化碳 21%（33W·m^{-2}），云层 19%（30W·m^{-2}），臭氧 6%（10W·m^{-2}），其他 5%（8W·m^{-2}），其中水蒸气对温室效应的贡献最大。在没有温室效应的情况下，地表的气温为 -19℃ 左右，但由于温室效应气体的存在，地表气温约为 14℃。

水蒸气在热带蒸发，在纬度高的地方通过降水进行热量输送，起到了使气温均匀等各种作用。由于水蒸气量受饱和蒸汽压的限制，因此海洋等水面上几乎处于饱和蒸汽压，而包括沙漠等在内的平均相对湿度约为 50%。最终，大气中的水蒸气量几乎是由气温所决定的，而农业灌溉和工业用冷却水等人为的水蒸气排放量几乎可以忽略不计。二氧化碳浓度增加时，如果二氧化碳自身的温室效应使得地表气温增加约 1.2℃ 的话，而带来的气候反馈是，水的蒸发量的增加将使得地表的温度上升约 2.4℃。因此，对流层内的水蒸气不被认为是气候变化的外部因素，而平流层的水蒸气与对流层内的不同，由于它的稳定存在被认为是气候变化的主要原因。

表 2-2 列出了各种温室气体的寿命和 2011 年时的浓度，20 年及 100 年累积的地球变暖潜能值（GWP）和地球气温变化潜能值（GTP）。GWP 表示单位质量的温室气体被排出后，以二氧化碳为基准，一定时间内带给能源气候系统的能量。寿命短的气体，时间范围变长的话，其 GWP 会变小。例如，寿命长的 N_2O 在 20 年和 100 年的范围内几乎具有同样 GWP，而 CH_4 在 20 年到 100 年则由 84 减少到 28。GTP 是单位质量的温室气体被排出后，以二氧化碳为基准，一定时间后气体的单位浓度对全球平均地表气温变化的影响。GTP 中包含大气和海洋热交换中的气候敏感度等物理过程，是能够表示温室气体性质的较为先进的指标，但其预测误差也很大。全部温室气体单位浓度的系数虽然比二氧化碳大，但它们在大气中的浓度非常小。

表 2-2　温室气体的寿命和 2011 年时的浓度，20 年及 100 年累积的地球变暖潜能值（GWP）和地球气温变化潜能值（GTP）（来自 IPCC-AR5）

物质	寿命/年	体积分数	GWP$_{20}$	GWP$_{100}$	GTP$_{20}$	GTP$_{100}$
CO_2	—	391×10^{-6}	1	1	1	1
CH_4	12.4	1.80×10^{-6}	84	28	67	4.3
N_2O	121	0.32×10^{-6}	264	265	277	234
CFC-11	45.0	238×10^{-12}	6900	4660	6890	2340
CFC-12	100.0	528×10^{-12}	10800	10200	11300	8450
HCF-22	11.9	213×10^{-12}	5280	1760	4200	262

考虑到水蒸气受饱和蒸汽压所支配的特殊性以及各温室气体在大气中的浓度，IPCC 将太阳辐射和温室效应等作为地球气候系统的外部因素来处理，将辐射强迫定义为各种温室气体影响的评价指标。正的辐射强迫表示使得全球变暖，负的辐射表示使得全球变冷。二氧化碳、甲烷、卤化碳类、一氧化二氮等长寿命的温室气体在地球上化学性质稳定，浓度均匀，被认为会长期影响地球变暖。其中，二氧化碳会溶解到海洋中，参与光合作用等各种各样的过程，表现出非常复杂的举动。CO、非挥发性碳氢化合物、氮氧化物等短寿命的温室气体在大气中与其他物质反应，表现出温室效应。

图 2-5 示出了以各种排放物在 1750 年的数值为基准，2011 年时每种物质的辐射强迫。二氧化碳的辐射强迫比所有其他排放物都大，约为 $+1.68\,W\cdot m^{-2}$。地球上二氧化碳变动的大致情况如图 2-3 所示的碳元素的循环所描述的一样。

甲烷的辐射强迫量约为 $+0.97\,W\cdot m^{-2}$，也比较大。甲烷排放来源被认为主要是湿地、反刍动物、种植水稻、森林火灾等生物起源的排放，以及包括化石燃料相关的排放在内的来自工业的排放。甲烷不仅本身具有辐射强迫，而且会在大气中生成 CO_2 和 O_3、在平流层生成水，形成辐射强迫。

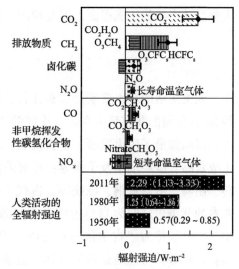

图 2-5　以 1750 年为基准，2011 年排放及驱动各因素的辐射强迫的估计及其不确定性（来自 IPCC-AR5）

含有氟（F）、氯（Cl）、溴（Br）、碘（I）等卤族元素的有机化合物，作为卤化碳类气体在大气中的体积分数合计也没有达到 1.5×10^{-9}。氟氯碳化物类（CFCs）在 20 世纪 80 年代被禁止制造后，浓度逐渐下降。卤化碳类本身具有正的辐射强迫。用于替代氟利昂的氢氟氯碳化物（HCFCs）和氢氟碳化合物（HCFs）的浓度有增加的趋势，需要注意。

一氧化二氮也具有正辐射强迫，体积分数约为 0.3×10^{-6}。工业革命以后，特别是由于农业及土地利用的变化，浓度有所增加，辐射强迫也在增加。

温室气体以外的气候变化因素包括由气溶胶形成的阳伞效果等。气溶胶粒子是粒径为 $1nm\sim100\mu m$、在大气中浮游的粒子，产生于化石燃料的使用和农田草木的燃烧等人类活动，也来自于海盐、沙尘暴、火山灰等天然现象。气溶胶直接散射或吸收太阳光及地球的红外线，形成气溶胶辐射相互作用；气溶胶的浮游导致气温变化，形成了气溶胶的间接效果；由于气溶胶变成了云粒子的核，气溶胶与云的相互作用成为气候变化的主要原因。

此外，由于太阳辐射量的变动而引起的辐射强迫的变化，以及被称为地表反照率的对太阳入射光的反射能力的变化也是气候变化的主要原因。地表反照率受农田草木的燃烧等土地利用的变化和伴随温室效应的冰雪融化等方面的影响。图 2-5 中示出的温室效应及气溶胶效果等来自人类活动的全部辐射强迫的变化表明，相比 1980 年，2011 年急剧增加了 4 倍多，而且其中二氧化碳的排放由于人类活动产生的比例很高，因此控制人类的活动可能是最重要的措施。

2.3 氢在能源系统中的地位

人类生活的基本要素是衣食住行，能源的利用使人类的衣食住行成为可能。约 50 万年前的北京猿人在第一次能源革命中，了解了火，掌握了产生火的方法。人们逐渐知道了用火取暖、食物调理、杀菌、分解毒素、将生的不可吃的食物加工成食品、服装加工及干燥等；进而采伐森林的木材得到炭，用这一强大火力烧砖、制陶、冶炼青铜、炼铁等。古代文明因火的使用而繁荣，但公元前 3000 年左右的苏美尔文明因森林过度砍伐导致河流泛滥而衰落。在最古老的文学作品中，一个被称为"吉尔伽美什史诗"里出现的吉尔伽美什国王为了获取青铜武器扩大权势，大量地砍伐了森林，造成土地荒废，导致每次降雨都会产生洪水，使得他们离开美索不达米亚，移居到不使用火砖的地区。该故事显示了自然环境保护的重要性，值得人们思考。

再往后的时代，由于使用了铁器，就需要更多的精炼用的木炭能源。埃及文明、印度河文明、米诺亚文明等也随着能源的利用导致森林枯竭、土地荒废而灭亡。森林被滥伐后，雨水不能通过树木被土地吸收，造成很多河流的泛滥，土壤水分丢失，地面蒸发减少，不产生云层导致干燥。如果这样的话，森林将不能自然地再生，不适合人类聚居。

希腊时代和罗马时代，地中海沿岸（在今天的德国、法国、比利时等地区）扩大了森林砍伐，到公元 800 年左右，原始森林都消失了。现在欧洲的森林是后来再生的。这些森林资源除了用作建材、船舶、家具、木桶、容器等的材质外，还用作炼铁、制盐、玻璃制造等的能源。

16 世纪初，英国是欧洲最大的钢铁制造国，每年生产 6 万 t。英国、德国、法国总计达到了每年 10 万 t。那时，为了制造生铁，每年要砍伐 100km² 的森林，并且如果要生产 1 万 t 钢还需要再追加砍伐 20km² 森林。因此，到 18 世纪，英国的钢厂从出产铁矿石的地区转移到有森林资源的山间和能够使用水力驱动风箱的山区，还增加了从瑞典、俄罗斯、丹麦的木材进口。

森林资源的供给受到树木成长的制约，树木本身与化石燃料相比，由于含有大量的水分和氧气，因此其燃烧温度较低，还会出现排出大量水、一氧化碳和黑烟等问题。然而，通过 150℃ 以上的温度进行干馏制成的木炭，与煤炭相比，它是硫黄成分较少、燃烧温度高的燃料，因此人们一直在持续利用森林资源。

在这之后，开发了煤炭、焦炭。18 世纪人们发明了蒸汽机，并在 19 世纪中期普遍在铁路上使用蒸汽机车。作为能源来源，森林资源无法确保支撑这些活动，因此被煤炭所取代。也就是说，产业革命也是第二次能源革命。由于煤炭的开发和蒸汽机的发明，热和动力都可以通过煤炭来获取，使得工厂选址变得自由，经济也开始以指数函数增长，同时也保护了森林。与此同时，由于煤炭的燃烧，不仅是二氧化碳，亚硫酸（SO_x）和氮氧化物（NO_x）的排放量也随之增加，哮喘患者和呼吸系统疾病也在增加，烟雾使得伦敦被称为雾都。另外，美国的第二次能源革命始于 18 世纪末期，比欧洲稍晚，而日本则发生在进入 20 世纪之后。

19 世纪发现了电池和电磁相关的主要定理，19 世纪中期电报开始实用化，20 世纪电灯开始普及，市区电车、地铁等开始使用电动机。随着油田的发现和开发，内燃机被应用于汽车、船舶和飞机。这种石油和电力的组合被称为第三次能源革命。第一次世界大战和第二次世界大战的主要原因都是为了争夺原油资源。

天然气在美国的开发，与原油的开发一样，是从第二次世界大战前开始的；而欧洲、俄罗斯是在第二次世界大战以后，随着管路建成而开始的；日本的液化天然气（LNG）是在海上运输开始后才被大规模应用。在 20 世纪 50 年代，开发了原子能发电技术，并在 20 世纪 70 年代被积极应用。此外，20 世纪 90 年代以后，为了抑制二氧化碳排放量，天然气发电及原子能发电被积极推荐应用。自从 2011 年福岛第一核电站的事故以后，出现了脱离原子能发电而转换政策的国家，当然也有一些国家为了抑制二氧化碳排放量和从能源安全保障的角度引入了原子能发电。然而，石油和电力的组合，也就是说大规模集中型的能源系统仍然是主角，这一点没有变化，没有成为能源革命。第三次能源革命的电力应用，使得城市中 SO_x 和 NO_x 等公害物质的排放得到了抑制，工业脱硫、脱硝技术和汽车废气的净化技术也得到了进步。虽然在发达国家的公害问题得到了缓解，但从世界的角度看，还有很多课题。

第二次能源革命带来了新文明，使得城市就业机会增加，人们聚集到城市；到了第三次能源革命，城市使用了明亮的照明、清洁的动力，加上内燃机汽车和电车等的运输革命，加速了城市的人员集聚。统计上看，收入水平和能源消费的增加具有明确的关联。人口集中和尖端的能源设备的运用，在造就了现代文明集聚城市的同时，也出现了城市的气温变得比周边郊区高的"热岛现象"。

化石燃料的使用，脱硫和脱硝技术的普及，避免了森林破坏和SO_x和NO_x等公害物质引起的酸雨问题，但需要面对二氧化碳的过度排放导致地球变暖的问题。IPCC 评估报告迄今为止已经发布了 5 次，在第 5 次报告中出现了"气候系统的变暖问题不容怀疑""20 世纪中期以后的观测表明，人类影响是气候变暖的支配性因素的可能性非常高（95% 以上）"这些确定性表述的同时，也指出"控制气候变化，有必要从根本上，持续地减少温室气体排放量""CO_2 的累计总排放量和它对世界平均地面气温的影响几乎成比例关系"，也就是要考虑到最终气温的上升量是由累计总排出量所决定的。

从以上的历史背景，以及前面提到的地球上的碳和氢的循环及能源系统，为了抑制二氧化碳排放量，需要构筑无碳排放的能源系统。到目前为止，人们利用了森林资源等生物能源以及水力等可再生能源，但由于它们不足以支撑人类目前的经济活动，没有被人类大量使用，因此必须大量引入"不便的"可再生能源。让可再生能源成为主要的一次能源，被认为是第四次能源革命。

2.4　氢能源载体

1. 什么是能量载体

能量载体（energy carrier）是用于输送和储存能量媒介的化学物质，通过循环来输送能量。人类基本生活的衣食住行中，食物是碳氢化合物的能源物质，就像 2.2 节中所说的那样，太阳光作为一次能源，可以通过光合作用被应用，因此光可被看成是一种能量载体。

在食物链中，植物通过光合作用将一次能源太阳能转化为化学能，动物通过食用植物或者以植物为生的动物，摄取碳氢化合物。各种动植物在生物体内以碳氢化合物为还原剂，通过二磷酸腺苷（ADP）生成被称为能量货币的三磷酸腺苷（ATP），并进行搬送。进而通过以下反应生成 ADP，作为肌肉收缩等生命活动的能量：

$$ATP(C_{10}H_{16}N_5O_{13}P_3) + H_2O = ADP(C_{10}H_{15}N_5O_{10}P_2) + H_3PO_4$$

这是吉布斯能量变化（ΔG°）为 $-30.5kJ/mol$ 的自发反应。生产 ATP 的光合作用是利用光并通过上面的逆反应将 ADP 作为 ATP 使得二氧化碳和水合成为碳氢化合物的一系列反应。

也就是说，ATP/ADP 循环在生物体内负责能量物质的制造和利用，并负责能量的输送，是生物体内的能量载体系统。

正如迄今为止一直所说的，在地球上，碳化氢一直作为能量的储藏和运输的媒介发挥着作用，其中，人类使用的大部分能源是作为二次能源流通着的石油产品、天然气等化石能源。这个体系需要相当长的周期，但由于在短期内再生的生物数量不足，现在使用远古时期利用太阳能源将二氧化碳和水还原成的化石能源为基础的石油产品、天然气等媒介来进行储存和运输。

为了抑制二氧化碳的排放量，作为替代光合作用的天然碳循环的能源系统，水/氢的循环虽然被考虑，但在常压常温的氢作为能源储运物质，其体积能量密度太低。那么，构成能源系统的能源载体需要什么样的性质呢？为了储存和输送利用可再生能源分解水的氢气或来自可再生能源的电力，其载体需要具备以下要素：①质量能量密度大；②体积能量密度大；③与能量的储存及释放相关的两种反应都是可逆的，储存及释放的损失较少；④操作简便；⑤贮藏、运输环境稳定，便于安全管理，具有良好的保存性；⑥毒性、致癌性等风险管理可能、可控；⑦廉价且可大量制造的物质。

这些要素中，有些具有相反条件的要素，有些具有不同的评价标准，为了得到最佳的载体，不能以某个单纯的要素来选择。比如①~③要素是能量密度高、高度反应性，与④、⑤要素的操作简便、稳定性和安全管理的简单性，基本是相反的。另外，就⑥而言，与反应性高的能源物质相比较，在本质上是相反的。因此，只能在有可能大量流通的能量载体中，在能够承受风险的范围内，选择特性优良的载体。

2. 氢能载体的种类和特征

由于氢的体积能量密度低，因此，为了高效储存以及高效地用船舶和车辆运输，必须提高其密度。为了达到该目的，除了利用氢本身加压后会压缩、冷却后会液化的特性外，还可以利用其化学反应。在利用化学反应的方法中，包括金属氢化物吸收方法、通过有机物氢化的有机化学氢化物法、氨合成的液化氨方法，以及用甲醇来储存和运输、通过改质水蒸气来得到氢的方法和用硼氢化钠来运输和储存、通过与水反应得到氢的方法。为了利用天然气储运的基础设施，将二氧化碳和氢气合成甲烷的甲烷化方法，也可以看作是氢能源载体之一。

　　表2-3比较了作为固态或液态的贮氢材料在液化氢及压缩氢状态下的物理、化学性质。图2-6还表示了考虑到容器时的实际氢气密度和氢气含量。

　　CH_3OH 与水反应能释放出氢，从体积能量密度和质量能量密度来看都比氢的密度高，但由于氢储存时需要 CO_2，因此要么是在安装甲烷发酵设备等时同时设置 CO_2 供应源，要么是再利用使用时放出 CO_2。CH_3OH 的合成已经有固定的工艺流程，需要非常高的压力。

表2-3　氢化物及氢化反应的物理性质及化学性质

	密度/ (g/cm^3)	有效 H_2 含量 (wt%)	有效 H_2 密度/ (kg/m^3)	氢化反应	$\Delta_r H$ (25℃)/ ($kJ/mol-H_2$)	$\Delta_r G^0$ (25℃)/ ($kJ/mol-H_2$)
CH_3OH	0.79	18.9	148.2	$CO_2 + 3H_2 \rightarrow CH_3OH + H_2O$	-43.7	-3.0
液化 NH_3^*	0.60	17.8	106.5	$N_2 + 3H_2 \rightarrow 2NH_3(g)$	-30.6	-10.9
MCH^*	0.77	6.2	47.4	$C_6H_5CH_3(1) + 3H_2 \rightarrow C_6H_{11}CH_3$	-65.8	-29.3
$NaBH_4$	1.07	21.3	229.0	$NaBO_2 + 4H_2 \rightarrow NaBH_4 + 2H_2O$	53.1	79.5
$NiH_{0.5}$	8.9	3.4	152.8	$4Ni + H_2 \rightarrow 2Hi_2H$	-7.6	23.6
TiH_2	3.75	4.0	151.5	$Ti + H_2 \rightarrow TiH_2$	-144.3	-105.1
AlH_3	1.48	10.1	149.5	$2/3Al + H_2 \rightarrow 2/3AlH_3$	-7.6	31.0
ZrH_2	5.60	2.2	121.4	$Zr + H_2 \rightarrow ZrH_2$	-169.5	-130.5
MgH_2	1.45	7.7	111.1	$Mg + H_2 \rightarrow MgH_2$	-75.7	-36.3
$LiAlH_4$	0.92	10.6	97.4	$1/2LiAl + H_2 \rightarrow 1/2LiAlH_4$	-34.1	-1.2
CaH_2	1.70	4.8	81.4	$Ca + H_2 \rightarrow CaH_2$	-177.0	-138.0
Pd_2H	12	0.9	28.5	$4Pd + H_2 = 2Pd_2H$	-39.4	-10.0
液化 H_2^{**}	0.07	100.0	71.0	$H_2(g,298K) \rightarrow$ $H_2(para,0.1MPa,20K)$	-28.3	
压缩 H_2^{**}	0.04	100.0	39.4	$H_2(g,0.1MPa) \rightarrow H_2(g,70MPa)$	17.2	

　　注：1. 液化 NH_3^*：热力学数据为标准状态气体，25℃时平衡压力为1MPa；MCH^*：甲基环己烷。
　　　　2. 液化 H_2^{**}：0.1MPa，20K；压缩 H_2^{**}：70MPa压力下的 H_2，液化和压缩所需的压缩功的理论值。

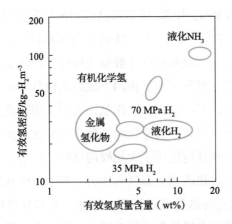

图 2-6　各种氢载体的有效体积密度和质量含量

　　液化氨也具有非常高的氢密度，其标准状态下的吉布斯能量有负的自发反应，由于其活性能量非常大，因此，用高温高压的哈珀－博施法来制造。氨合成的效率问题将在下节叙述。

　　$NaBH_4$ 与水反应释放出氢，氢密度非常高，但氢储存时的反应焓变化、吉布斯能量变化都与其他反应不同，具有正的较大值。因此，储存时需要很大的能量的同时，脱氢时会释放热量。基于此，虽然可以考虑输送热量，但如果不在高温下脱氢的话，就没有效能的优点。

　　$NiHO_{0.5}$、TiH_2、AlH_3、ZrH_2、MgH_2、$LiAlH_4$、CaH_2 等贮氢合金，体积氢密度虽然大，但质量氢密度较低。这些材料几乎脱氢时都有吸热反应。由于脱氢时的热变成氢的化学能量，这是一种类似化学热泵的作用，有效能的优势非常大。另外，对于系统而言，故障发生时热量不足，将不产生氢。需要根据材料决定温度、压力；氢化脱氢的热交换器系统的能量密度不高；贮氢合金在反复氢化脱氢时体积膨胀收缩造成的粉末化现象，特别是使用廉价金属时，由于水分等不纯物易导致氧化及劣化等问题，是需要研究的课题。对于表面上形成氧化物造成反应速度下降的问题，正在开发表面具有催化作用的涂层材料等。

　　液化氢和压缩氢作为物质的质量密度为 100%，但实际上需要考虑容器的质量所占比例。另外，一定体积的氢密度和储存所需的能量与使用化学反应的其他氢载体相比没有太大差别。

　　在各种氢载体的实际氢密度和质量含量中，存储容器自身体积和质量比例高的值比表 2-3 所列材料自身的值要小。液化氨和甲苯/甲基环己烷等有机氢化物储存压力较低，常温下材料本身的值比较接近。液化氨在 25℃ 的饱和蒸汽压为

1.0MPa，80℃时为4.1MPa，甲苯/甲基环己烷中的甲苯及甲基环己烷，它们的沸点都在100℃以上。与它们相比，压缩氢的压力容器的质量和体积会成为问题。此外，由于大容量化需要气缸的长度和数量来对应，即使实现了大型化，实际的能量密度也不高。因此，虽然压缩氢被用于燃料电池汽车的车载能源，但并没有成为大规模氢输送介质。另一方面，液化氢，由于使用在真空绝热容器中，比液体本身的密度值还要低，因此在大型化时导致容器的比率相对较小，反而提高了绝热效率。为此，液化氢被讨论用于大规模的储存、运输。

金属氢化物根据与之相适当的温度和压力，产生氢化和脱氢反应。因此必须对表2-3中的反应焓变的热量进行管理。另外，大部分材料在混入水和氧后会氧化劣化，因此，在使用金属氢化物的系统中，在反应容器内嵌入热交换器，通过热介质进行热管理。

从以上的特性和原材料的成本等来看，燃料电池汽车等较小型的装置用压缩氢气作为载体，固定的、不使用高压的装置用金属氢化物，而对于大规模氢能源系统，液化氨、甲苯/甲基环己烷等有机氢化物，及液化氢将有望作为主要的载体。

3. 能量载体的合成和利用效率

能量载体的选定主要通过比较氢能源密度等静态特性，实际过程的反应的热量以及速度方面的评价几乎没有发表过。在这里，利用热力学原理，对能量载体的合成和利用效率进行评价。

将氢气从大气压压缩到70MPa所需的能量，理论上为17.2kJ/mol，但实际上需要约30kJ/mol。如前所述，由于压缩氢气不具有规模优势，因此液化氢成为大规模氢载体的候选之一。

氢气是不能通过压缩被液化的一种所谓的永久气体，要使其液化应该对其进行冷却。图2-7是氢液化流程系统的示意图。首先，等温压缩成高压释放出热，进而对压缩后的一部分氢进行绝热膨胀，并在冷却后流回循环回路中，压缩气体冷却后变为冷却介质。通过该工艺得到的高压、低温氢气，通过焦耳-汤姆孙膨胀效应，温度会进一步下降，一部分被液化。在常温下的氢，其核自旋对称且内部能量大的正氢和核自旋反对称且内部能量低的仲氢的比例为3:1，而在沸点附近，只有仲氢达到90%才能达到平衡。

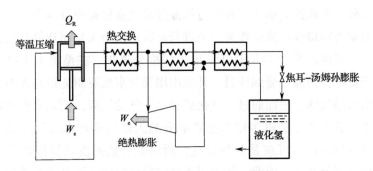

图2-7 氢液化流程系统的示意图

在常温附近稳定的正氢和仲氢，在液化时需要约24kJ/mol的能量，而在液化时要保持仲氢稳定则需要另外的约14kJ/mol的能量。当正氢和仲氢以3:1的比例液化时，由于转化为仲氢时的发热，会造成一部分蒸发，因此必须通过适当的催化剂使得液化时进行正氢-仲氢转换。

在上述过程中，未液化的氢气作为制冷剂再返回到循环生产线里。因此，氢气的液化过程是气体反复压缩和膨胀的过程，其能量损失较大。实际使用的能量取决于系统的规模，为51~97kJ/mol。如果水电解所需能量为4.3kW·h/m³，也就是347kJ/mol，则在通过水电解制造氢气并液化的过程中，液化过程占整体能量的13%~22%，所占比重较大。

为了提高使用液化氢气过程的效率，可以考虑冷热利用及汽化时制造压缩氢气。另外，由于在液化时，可以通过固液分离出几乎所有的杂质，所以纯度极高，不需要特别的精制就可以用作燃料电池汽车燃料。

工业上的氨合成始于1910年巴斯夫股份公司（BASF）确立的哈珀-博世法，每日可生产100kg。用氮和氢合成氨的哈珀-博世法的过程如图2-8所示。典型的反应条件为温度500℃、压力20MPa，采用铁系活性类的Fe_3O_4-Al_2O_3-K_2O-CaO系催化剂等进行以下反应：

$$3H_2(g) + N_2(g) = 2NH_3(g)$$

该反应的1mol氢气在标准温度25℃时的吉布斯能量变化（$\Delta_r G^o$）为-10.9kJ/mol-H_2，反应的外表面变化（$\Delta_r H$）为-30.6kJ/mol-H_2。从平衡的观点看，这是自发的放热反应，但由于反应速度极慢，故在常温下反应是不现实的，实际上是在500℃左右的高温下使用催化剂进行反应。但在500℃温度下会成为$\Delta_r G$为23.6kJ/mol-H_2的上坡反应，要使之成为$\Delta_r G$为-10kJ/mol-H_2左右的下坡反应，需要20MPa左右的压力。这时，$\Delta_r H$是一个-35.5kJ/mol-H_2的发热反应。另外，生成的氨由于需要通过气液分离从液化氨中分离出来，因此压缩原料气体的动力很难在产品侧作为动力进行回收。作为大量制造氮气的方法，林德法比哈珀－博世法早十多年就开发出了深冷分离法。在德国由于电力价格昂贵，因此产量丰富的煤炭受到注目，开发出用煤与水反应制造得到含有氢及一氧化碳在内的水性气体，进而通过一氧化碳和水蒸气的反应，使之水性化的制氢工艺。现在主流的工艺是将以甲烷为主要成分的天然气进行水蒸气改性来制造氢气。由于这些氢制造的反应是吸热反应，所以氨合成的发热反应作为制氢的热源，可以构成高效系统。因此，如果用水电解制氢的话，氨合成的排热利用将成为课题。由于关于氨合成成套设备的效率的报告极少，因此效率的评价非常困难，但在海洋热能变换（Ocean Thermalenergy Conversion Plants，OTEC）讨论的 $40MW_e$ 的 OTEC 氨工厂中，通过水解制造氢气的能量单位为 $4.3kW \cdot h/Nm^3 - H_2$，而包括氨合成在内的能量单位为 $6.1kW \cdot h/Nm^3 - H_2$，即仅制造氮气和压缩原料气体所需的能量为 $1.8kW \cdot h/Nm^3 - H_2$。在水解氨合成过程中，总能量的30%是氨合成所投入的能量。

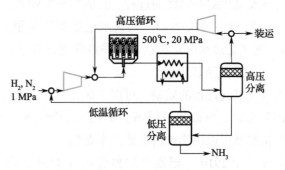

图 2-8　典型哈珀-博世法的氨合成过程

氨的情况如前所述，由于饱和蒸汽压不大，因此汽化时的体积变化几乎没有作为能源回收的价值。另外，氨合成25℃时的焓变化（$\Delta_r H$）是 $-30.6kJ/mol - H_2$，在直接燃烧等方法中，对于利用氢转换来说，需要考虑热量约 $0.4kW \cdot h/Nm^3 - H_2$ 这一小的问题。另外，氨的燃烧速度慢，利用直接燃烧等方法虽然有可能构建低成本系统，但液化氨是极为有害的急性剧毒物质。由于它是具有可燃性、剧毒性、腐蚀性、强碱性的液体，所以必须对其进行精心的管理。另外，在550℃左右的温度及钌系催化剂的作用下，采用哈珀－博世法的逆吸热反应，在氨体积分数接近 1000×10^{-6} 的平衡附近处，得到分解气体，从而制出氢。从氢气、氮气以及未分解的氨等混合气体中可提炼氢气使用。在氨热分解的同时进行下部氧化，不需要外部加热的氢气制造方法也正在研究中。这种情况下，需要燃烧一部分氨水的氢得到热分解所需的热量，氢气产量会减少。

$$2NH_3(g) + 1/2O_2(g) \rightarrow 2H_2(g) + N_2(g) + H_2O(g)$$

图 2-9 展示了典型的甲苯氢化和甲基环己烷脱氢过程。氢化的反应条件为 250℃以下、1MPa 以下，脱氢的反应条件为 400℃以下、1MPa 以下，与氢的液化和氨合成的条件相比，这些是非常温和的条件。表 2-4 列出了甲苯氢化为甲基环己烷时，标准反应环比变化和标准吉布斯能变化。

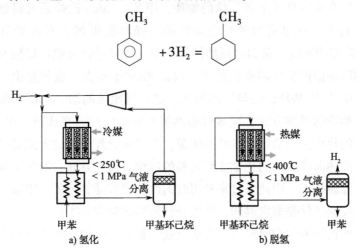

图 2-9　典型的甲苯氢化和甲基环己烷脱氢过程

表 2-4　甲苯氢化为甲基环己烷时，标准反应环比变化和标准吉布斯能变化

	甲苯/甲基环己烷	$\Delta_r H/(kJ/mol - H_2)$	$\Delta_r G^\circ/(kJ/mol - H_2)$
25℃	液/液	65.8	-29.4
200 ℃	气/气	70.8	-9.3
350℃	气/气	71.9	10.4

在氢化的反应条件 200℃附近，会出现 $\Delta_r G^\circ$ 约 -10kJ/mol - H₂ 的自发反应，压力加高后，会进行氢化反应。在标准条件下，在 270℃ 左右，$\Delta_r G^\circ = 0$；在 350℃ 左右开始脱氢反应，是 $\Delta_r G^\circ$ 为 -10kJ/mol - H₂ 的自发反应。本系统里，可以将反应控制在容易处理领域内的 100℃ 温度范围。另外，非正常反应速度很高，所以选择适当的催化剂，从速度上讲，可以使得损失非常小。但是在这个反应中，用 1mol 的甲苯要储存 3mol 的氢气，体积变化较大，所以熵变化必然也较大。容易处理温度领域中的吉布斯能变化在 0 的平衡处，原理上反应焓变化较

大。因此，甲苯/甲基环己烷系的脱氢反应中，需要氢的燃烧热（25℃时的低位发热量为242kJ/mol）28%的热量，与氨相比，需要接近2倍的热量。但是，从有效能的观点看，把卡诺效率56%的350℃左右的热能源，转换为燃烧温度1500℃、卡诺效率84%的氢的化学能源的话，则是一种化学热泵，可能构建高效率系统。

最后，氢被考虑作为能源载体时，总体来说有三方面的特点。在所有的方法中，为了提高氢气的体积能量密度，需要变成液体来储存、运输。这个时候，液化氢及液化氨在常温常压下是气体的物质，甲苯/甲基环己烷系有机氢液体。任何一个反应过程，通过适当的反应条件的选择都能得到吉布斯能负增长数十kJ/mol这种实用的速度。常温常压液体的物质，特别适合大规模运输和储存，但比气体的物质制造产生的熵变化较大。因此 $T\Delta S^\circ$ 也很大。也就是说，要使常压常温液体的甲苯/甲基环己烷与气体的氢、氨进行比较的话，用标准条件下的焓变化讨论平衡论的思维方式，脱氢时必然需要更多的热。在这里，由于平衡论，需要低水平的热作为氢的热化学转换能源，所以从能效的思维方式看是从能效较低的低水平的热向能效高的化学能源转换的过程。另一方面，液化氢及液化氨在制造时需要能源投入，因此反过来利用时的汽化较容易。另外，甲苯-甲基环己烷系的氢化反应条件是非常温和，可以分散的形式对应。

此外，通过氢液化和哈珀-博世法合成氨是不可逆的，本质上损失很大。由于两者都是高压工艺，为了提高效率，必须实现高压缩机效率的大规模化。

可再生能源为基础的能源系统，由于使用太阳能发电、风力发电等可再生能源，以及水电解槽是单位分散单元，变动小，能很好地追求效率，所以需对能量载体进行合成。

如以上所述，在讨论了能源载体的效率的时候，应该全面考虑到能量损失的阶段不同、规模和效率的关系、对变动的跟随性和效率等，以及具体的边界条件的设定，但基本上分散型的高效率设备组成的系统具有丰富的灵活性、坚韧性。

第 3 章

氢气制造与
利用的历史

阿波罗计划使用的碱性燃料电池(左)和双子座计划使用的固体高分子燃料电池(右)
(来自华盛顿特区国家航空航天博物馆实物资料)

3.1 取代石油的清洁能源——氢能

1. 清洁能源系统

对于参与阿波罗计划（1963—1972）的 NASA 技术人员来说，在宇宙中氢能系统已经成为现实。发射时用的液化氢，飞行中的燃料用氢，作为电力用的氢燃料电池，饮用水也是氢燃料电池的副产物。虽然很难确定何时开始使用"氢能源""氢能经济""氢社会"这样的用语，但在 1974 年 3 月迈阿密举行的 THEME（The Hydrogen Economy Miami Energy Conference）会议准备期间的 1973 年，"氢能经济"一词已经被使用了。

1972 年成立的兴登堡协会（H2indenburg Society）的大部分会员在 1970 年就开始从事氢能应用的研究了，从环境的角度看，很自然地就提出了使用氢燃料汽车发动机的构想。1973 年，从尼克松总统宣告航天计划结束后，参与阿波罗技术（水的电解，燃料电池）的相关人士加入了该协会，从而产生了较大的变化。

由于氢燃烧后只排出水，所以使用氢燃料的能源系统到目前为止一直被称为清洁能源系统（CES）。但当初美国所称的 CES 和日本版的 CES 有所不同。根据 1974 年 10 月出版的太田时男先生所编写的《氢能源系统的开发》（富士·国际），图 3 – 1 所示的方式是对阿波罗技术有极度自信的美国版 CES，即在公海上设置了 1000 万 kW 以上的核反应堆，将海水电解氢，通过管道输送到能源使用需求地，采用燃料电池进行发电的系统；与图 3 – 2 所示的日本方式相比，美国方式没有考虑太阳能和电力系统。日本版 CES 从摆脱石油依赖，形成自给的清洁能源系统这一点上和美国版 CES 是相同的，但考虑到了一次能源的太阳能源、水力、地热等自然能源。当然，在自然能源的转换和集成技术还未能确立时，也只能依赖于原子能。

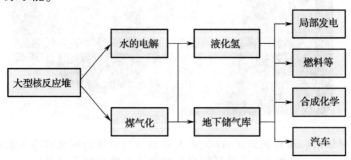

图 3 – 1　美国方式的 CES

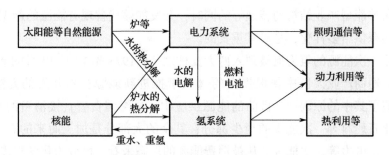

图 3 - 2　日本方式的 CES

美国方式最根本基础在于：当能源的输送距离达到 400km 以上时，天然气管道比电力输送具有压倒性优势。在日本，消耗 60% 能源的工业地区的选址一般距离海岸最多 50km，因此，只要在海岸设置能源供给源就可以了。由于氢气管道与输电线输送方面相比不具备优势，因此采用电力系统和氢气系统并行的方式。

以上所述的迈阿密会议的参加者共有 25 个国家的 700 人，其中美国有 564 人。其他的外国参加者中日本人数最多，有 16 名。日本有 2 篇报告在会议发表，向各国展示了日本方式的 CES。

2. 阳光计划

在 1973 年的第一次石油危机及当年的第四次中东战争前后，日本确立了"新能源技术研究开发计划"，并于 1974 年 4 月开始实施直至 1993 年。由通商产业省工业技术院编写，并由日本产业技术振兴协会在 1974 年 1 月出版的同名书籍中，将这一计划称为"阳光计划"。

该计划的目的在于开发替代石油的清洁能源的技术，具体包括太阳能、地热能、合成天然气（煤炭的气化、液化）以及氢能四大支柱。以构建不依赖化石燃料的能量供给体制为目的，将国家的基础能源供应不受国际局势和国际纷争等敏感因素的影响作为最高目标。这里也没有排除煤炭的应用。

在上面提到的书籍里，当时的工业技术院院长对于能源状况是这样表示的："即使不考虑当前的石油危机，从长期来看，一方面是能源需求在不断增大；而另一方面，对于能源供应而言，包括石油等能源资源数量的限制、能源资源分布不均等各种困难在内的问题，将造成更加严重的能源危机。另外，化石燃料大量消费带来的环境问题会引发巨大的社会问题，环境保护是全体国民的课题。在这样的形势下，为了使得我国在今后能够取得稳定健康的发展，在确保和节约能源资源，向节能型产业结构的转换等的同时，开发能够代替现有能源的新型清洁能源，使能源供给多样化，是极其重要的。"

并非一次能源的氢为何被列入四大支柱之一？1973年12月18日的产业技术审议会向通商产业大臣中曾根提交的《关于推进新能源技术开发的方法》中，明确记载了其中的原因："目前的能源供应中，最终消费者直接消费的是水力、核能和化石燃料等一次能源的很少部分；其余的大部分是加工而来的石油产品、城市煤气、电力等二次能源。从被消费能源的形态来看，可分为化学形态的燃料和电能（电力）。目前的能源系统，是燃料和电力这两大支柱的复合系统，一般而言，将具有互补关系的两者的特点很好地结合在一起，能支撑其他能源消费。"

在该答复中，将氢能定位为合成燃料，因为具有以下特质，而被认为是最佳燃料：①因为原料是水，所以没有资源上的限制；②因为燃烧生成物只有水，所以很清洁；③氢循环不会像碳循环那样扰乱自然循环；④能够实现便宜且有效的运输；⑤可成为能源储存的工具；⑥具有热源、动力源、燃料电池、化学原料等广泛用途。

其中，氢循环与水的循环几乎是同义的，与碳循环通过植物体需要几年甚至几十年的情况相比容易实现。化石燃料和二氧化碳之间的循环周期是数百万年，与水的循环相比有巨大的不同。另外，虽然二氧化碳会引起全球变暖这一问题是十几年之后的1988年举行的第一次政府间气候变化专门委员会（IPCC）会议上被国际上很明确地认识到，但阳光计划确立时，二氧化碳的增加会引起的气候变化问题的担忧已经成为共识。

化石燃料作为主要的一次能源，对于当时的燃料和电力为主的能源系统而言，面对化石燃料的枯竭，使得新的能源的作用变得逐渐增大。虽然氢能被赋予了作为合成燃料的作用，但被视为新能源的是原子能、太阳能、地热能等，它们都是通过热能的形式被利用。将热能换成化学能的是氢，是一种合成燃料。

阳光计划中的太阳能的技术开发，是以太阳热能发电、太阳光发电及太阳热能电子发电等形式的太阳能发电为中心，其他还包括太阳能空调系统、热水供应等的形式，计划中网罗了多种方式。与此相呼应的是，用水作为原料进行制造氢，无论是用太阳能直接热分解法，还是通过太阳能发电的水电解法，两者都面临难题。氢制造的研究开发课题还包括热化学制造方法，通过新型原子炉的高温气炉获得高温热源。

目前，除了太阳光发电外，风力发电也取得了长足的进步，很多情况下不再以热能的形式，而是直接获得电能的方式。氢气的作用自然发生了变化。

阳光计划开始之初，正值能源从煤炭转换到石油的迅速增长期，除了石油作为烟少无灰的非固态能源可以通过管道来进行配送这一有利点外，用油罐车进行装卸也很方便简单。但是，对于当时日本的能源经济来说：①单位面积的石油燃烧量是美国的 8 倍，空气污染严重；②六成的能源消费集中在大规模工业上，国民成为大气污染的受害者；③在能源资源极度稀少的情况下，水力资源在电力中只有不到 30% 的占有率，主要能源是石油，而其中 98% 依赖进口。

正因为具有这些特点，国民才逐渐接受了新能源以及作为新能源载体的氢。1973 年的石油危机无疑是一个划时代的事件。

"阳光计划"中的氢能除了上述以水为原料的氢气制造过程外，还包括氢气输送和储存技术、氢气利用技术以及氢气安全环保措施。

在水电解制氢方面，主要采用高温高压电解和固体电解质电解。前者具有电力效率高、节省燃气压缩费用以及缩小槽容积等优点。后者可以说是燃料电池的逆反应，不需要碱性水溶液，作为高效且易于维护的技术而备受期待。

热化学方法制氢，可以通过几种反应的总和形式来实现水分解反应，在比较容易得到的热源温度下进行反应是其主要特征。被称为"第一代技术"的如下反应一经出现就很有名：

$$CaBr_2 + 2H_2O = Ca(OH)_2 + 2HBr \qquad (3-1)$$

$$Hg + 2HBr = HgBr_2 + H_2 \qquad (3-2)$$

$$HgBr_2 + Ca(OH)_2 = CaBr_2 + HgO + H_2O \qquad (3-3)$$

$$HgO = Hg + 1/2O_2 \qquad (3-4)$$

这是一个以水为反应剂，通过氢发生反应式（3-2）和氧发生反应式（3-4）得到所需的原料的反应循环。反应式（3-1）需要 730℃ 的热源，反应式（3-4）需要 600℃ 的热源，但是反应式（3-2）和式（3-3）分别在 250℃ 和 200℃ 进行。由于使用水银进行的反应不可能得到实际应用，而且卤化物腐蚀装置的问题也从一开始就被发现，所以以第一代技术为范本，提出并研究了许多其他的反应循环。

直接热分解法制氢是基于将水蒸气加热到 2600K 时，会解离 5% 左右的水这一化学平衡常数的预测而提出的，但如何分离生成的气体是未解决的课题。此外，还研究了放射线化学方法的水分解。

在氢的输送和储存技术方面，研究了可基于长距离且廉价的地下埋藏管道的输送方式、地下储存可能的方式，以及通过各种方法转换成电力的方式。气体氢的管道运输、用于输电的极低温电缆、液化氢管道的公用、氢化物的运输和储存等都在研讨中，其中，通过氢化物的氢固态化技术最有特色而被重视。氢固态化后，除了体积密度和质量密度变高、方便实现储存外，不需要复杂的容器，并且可以长期储存，不会产生容器材料的氢脆性问题，无论大规模还是小规模都可以实现，可以得到高纯度的氢气，所以值得期待。另外，作为进一步的延伸，代替 Pd – Ag 合金膜的氢选择性透过膜的开发也被提出。

作为氢能利用技术，其燃烧技术、燃料电池技术、动力利用技术及化学利用技术是研究开发的对象。作为燃烧技术的特例，提出了液化氢炸药。该炸药具有密度低、爆炸后的气体无公害等特点。

燃料电池可用作电动汽车的电源，以及现场发电、储存能源再生（高峰时的发电站）、海洋/太空用动力来源、远距离用电源等，包括固体电解质燃料电池、熔盐电解质燃料电池、酸性电解液燃料电池及碱性电解液燃料电池。但对固体电解质和固体氧化物关注度并不相等，而固体高分子是在 1990 年以后出现的。

动力利用技术几乎与内燃机的定义相类似，以氢发动机、用于航空/航天发动机等为主，但斯特林发动机也被提及。此外，据预测，1985—1990 年，作为飞机燃料的液化氢的单位发热量价格将与普通喷气式燃料价格持平。氢气燃气轮机被定位为输出功率 10 万 kW 以上的基本负载电源。

作为化学利用技术，已被广泛应用的有一氧化碳、二氧化碳和氢气合成甲醇，以及铁等氢气的还原冶炼、金属氢化物的氢化反应、副生氧的化学利用等。

另外，作为最为重要的氢的安全/环境对策，安全保障距离、防爆设备、防爆对策、装置安全保护以及运输及消费的安全等都是研究课题。特别是对液化氢的危险性还有很多未知之处，因此正在进行详细研究。液化储存氢气时，由于奥氏 – 帕拉转移引起的发热会促进蒸发。另外，液化氢在空气中的燃烧速度极快。当液化氢洒在地面上时，蒸发的氢由于低温，相比向上扩散，它更容易向水平方向扩散。因此，肉眼可见的云的高度和可燃性混合物的扩展范围不一定一致。

阳光计划的期间，从 1978 年开始开发节能技术的月光计划开始，人们对燃料电池及燃气轮机的研究热情很高。1979 年虽然发生了第二次石油危机和伊朗革命，但由于对能源研究的前瞻性，因此对日本的影响很轻微。从 1986 年的魁北克欧元计划开始，以及 1988 年的 IPCC 以后，二氧化碳和地球变暖的因果关系逐渐被讨论，人们对环境问题的关心重点比起二氧化碳来，更重视大气污染防治。1993 年，开始着手新阳光计划及 WE-NET 氢能项目，结束了阳光计划的使命。

3.2 可再生能源利用的大规模氢能系统

1. WE-NET 的基本概念

WE-NET（world energy network）的概念图如图 3 – 3 所示。WE-NET 的基本概念是，利用世界各地所有的潜在可再生能源，通过电解水来制造氢，将制造出来的氢通过转换成可输送的媒介，输送到氢能源消费地进行应用，构筑起世界级规模的能源网络。

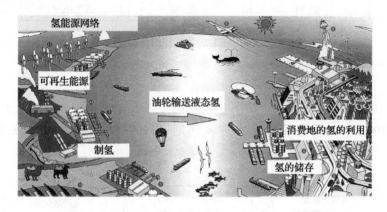

图 3 – 3　WE-NET（world energy network）的概念图

在实际的研究计划中，通过加拿大的剩余水力发电产生的电力转换为液体氢的形式，输送到日本，以利用氢/氧涡轮蒸汽机发电的系统为模型，对其核心技术要素进行了开发及系统设计等，对计划的实施进行了综合推进。加拿大联邦政府及天然资源部门不惜一切力量进行了积极合作，将魁北克省及萨斯喀彻温省的相关场所推荐为水力发电的场地。

在最近的无 CO_2 氢供给链的构想体系中，还加入了川崎重工将澳大利亚褐煤等未利用的化石燃料资源与当地 CCS 组合作为氢源利用的概念，使得 WE-NET 的构想在当今得到了扩大。

2. WE-NET 的年度部署（最初计划）

WE-NET 的年度部署（最初计划）如图 3 – 4 所示。虽然这是一项以 2020 年系统实证（或实用化）为目的的长期构想，但实际上预定于 2003 年度结束的第

Ⅱ期计划提前了 1 年，在 2002 年度就结束了。由于 WE-NET 是以 2020 年度进行系统实证为目标的，而第Ⅲ期以后的计划也正在进行研讨中，所以在这个时候终止该措施，对相关企业在内的多方面带来了巨大的负面冲击。不过，在 2015 年 2 月的 NEDO 论坛资料里，以及 2016 年 3 月修订的资源能源厅的氢·燃料电池战略发展蓝图等相关资料所展示的战略中，很多地方都是对 WE-NET 构想的发展性的继承和理解，因此，在把重点放在促进 FCV 和家庭用燃料电池（ENE·FARM）实用化的政府方针下，WE-NET 在 2002 年度被暂时中断了是可以理解的。

图 3-4 WE-NET 的年度部署（最初计划）

3. WE-NET 的技术及研发项目

WE-NET 的技术开发项目如图 3-5 所示，WE-NET 的第Ⅰ期研究开发计划（1993—1998 年）及第Ⅱ期研究开发计划（1999—2002 年）分别见表 3-1 和表 3-2。

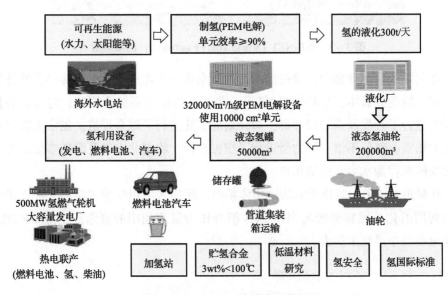

图 3-5 WE-NET 的技术开发项目

表 3 - 1　WE-NET 的第 I 期研究开发计划 (1993—1998 年)

TASK	研究开发项目	内容
1	整体系统	进行各种氢气输送介质的整体系统概念设计，选定最佳输送介质
2	国际合作	国际情报交换，国际合作的方案研讨
3	安全对策	关于氢的安全性的调查研究
4	制氢技术	PEM 电解技术开发：单元效率 90% 以上
5	输送和储存技术	高效氢液化系统的研究、液体氢输送油轮、液体氢储罐的开发、贮氢合金的开发：100℃ 以下 3wt% 以上
6	低温材料技术	液体氢温度下的材料特性研究
7	氢利用技术	氢/柴油、纯氢燃料电池的开发
8	氢/氧涡轮蒸汽机	氢/氧燃烧涡轮：涡轮入口温度 1700℃，发电效率 60%（HHV）/66%（LHV）以上
9	革新技术	氢气制造、运输、储存及利用技术的调查

表 3 - 2　WE-NET 的第 II 期研究开发计划 (1999—2002 年)

TASK	研究开发项目	内容
1	系统研究	利用各种氢源的系统评价
2	安全对策	通过氢气的扩散和爆燃实验验证安全性
3	国际合作	国际标准化活动，信息交换
4	动力产生	100kW 单缸氢/柴油发动机开发
5	氢燃料罐	汽车用燃料系统要素的研究
6	纯氢燃料电池	30kW PEM 燃料电池系统的验证
7	加氢站	加氢站的开发、实证
8	制氢技术	2500cm^2 电极使用的层叠电解堆栈
9	运输储藏技术	氢气制造、运输、储存和利用技术的调查
10	低温材料	焊接方法和对焊接材料低温特性的影响
11	储氢材料	开发有效储存量 3wt% 以上的合金
12	创新技术	调查与氢相关的创新技术（磁冷冻法氢液化技术基础研究等）

　　笔者所属的能源综合工学研究所，在整个的第 I 期和第 II 期中发挥了研究开发的总体负责的作用。

　　比较表 3 - 1 和表 3 - 2 可以明显看到，在第 II 期中遵循了国家关于 FCV 及家庭燃料电池实用化的方针，设定了 FCV 相关的研究课题。其中，最显著的成果为具有 30Nm³/h 的氢气供应能力的氢气站进行了实证。氢气站的类型包括四国综研机构区域内实施的固体高分子电解质水电解（PEM）型场地氢气站和大阪煤气区域内实施的城市天然气改质型场地氢气站。

4. WE-NET 计划中氢/氧涡轮蒸汽机的开发经过和结果

能将氢的特征最完美地发挥出来的理想的发电技术是氢/氧涡轮蒸汽机。由于汽轮机的作用媒介是蒸汽，而燃气轮机和蒸汽轮机可以直接连接，另外作为作动媒介的循环蒸汽可以实现闭路循环，所以可以期待有高的效率。由于燃烧过程中不生成 NO_x，所以汽轮机的入口温度可以提高到材料的耐热性的极限。以汽轮机入口温度为 1700℃ 为目标，开发了相关的耐热材料；以能够稳定产出 1700℃ 的蒸汽为目标，开发了氢/氧燃烧设备，以及研究开发了相关的汽轮机翼冷却技术等许多革新技术。最佳的燃气循环是通过设计竞赛来选定的。在 4 种被选定的方案中，通过比较，选定了如图 3-6 所示的最佳再生循环方案。

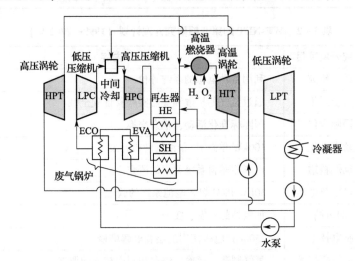

图 3-6　最佳再生循环方案

最佳再生循环所期待的性能如下：

- 输出功率：500MW
- 发电效率：61.8%（HHV），68.5%（LHV）
- 汽轮机入口燃气温度：1700℃
- 汽轮机入口压力：4.75MPa

汽轮机叶片用耐热材料有以下 5 种候选（在第 I 期结束时均制作了约直径为

5cm 左右的试验片，达到了 1700℃ 蒸汽下耐热性评价的准备阶段，但在这时候，计划被中断了）：①单结晶（SC）高温合金 + 纤维强化陶瓷（FRC）的混合冷却翼；②耐热高温合金冷却翼用隔热涂层（TBC）；③陶瓷基复合材料（CMC/长纤维）；④陶瓷类多重结构材料（CMC/表面 + 中间 + 芯部）；⑤C/C 及弱冷却部件用 CMC 的三维织纤复合材料。

革新的氢/氧燃烧的汽轮机的概念（闭路循环）如图 3 – 7 所示。除了一些优点（高效率、不生成燃烧 NO_x 等），在液体氢供应链的情况下，还可利用液体氢的低温（ – 253℃），通过深冷式空气分离，制造出氧气等优点，因此这是一项值得开发并推进的革新性的热机。在 WE-NET 计划中，对于这项革新技术中的通过深冷式空气分离制氧设备在内的氢/氧燃烧涡轮发电设备，除了系统设计指标、元件技术开发外，还对设备费用进行了概算，并进行了经济性研究。

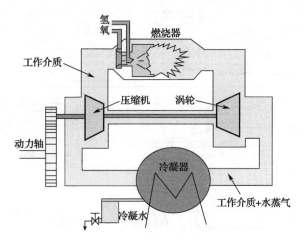

图 3 –7　氢/氧燃烧的汽轮机的概念

5. WE-NET 项目的总结

日本 WE-NET 项目的构想，是一项在世界上首次关于氢能源的雄伟的长期计划。目前，将可再生能源/未利用的能源转换成氢，并将它输送到需求的地方进行利用的全球规模的氢能源系统的构建，正成为被讨论的现实课题。WE-NET 项目中提出的基本构想被继承和研讨。作为长期构想的基础，一方面需致力于广泛领域的研究开发，另一方面为了支持 FCV 的实用化，正聚焦于对加氢站技术的开发等课题，并且取得了很多成果。氢安全、国际标准等社会基础相关课题也得到了重视。这些成果为家庭用燃料电池、FCV 及加氢站的实用化和普及，以及氢相关法规的修订等做出了巨大贡献。

在氢燃烧发电方面，我们也希望国家氢燃料电池战略发展蓝图能够稳步实施，包括对 WE-NET 积累的研究开发成果进行继承，全面脚踏实地开展氢燃烧发电技术的开发。

3.3 欧洲魁北克计划中的氢载体的比较

EQHHPP（Euro－Quebec Hydro－Hydrogen Pilot Project）（1986—1998 年）项目（欧洲魁北克计划）的构想是将加拿大魁北克省水力发电产生的电力转换为氢气，通过北冰洋航线进行海上运输，供欧洲各国使用。在德国，作为氢气用途的燃料电池汽车（fuel cell vehicle，FCV）备受关注。以戴姆勒公司为首，大力展开了 FCV 的开发。图 3－8 为 EQHHPP 项目的系统流程示意图。

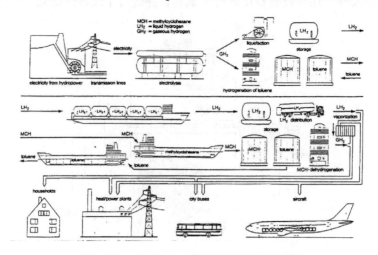

图 3－8　EQHHPP 项目的系统流程示意图

1. 液化氢的成本估算

1992 年 6 月发表的关于液化氢的计划概要和估算如下：

- 水力发电：100MW
- 电解效率（实际工作）：74%
- 年经费（利息 8%，15 年分摊偿还）：11.7%
- 开动率：95%
- 德国汉堡的氢气出货量：74 MW，614GW·h/年
- 氢转换效率：74%
- 设备投资成本：41500 万欧元

- 氢能成本：14.8 欧分/kW·h

分阶段累计成本包括：

- 输入能源：2.06 欧分
- 电解：4.57 欧分（包含以上内容）
- 液化：9.21 欧分（包含以上内容）
- 加拿大港口发货：10.67 欧分（包含以上内容）
- 船（运输）：12.85 欧分（包括以上内容）
- 接收、储存：14.63 欧分（包含以上内容）
- 配送：14.82 欧分（包含以上内容）

这是以当时的电力成本为 2 欧分/kW·h 来计算的。

2. 液化氢和甲基环己烷的比较研究

关于甲基环己烷（MCH）的输送也进行了与前项相同的研究，比较两者的结果，MCH 的优点是：

①在储存时间上没有限制。

②可以使用现有的原油运输船和集装箱来运输和储存。

另一方面，不利之处是：

①氢液态化需要的大量能量，虽然可以在水力丰富的加拿大一侧进行，但使用 MCH 的用户在使用时同样需要大量能量来脱氢。

②MCH 提供的气体氢很难根据用户方的使用情况进行调整，从大约 80% 的氢以液化氢的形式来使用的现状来看是不利的。

③从化石燃料中脱氢反应热量供给的 MCH 中得到的氢气产品成本是 12 欧分/kW·h，氢产品脱氢反应热量供给的产品状况下氢气制品的成本为 15 欧分/kW·h，因此，纯氢脱氢时，MCH 要比液化氢的费用高。

基于这样的结果，决定使用实用性更高的液化氢。

3. 能量平衡的比较

表 3-3 和表 3-4 分别表示液化氢路径和 MCH 路径的能量平衡。两种路径的开始均在电解槽方面使用了 830.0GW·h/年的相同电量。液化氢方法最终产生 614.3GW·h/年的液态氢产品，而 MCH 方法则最终产生 625.7GW·h/年的氢气产品。包括辅助能源在内的液化氢方法的主要能源是液化所用的电力，而 MCH 方法的主要能源为脱氢用燃料。液化氢方法的综合效率约为 51.4%，而

MCH 方法的综合效率为 51.8%，整体的能源效率而言，液化氢方法和 MCH 方法二者之间没有太大差别。

EQHHPP 项目是以氢为能源载体，以实现可再生能源供应和利用的全球系统为目标，在世界上进行的首次尝试。但由于资金不足，没能实现加拿大与欧洲之间的氢气运输，而在 1998 年该项目就结束了。

表 3–3　液化氢路径的能量平衡（GW·h/年）

	输入能量	辅助能量	氢装卸船所需能量	能源效率（%）
电解	830.0 电力	35.6 电力	641.6 氢	74.1
液化机	641.6	246.0 电力	614.3 液体氢	69.2
加拿大发货港	614.3	4.5	609.8	99.3
船舶运输	614.3	69.3 燃料	614.3	90.0
欧洲装卸港	614.3	8.1	614.3	98.7
配送	614.3	0.65	614.3	99.9
综合效率				51.4

表 3–4　MCH 路径的能量平衡（GW·h/年）

	输入能量	辅助能量	氢装卸船所需能量	能源效率（%）
电解	830.0 电力	35.6 电力	641.6 氢	74.1
液化机	641.6	63.5 电力	638.2	90.5
加拿大发货港	638.2	4.6	638.2	99.3
船舶运输	638.2	68.4 燃料	638.2	90.3
欧洲装卸港	638.2	6.3	638.2	99.0
脱氢	638.2	200.1 燃料、电力	625.7	74.6
综合效率				51.8

3.4　燃料电池中的燃料氢

燃料电池是由外部连续补给燃料和氧化剂，将化学反应得到吉布斯自由能转变为电能的系统。其开发历史悠久，在 1839 年，瑞士的学者 Christian Friedrich Schoenbein 及英国的学者威廉·葛洛夫就开始了相关的实验，而在日本直到 1935

年田丸等人才发表了相关论文。除了田丸设计的燃料电池以外，其他燃料电池的燃料都使用了氢气。

用氢的燃料电池实用化首先与太空开发有密切的关系。从 1961 年到 1966 年期间美国实施的最初的双子座载人卫星计划中，早期使用的是通常的二次电池，后期是固体高分子型燃料电池。在接下来的美国太空开发署的阿波罗登月计划中，使用了当时信赖性很高的碱性燃料电池。在太空开发中使用氢的燃料电池作为电源被证明发挥了很大的作用。

为了将这项技术应用于民用领域，在 1967 年开始了 TARGET 计划，开始开发磷酸型燃料电池。在这之后，又竞相开始开发熔融碳酸盐型燃料电池及固体氧化物燃料电池。另一方面，关于固体高分子型燃料电池，在 20 世纪 80 年代中期，发表了取代当时全氟磺酸离子交换膜的陶氏反渗透膜。那以后，以汽车为中心的开发应用发展迅速。2009 年作为家用的燃料电池系统（ENE·FARM）开始商业销售，截至 2018 年已有 25 万台的业绩。燃料电池汽车于 2013 年在韩国上市，而日本则从 2014 年底开始作为推广环保汽车的有力工具而上市的。它们都使用的是以氢为燃料的燃料电池。

1. 燃料电池的原理和特点

燃料电池让作为燃料的氢和作为氧化剂的氧进行电化学反应，从中提取电能和热能。图 3-9 显示了燃料电池的基本组成模式。燃料电池的基本要素是电子导电体的两个电极（发生氧化反应的阳极和发生还原反应的阴极）和离子导电体的电解质这三个主要组成部分。这里的燃料电池的全反应可以看成是氢和氧形成水的反应。

图 3-10 示出了氢和氧反应生成水过程的能量变化。这是一个自发性质的反应，反应时会向外部释放能源。这个被释放出的能量（ΔH，焓），可分解为功（ΔG，吉布斯能）和热（$T\Delta S$）。从原理上看，功（ΔG）的减少量被用于燃料电池（电化学系统）的话，可以以电能的方式被外部所利用。图 3-10 所示的数值是在 25℃ 的情况下生成液态水时的值（HHV）。从原理上讲，25℃ 时获得的能量大部分可以转换为电能。燃料电池由于是将化学能的变化直接转换为电能，因此不像热机那样受卡诺效率限制，因而转换效率很高。此外，与干电池和二次电池不同，电池容量没有限制。由于可以通过从外部连续提供作为能源的燃料和氧化剂，在原理上可能实现半永久性地获取电能。如果说密封型干电池是储存电能的装置的话，那么燃料电池就是获取电能的能量转换装置。

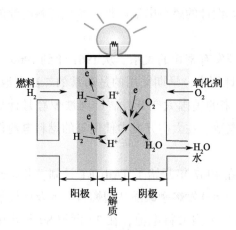

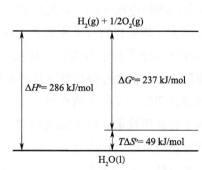

图 3 – 9　燃料电池的基本构成　　图 3 – 10　水生成反应的能量（298K）

如果燃料是氢，氧化剂用氧的话，其生成物仅为水。电池也不会产生噪声、振动、环境污染物质等。这就是燃料电池在航天飞机等宇宙空间的人类活动中不可或缺的理由之一。容易反应的氢如果进入廉价、易得的时代，其作为一个发电系统更加值得期待。用燃料电池进行发电的主要特点如下：

1）理论发电效率特别是低温时的效率非常高。很多燃料的氧化反应是放热反应，即对于高温而言是不利的反应。因此，理论上在低温工作可以得到高的效率。这是与贝萨迪·卡诺效率所限制的热机最大的不同。然而，通常的化学反应，温度越高反应速度越快。实际上，由于一般情况下，高温会使得材料的老化速度快，在确定燃料电池的工作温度时，会考虑发电效率、反应速度以及材料的劣化。

2）单个电池的电压是 1V 以下的直流电源。燃料的氧化反应所获得的电动势都在 1V 左右，要想获得较大的功率输出（＝电压×电流），就需要大电流。要获得大电流，必须设法使大量物质在电极/电解质界面中快速反应。这一技术的巨大进步使得燃料电池在燃料电池汽车等的实用化成为可能。

3）二维反应装置。电化学反应装置的根本是电极和电解质界面发生的电荷转移反应。对于这样的二维反应装置，本来单位体积的利用效率较低，但近年来汽车燃料电池技术取得了显著进展，输出密度达到了 3kW/L。以往的燃料电池又大又重的概念正在逐渐被消除。

4）即使小型化效率减少也有限。包括燃料电池在内的电化学反应装置属于二维反应装置，其特点是即使大型化也没有规模优势。相反，即使小型化，效率也不会降低多少。燃料电池汽车的效率比内燃机汽车高得多，而且如果用于分布式发电的话，热利用也很容易，综合效率会显著提高。

5）低环境负荷、低噪声、低污染的发电系统。由于具有很高的转换效率，因此即使使用化石燃料作为基础，二氧化碳的排放量也较少。另外，对于柴油发动机效率高时会生成氮氧化物的问题，燃料电池汽车是不存在的。除辅助设备外，没有噪声和振动，在有安全保障的情况下，可以在室内使用。

2. 有望实用化的燃料电池

1）磷酸型燃料电池（PAFC）：燃料电池当初是以碱性溶液的形式实现了在太空开发应用中的实用化。该项目技术开始于 1967 年面向民用 TARGET 计划的磷酸型燃料电池的开发。电池在 200℃ 左右的温度下工作，这个温度刚好适合于磷酸电解质。输出功率可以在 50 ~ 200kW 这一范围。现在，这种规格尺寸的商用燃料电池在日、美、韩都有销售，主要用途是在净水厂有效利用低浓度的甲烷。

2）熔融碳酸盐型燃料电池（MCFC）：熔融碳酸盐电解质的燃料电池是在温度 650℃ 下进行工作的高温燃料电池的一种。该温度下的电极催化剂为氧化镍/镍，燃料除了用氢外，还可利用碳氢化合物及一氧化碳。隔板使用不锈钢，而这个温度是与氧气共存下可利用的最高温度。该电解质的特点是对二氧化碳具有选择透过性，为今后的二氧化碳分离、浓缩来说，是应该关注的性质。

3）固体氧化物型燃料电池（SOFC）：这是以具有氧化锆等主要离子导电氧化物传导性的金属氧化物为电解质的高温型燃料电池。该电池在 800℃ 左右的温度下工作，美国正在进行 100kW 功率级的稳态性试验。而且在日本，作为家庭用的燃料电池（ENE·FARM）已经上市。如果在高温下连续运行，它可实现包括热利用变换在内的高效率。但该系统对温度变化敏感，不能频繁地反复启动停止。

4）固体高分子型燃料电池（PEFC）：参与双子星计划开发的杜邦公司的全氟磺酸离子交换膜，为固体高分子电解质在离子交换膜法食盐电解的成功做出了巨大的贡献。但人们还是等到了 20 世纪 80 年代具有出色离子导电性的新型离子交换膜出现时，才实现了大功率燃料电池。这种膜有助于改善燃料电池的最大缺点，它提高了输出密度，甚至可以与汽车发动机相抗衡。此外，固体高分子作为电解质的应用，与以往的磷酸型、熔融碳酸盐型、碱型等液体电解质不同，在形状上赋予了很大的自由度，将逐渐拓宽燃料电池的用途。

作为分散型电源，日本从 2009 年就开始销售了 0.7 ~ 1kW 的家用燃料电池（ENE·FARM），截至 2018 年全国已安装超过 25 万台。其耐久性有望达到

10 年，随着大量普及，预计成本将大幅下降。该家用燃料电池不仅可以作为供热型的电源使用，还可以作为独立电源使用。东日本大地震以后，对电力供应的担心很大，每个家庭都希望有自己独立使用的电源。燃料电池启动后，只要不断供给燃料就可以连续运转。

作为移动型的电动汽车用燃料电池，正在被世界各国的汽车制造商竞相开发。韩国的现代汽车、日本的丰田汽车和本田技研已分别在 2014 年、2015 年和 2016 年开始销售它们的燃料电池汽车，其数量也在逐渐增加（图 3 – 11）。到目前为止，已经实现了低温启动，提高了耐用性，增加了续驶里程，具备了更高实用性。另外，燃料电池汽车的燃料电池输出功率密度达到了 3 ~ 3.5kW/L，相当于中型汽油机汽车的水平或更高。燃料电池曾经的大而重的缺点已经成为过去。

图 3 –11　销售的丰田燃料电池车及本田燃料电池车

3. 基础设施建设

燃料电池汽车使用高压氢气作为燃料。为此，加氢站的基础设施建设成为重要课题。关于这一点，以连接日本的东京、名古屋、大阪、九州北部四大城市圈的地带为中心，已经建立了大约 100 个加氢站，并且正计划将加氢站的网络扩大到全国。这里最大的课题是加氢站的建设成本问题。解决该问题时必须对车载气罐的压力进行重新考虑。目前车载气罐的压力一般设计为 350atm（1atm = 101.325kPa）或 700atm，加氢站设定为 700atm，而是否用 700atm 是值得反思和疑问的。图 3 –12示出了氢在高压下的压缩率因子，图中曲线表明压缩率因子呈现出与气体的理想状态的偏离。即在理想气体状态下，压缩率因子是 1，偏离了理想气体状态，压缩率因子也不是 1 了。该图还表明 700atm 下，压缩率因子系数偏离 1 的程度变大。从这个数

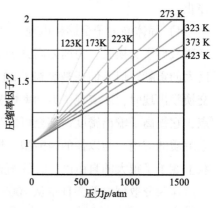

图 3 –12　氢压力与压缩率因子的关系

值的偏离显示出偏离了理想气体、压力的升高会导致分子间的相互作用的增加。也就是说，理论上为了压缩气体的动力，有一部分变成了热，而没有用于气体的压缩，一部分能量被浪费了。目前 350atm 的气罐的续驶里程可达 400 ~ 500km，并且随着今后燃料电池技术的进步，有望进一步提高效率，所以加氢站的压力达到 350atm 就应该足够了。

4. 结语

绿色氢能系统的基础技术，作为工业技术的一部分已经形成，剩下的就是决断和执行。在这个绿色氢能时代，最能有效利用氢的方法应该是燃料电池。

燃料电池具有性能优异的特点，但在实际使用上还存在成本高的问题。用于汽车的燃料电池的成本希望降至目前的几分之一，而固定场所使用的希望在 1/3 左右，而过去的成本则不是高了一个数量级的值。由于技术已经发展到这个地步了，现在的希望值，如果能够实现大量生产的话，是能够实现的。

从原理上看，燃料电池的特性还应该可以得到进一步的挖掘。为此，必须对其构成要素的阳极、阴极电解质、隔板（集电体）的性能进一步提高。特别是正在商用化的固体高分子燃料电池的阴离子电极催化剂是左右效率的重要因素。期望从基础开始，对材料的研究能够踏踏实实地进行。

扩展阅读

氢在封闭空间的利用

氢气在封闭空间使用时需要格外小心，比如在海底隧道输送氢气，会受到法律限制。氢气即使是碰上静电这样的小能量也会容易着火，在空气中的可燃范围达到 4% ~ 70%。另一方面，在开放的空间中，由于氢气很轻，容易扩散，即使有少量泄漏也很少着火。为了安全利用氢气，很重要的是不要在封闭空间中使用。

然而，在太空飞行器这样完全封闭的环境下，氢作为能源仍然发挥着重要的作用。人造卫星虽然可以利用太阳能作为一次能源，但储存是个问题。充电电池最易被考虑到，但因为太重并不合适。人造卫星的时代是使用了以镍氢电池为代表的二次电池，但进入以登月为目标的载人航天器时代，其重量也成为了问题，因而出现了燃料电池。

在太空开发方面落后于当时苏联的美国，于 1961 年由肯尼迪总统发布了阿波罗计划。这是一个不仅要在 10 年内将人类送上月球，还包括对基础材料科学进行充分研究在内的宏大计划。其中一个例子是，作为材料设计基础的物质热力学数据中最值得信赖的 JANAF（Joint Army Navy Air Force）热化学表格，就是在这个计划中完善的，由此可以看出当时美国的潜力。

燃料电池作为载人航天器的电源发挥了重要作用。从储存的氢和氧中获得电力，同时获得水。水既可作为宇航员的饮用水，同时还可通过电解还原成氢气和氧气。该系统被称为再生型燃料电池，通过太阳电池获得一次能量，是相关物质在宇宙飞船中进行循环的系统，这是一个在完全封闭的空间中通过氢气和氧气生成能源使用的例子。这里使用了不考虑成本的高新技术。另外，像阿波罗 13 号那样的氧气罐爆炸的重大事故也可能发生。

太空开发最初使用燃料电池是在载人飞船双子星上面。当时使用的是碳氢类固体高分子电解质膜，催化剂是白金。该燃料电池的输出功率为 1kW，由 GE 公司制造。由于该燃料电池是碳氢化合物，所以耐久性不好。接下来的阿波罗飞船使用了在石棉中浸有碱稠溶液的碱性电解质，其运行温度在 200℃ 左右。

为了改良双子星搭载的碳氢化合物固体高分子电解质膜，杜邦公司开发了以特氟龙为基础的氟树脂系的全氟磺酸离子交换膜，形成了与碱性电解质燃料电池相竞争的态势。但因为已经有了实际使用的业绩，碱性电解质燃料电池在后续的太空开发中仍然使用着。

全氟磺酸对食盐电解的离子交换膜法的实现做出了巨大贡献。所谓的食盐电能，就是通过电解食盐水，得到氯和氢氧化钠的工业电解，氯是氯乙烯的原料，氢氧化钠也叫烧碱，是重要的工业原料。另外，作为副产品得到氢。在氢能时代，这是一次电解工艺过程可以得到三种产品的技术，将成为一个非常重要的产业。

另一方面，20 世纪 80 年代中期发布的比全氟磺酸离子交换膜功能更高的 DOW 膜，其电流密度一下子提高了 6 倍以上，因此日、美、加、德竞相开始了面向汽车的开发。太空开发技术是我们今天所看到的燃料电池汽车的基础。

扩展阅读

在实验室中氢的储存和提炼

要想在实验室中使用压力 1MPa 以下的少量氢气，图 3 – 13 所示的市售金属氢化物（MH）储气罐和氢气压力罐非常方便。左边的储氢量为 40 NL（N 是 0℃、0.1MPa 条件换算的意思）的气罐，即使在盛夏的高温下，其存储的 AB5 型贮氢合金也被调整为不超过 1MPa（由于在 35℃ 的温度下压力未满 1MPa，因此

不算是高压气体安全法上所规定的高压气体）。右
边的气罐尽管看上去较大，但罐中的氢容量为
5.8 NL。

用金属氢化物来储存氢供实验室来使用，或者
作为大规模能源载体使氢在社会上大量使用，这个
构思原本是谁提出来的呢？据 Mg_2Ni 及 FeTi 的开
发者赖利（Reilly）在 1974 年透露，该概念是由德
国明斯特大学的维克（Wicke）提出来的。维克通
过使用 UH_3，让铀吸收氢，给实验室的玻璃生产线
提供高纯度氢气。即使原来的氢的浓度不是很高，
让已经吸收氢的残留气体排出，对 UH_3 进行加热的
话，会释放出高纯度氢气。

图 3 - 13　市售金属氢化物（MH）储气罐和氢气压力罐

根据维克本人及相关人员的论文来看，图 3 - 14 所示的氢气发生器历经 30
多年，一直在工作而没有发生任何事故。将封住一端的 Pd/Ag 合金管作为阴极与
Pt 的阳极相对，进行电解后，管道内侧就会产生氢气。其关键在于内侧表面覆盖
一层 Pd（黑的沉积物）。得到的氢是极高纯度的，也可以产生 100bar（1bar =
0.1MPa）以上压力的氢。

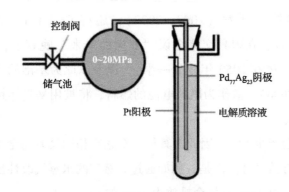

图 3 -14　氢气发生器

维克等人的研究涉及多个领域，但对于氢转换催化剂（hydrogen transfer
catalyst）而言至今仍包含一些未解明的概念。将氢转移到有机双重键上进行氢化
反应，这与后来备受关注的氢溢流（hydrogen spillover）有相似的地方。但是，
相对于氢转移是与金属的直接接触而发生的现象而言，氢溢流是在金属上生成的

氢原子向另一中心或载体上溢出扩散，这二者有明显的差异。氢转移在有机物的氢化上并没有成功，但将氢从 UH_3 和 CeH_3 转移到 Ta、Ti 等上，成功地在短时间内达到了平衡。

实验室用氢气发生器，在使用氚的分析实验中发挥了特别大的威力。用贮氢合金代替储气池的系统记载在论文的实验部分。

3.5 氢所产生的 CO_2 削减

就在利用海外可再生能源构建氢能源系统的欧洲魁北克计划（1986—1998）和日本的 WE-NET 计划（1993—2002）的同一时期，1992 年在里约热内卢召开的联合国地球峰会上，通过了气候变化框架条约。1994 年生效的这一条约，认识到大气中的温室气体浓度的增加有可能引起的地球变暖、可能对生态环境造成负面影响这一人类共同关心的问题，该条约的目的就是控制温室气体浓度的增加、稳定地球的气候。根据条约，每年召开一次 COP（Conference of the Parties）。第三届京都会议 COP3（1997 年）通过了京都议定书。IPCC 在 1995 年提交的第二份报告中得出了全球变暖的原因是人类化石燃料消费导致 CO_2 浓度上升这一结论。京都议定书与此相呼应，推动了之后的氢安全利用等基础技术开发（2003—2007），还有 Cool Earth 50 的首相演说（2007 年 5 月 24 日，在国际交流会议"亚洲的未来"晚宴上，当时的安倍首相倡导全球温室气体在 2050 年减少一半），以及以此为基础的冷却地球的能源革新技术计划（2008）。氢作为燃料电池的燃料，将被用来具体推进新一代汽车的低成本和高效化。

氢气燃烧不会产生 CO_2，因此与其他化石燃料相比具有完全不同的特性，自然容易被认为具有洁净性。但是，例如通过天然气的水蒸气改性反应或者转换反应得到氢气的话，每 4mol 氢气会排放出 1mol 的 CO_2。

$$CH_4 + H_2O = CO + 3H_2 \qquad (3-5)$$

$$CO + H_2O = CO_2 + H_2 \qquad (3-6)$$

表 3-5 显示了各种燃料产生单位燃烧热时的 CO_2 排放量。关于氢，显示了氢本身的值以及计入了制氢反应排出的 CO_2 这两方面的情况。

表 3 - 5　各种燃料产生 1kJ 燃烧热所排出的 CO_2 量　　　（单位：g）

氢	焦炭	一氧化碳		
0	0. 112	0. 155		
甲烷	乙烷	丙烷	丁烷	辛烷
0. 049	0. 056	0. 059	0. 061	0. 064
	乙烯	丙烯		
	0. 062	0. 064		
	乙炔		乙醇	葡萄糖
	0. 068		0. 064	0. 094
甲烷氢	焦化氢	丙烷衍生氢	乙醇氢	葡萄糖氢
0. 038	0. 077	0. 046	0. 051	0. 077

　　燃料的化学分子式中的 H/C 比变小的话，单位燃烧热的 CO_2 排放量会变多；含有氧原子的燃料的 CO_2 排放量也变多。除氢气外，天然气的主要成分是甲烷，其 CO_2 排放量是最少的。如上文所述，利用天然气的水蒸气改性得到氢气时生成的 CO_2 排放量，比直接燃烧甲烷时减少了 23%。由此可见，并不能简单地认为制造氢气时会排放 CO_2 就不行。即使是液化石油气（LPG）的主要成分丙烷作为原始原料的情况下，氢作为能源载体，也比甲烷直接燃烧排出的 CO_2 少。不过，从整个生命周期来评估的话（LCA），如果考虑到改性反应及转换反应的效率、反应温度维持所需要的燃料消费数量等，以及数量的实际状况，仅用表 3 - 5 所列的涉及燃料的数量来判断其优劣的话，还是不够的。表 3 - 5 只是显示了各燃烧具有的潜在能力。

　　此外，可以从有效能的角度来看，来确认氢的优越性。所谓物质的有效能，是从这种物质能够取得的最大有用功。假设工作环境温度的热源和液态的水、大气分压相同压力的氧和氮等的值为零的话，可计算出各种物质的值。用燃烧热除以物质的有效能，可以得到有效效率；比较各种物质的有效效率时可以发现：甲烷、乙烷、丙烷分别为 0. 93、0. 96、0. 97，相比这些较大的数值，氢有效效率的值相当低，只有 0. 83。有效能小，看似坏事其实不然。热机中 2000℃ 左右的高温气体燃烧，其高温气体的有效效率约为 0. 70 左右，甲烷燃烧时的损失为 0. 23，而氢燃烧时的损失仅为 0. 13。

　　用甲烷制氢时是否能弥补其损失？其实不然。反应式（3 - 5）的原料是甲烷，其 1mol 的燃烧热为 890kJ，生成物氢 4mol 的燃烧热为 1144kJ，因此燃烧热上升了 29% 左右。吸热反应进行时热是被储存起来，在热储存过程中有效效率会下降。

由上述考察可知，氢已经被冠以再生能源氢、无 CO_2 氢、低碳氢、绿色氢、高级氢等各种各样名称，并以削减 CO_2 为目的而受到关注。通过使用氢作为能源载体，可在系统上进一步削减 CO_2，将氢制造过程中的 CO_2 排放降到最小，从根本上减少 CO_2 的排放。

据欧盟的 Certify 财团的报告，氢制造过程中排出的 CO_2 如果对应氢的单位 1MJ 燃烧热在 36.4g 以下的话，被称为优质氢（premium hydrogen）。其中由再生能源得到的氢称为绿色氢（Green H_2），非再生能源得到的氢称为低碳氢（low carbon H_2）。排放 36.4g 的 CO_2，与来自化石燃料的普通氢的单位 1MJ 燃烧热排放 91g 的 CO_2 相比，大约减少了 60%。因此，非优质氢被称为灰色氢（grey H_2）。

反应式（3-5）和式（3-6）得到的甲烷，与 1.144MJ 的氢一起排出的 CO_2 为 1mol、44g，相当于 38.5g CO_2/MJ，反应本身没有满足标准。如果反应所需的热量从无 CO_2 热源获取也得不到认证的话，那么来自天然气的氢实际上就被排除在外了。将反应停在反应式（3-5）的阶段，是否能将 CO 转化为化学原料备受关注。

2017 年 5 月的 G7 会议前后，以英法表明限制内燃机汽车为契机，电动汽车（battery electric vehicle，BEV）的发展趋势明显。由于蓄电池的 CO_2 削减能力比氢的 CO_2 的削减能力更加优越，出现了 BEV 至上的论点。如果将燃料电池汽车（fuel cell vehicle，FCV）和 BEV 分开来看的话，FCV 有可能朝着重型化的方向发展。

2017 年国际能源机构（IEA）发布的数据显示，每 1kW·h 的电力 CO_2 排放量，1990 年的日本是 452g，而由于 2011 年 3 月 11 日以后原子能发电停止了，2014 年的排放量增加到 556g。而这一期间，美国德国英国的排放量从 600~700g 降低到了 400g 左右，因此日本正在失去环境先进发达国家的地位。不排放 CO_2 再生能源的应用滞后是主要的原因。日本汽车研究所 2011 年 3 月推出的"综合效率和 GHG 排放分析报告"显示：行驶 1km 的二氧化碳排放量，FCV 是 78g，BEV 是 77g。FCV 用氢是通过非现场天然气改质得到的，而 BEV 用的电力是以 2012 年度的电源构成为前提计算的。如果只用天然气火力来形成电力的话，究竟怎样进行比较，等待相关的公示。

3.6 大规模能源系统中的氢和氢发电

2010 年 7 月，燃料电池实用化推进协议会（FCCJ）提出的《FCV 和加氢站普及计划》中描绘了氢应用的蓝图："到 2025 年氢气站将建设有 1000 个，燃料电池汽车（FCV）达到 200 万辆，每个加氢站对应于 2000 辆，使得其商业运行成为可能。"2017 年末的阶段，商用加氢站包括规划及建设中的在内，正好达到 100 个，FCV 为 2100 辆左右。如果按规划所描绘的 FCV 达到 200 万辆的话，假设所有的车同时加满氢，每辆按 5kg 计算，总计 1 万 t，一年所需的氢为 10 万 t 的水平。

为了降低氢能价格，不可避免地需要规模化生产。稳定、大量消耗氢气的氢能发电备受关注。川崎重工的资料显示：2 艘液化氢运输船每年可以运输 22t 氢。另外，根据 2017 年 12 月的"可再生能源·氢能"等内阁会议中决定的"氢基本战略"显示，到 2030 年要构筑起商业规模的供应链，每年筹集 30 万 t 左右的氢，使得氢的成本在 30 日元/Nm^3 左右。氢来源是海外未利用能源或可再生能源。目标是到 2030 年左右，发电容量达到 100 万 kW，成本达到 17 日元/kW·h。

川崎重工的资料显示，未来将有 80 艘运输船在运行，预计每年运输 900 万 t 氢。氢发电容量为 2600 万 kW，并贡献日本总发电量的 20%。"氢基本战略"中，氢发电需要扩大再生能源的引进业务，重新定位其调整电源、备用电源的地位，使得其与天然气火力发电具有同等的作用。将来的目标是，氢采购量每年达 500 万 ~ 1000 万 t，发电容量为 1500 万 ~ 3000 万 kW。

由大林组和川崎重工在神户设置的 1MW 级燃气轮机，在 2018 年 1 月开始实用试验，据 NEDO 透露，这是世界上最早试运行的氢热电联产系统。这是日本氢发电的第一步，但在世界上已有其他几个先例。

2006 年 2 月，BP 公司和 Edison Mission Energy 公司开始在加利福尼亚州的卡森（Carson）进行 50 万 kW 级的氢气发电系统。其氢的来源是石油焦，氢的制造过程中产生的 CO_2 采用了注入到地下深处的油田的方式。CO_2 被半永久性封闭的同时，可以降低原油的黏度，起到容易开采的效果。另外，BP 公司于 2005 年 6 月在苏格兰着手进行大规模制造氢气，那时的氢源用的是北海的天然气，CO_2 同样被回收，被送进油田。另外，运用石油焦制造氢成套设备，每天要用到 Air Products 公司的空气分离机提取得到的 7000t 氧气。所制造的氢除了用于发电外，还被 Air Products 公司作为低碳的氢应用于商业。

2007 年 8 月，陶氏化学公司在休斯敦郊外开始了发电容量为 26 万 kW 的氢气发电。通过天然气和氢气的混合燃烧，总用电量的 10% ~ 20% 由氢气提供，减少相应的 CO_2 排放量。回收废气中的 CO_2，通过与烧碱反应合成小苏打的实验也在进行中。

意大利 Enel 公司于 2009 年 8 月开始使用 100% 氢气来进行发电。距公司官方网站宣布刚好一年后,在威尼斯近郊建设意大利乃至世界首个氢动力装置。氢气由 Polimeri 公司的乙烯分裂工程供应,两家公司通过氢气管线连接。发电容量为 12MW,燃气轮机是 GE 公司开发的产品。作为发电副产品的水蒸气被用于燃煤设备,可额外获得 4MW 的能量。

为了实际感受一下氢发电究竟需要多少规模的氢量,这里通过氢的工业用的统计数据来确认。2014 年 4 月资源能源厅公开的"关于氢的制造·运输·储藏"统计报告显示,2012 年的销售氢供给业绩是约 3 万 t(原来的统计是以 Nm^3 为单位来表示,但本书将 1 亿 Nm^3 近似 1 万 t)。其中液化氢 0.35 万 t、压缩氢 1.01 万 t、碳氢 1.84 万 t。碳氢是指工业燃气企业等在用户的工业设备等上设置制氢装置提供的氢。半导体、金属、玻璃、化学工业等都是氢气的用户。重要的是,工业用的氢气只有极少部分对外销售,工业利用的总量达到了约 150 万 t。其中大部分是为了石油提炼的氢,约 104 万 t;这其中 70t 左右是通过接触改质装置供应的。根据石脑油中的异链烷烃和环烷的脱氢环化反应,得到甲苯和二甲苯,目的虽是提高辛烷值,但会伴随着产生大量的氢。另外,还有 35 万 t 左右的氢气是通过 LPG 和石脑油的水蒸气改质反应制造出来的。水蒸气改质装置会结合燃料的需求期、容量偏大地进行制作,年产能达到 70 万 t 左右的能力。与工业利用量的差异约有 35 万 t 左右,被称为氢余能力。这个数量,与"氢基本战略"中的 2030 年左右年 30 万 t 的计划几乎相等。除了这些氢以外,还有一些没有被工业利用的副产品,据推算,氢氧化钠制造工艺产生 10 万 t,钢厂的焦炭炉产生 70 万 t 等。

作为国际性的氢供应链运输技术,除了液化氢以外,有机氢化物以及氨被认为是最有力的载体;在某些情况下,甲烷也可以作为氢载体或者能源载体被使用。氨及甲烷,可以作为载体被直接利用,也就是说可以不转换成氢气,直接让它们燃烧或在燃料电池中使用,两种方式可以并存。液化氢、有机氢化物以及氨这三者,已经在欧洲魁北克计划当中进行了详细的比较研究。有机氢化物在千代田化工公司生产的甲基环己烷中起到了领先者的作用,但近年来,德国兴起了使用二苯基甲苯的热潮。这些东西的总称为 LOHC(Liquid Organic Hydrogen Carrier),这样的命名方法正在被广泛使用。二苯基甲苯及脱氢二甲苯,比甲基环己烷及脱氢形式的甲苯密度高,因此单位体积的氢运输量多。但是,由于它们不是如甲基环己烷及甲苯一样的通用化学产品,因此在市场上很难买到,而且价格也偏高。

另外，开头所说的 FCCJ 计划，依据"氢基本战略"的规划被下调了。2030年加氢站的目标是 900 个，那时的 FCV 是 80 万辆，另外，ENE·FARM 家庭燃料电池到 2030 年是 530 万台，占全国总户数的 10%。

在本文中，虽然将氢发电等同于氢燃气轮机发电，但也有依靠燃料电池进行大规模发电的动向。虽然大多的发电容量以 1000kW 为单位，韩国南部电力公司（KOSPO）将燃料电池能源公司设在仁川，2018 年投产的燃料电池容量为 2万 kW。

3.7　Power to Gas

Power to Gas 的意思是"用电力制造甲烷、氢等燃料气体"，即"从电力向燃料气体进行的能源转换"。除了标题的写法以外，还有 Power-to-Gas、PowertoGas、Power2Gas、PtoG、PtG、P2G 等各种写法。有时也会看到带有"R"的表示方法，这是为了强调剩余电力来自可再生能源（Renewable Energy），有时也会看到 Renewable Power to Gas 这样的写法。

利用剩余电力制造氢气，是氢在清洁能源系统中定位之初就被考虑并实行的。如果对剩余电力进行限定的话，Power to Gas 的概念就没有什么新颖之处。尽管如此，就像流行语一样，这句话被广泛使用的背景是，人们已经下意识地排除了使用化石燃料来制造氢的方法。另外，Power to Liquid 这样的扩展创造概念也有一定的使用基础。即使不是剩余的电力，也不排除将电力转换为氢气是一个可行的选择方案。不过，产品并不提供给消费者（consumer），而是意味着从这个商业业务提供给另一个商业业务，也称为 B to B。现在有将公司的业务从 B 转换到 C，从而更加贴近消费者的动向，但另一方面，从可再生能源方面来看，有从 C 转换到 B 的逆向举动。物联网（Internet of Things，IoT）和人工智能（Artificial Intelligence，AI）使得世界发生巨变的进程中，显示了变化的方向性，但根据情况改变方向的"to"流行的可能性也存在，这样的分析需要交给社会学者。

在 2015 年 3 月 NEDO 发布的新闻中，利用氢易于储存和运输的特点，将可再生能源转换成氢气并加以利用的系统称为 Power to Gas。可再生能源转化的输出功率吸收，以及能源的长距离运输成为可能，而且，通过这个系统的开发，可解决再生能源的课题，并最大限度地利用氢，实现 NEDO 所宣布的"氢社会"的目标。在开始研究开发时，以委托预定的形式确定公开了下面的 5 个主题：

①利用氢（有机氢）进行储存和利用再生能源的研究开发。

②通过氢转换等形式将北海道可再生能源产生的不稳定电力稳定化/储存/利用技术的研究开发。

③利用高效固体高分子制氢系统开发 Power to Gas 技术。

④使用具有发电功能的制氢装置的制氢/储存/利用系统的研究开发。

⑤具有应急电源功能的可再生能源输出变动补偿用电力/氢气复合储能系统的研究开发。

关于可再生能源及氢气的内阁会议在 2017 年末决定的"氢基本战略"中明确指出，Power to Gas 技术前景看好。扩大可再生能源的利用，在确保调整电源的同时，需要剩余电力的储存技术。蓄电池是难以应对的长周期的转化，而由氢产生的能源储存的前景看好。另外，Power to Gas 的核心是水电解系统，为此，提出了在 2020 年预计确立 5 万日元/kW 的技术，达到具有世界最高水平的成本竞争力的这一目标。

在把蓄电池和氢放在一起讨论的情况下，从标准化的分类来看，氢被分类在可再生能源的长周期转化能源，除此以外，有时氢还被限定于大量的能源转化的对策。考虑到镍氢电池长期安全使用的经验，这一理论很容易被否决。作为能量载体的氢的储存，除了高压气体以外，还有液化氢、固体化氢等形式。虽然说是 Power to Gas，但并不限定于高压气体。镍氢电池是使用了固化在贮氢合金中的氢。氢能已经用于移动电源和混合动力汽车，实现了用途广泛的能源范围的实用化，因此氢的能源储存仅限于大规模的长周期转化这一论点也是不成立的。

另外，需要注意这样的想法：蓄电池储存的是电能，氢气储存则是完全不同的东西。上述的镍氢电池储存的是氢，其结果是储存电能。蓄电池储存具有高吉布斯能的化学物质，其结果是储存电能。吉布斯能可以说成是化学势能，这与水力发电通过机械能进行活用是相同的。另一方面，与蓄电池不同的电容器和超导蓄电本身也储存着电能，具有高的瞬间响应能力。能量存储的分类需要与存储能量的场景精密匹配。

基于可再生能源的水电解目前将采用碱性电解的方法，但今后将逐步向固体高分子型电解质膜（PEM）及固体氧化物型电解质的技术方向发展。商用的碱电解系统可以建成大型系统，具有成本低、寿命长等优点，但也有电流密度有限、腐蚀的维护需要成本等缺点。PEM 电解系统已经在市场上销售，没有腐蚀性的物质，而且电流密度高，可以高效率生产氢，但其性能依赖昂贵的材料是其问题。固体氧化物的高温水蒸气电解系统虽然目前还是实验室水平，但除了理论上的电解效率较高以外，同时还具有可以有效利用废热的优势。也就是说，虽说运行温度高达 800~1000℃ 可以说成缺点，但将氢甲烷化的情况下，也可以看成是有效利用热的优点。不过，价格昂贵、很难长时间持续稳定运行的问题需要解决。

Power to Gas 中的气体甲烷化的构想是，通过将回收的 CO_2 和无 CO_2 的氢进行反应合成甲烷，这不仅意味着 CO_2 的回收循环，还具有可以利用现有的天然气基础设施（城市煤气管道）进行存储和输送的优点。另外，还可以像前文讲述的一样，将甲烷化反应产生的热组合在系统里面。可再生能源制造的水电解氢时会产生副产品氧气，有效利用该氧气，让化石燃料进行燃烧，可以得到无氮高温燃烧气体，同时可以高效率地进行 CO_2 回收。

随着技术的进一步发展，出现了 Power to Gas 中的气体同时变为氢和甲烷的方案，如图 3-15 所示。电力被转换成氢，氢被直接利用，同时也被转换为甲烷。此后，如果甲烷被注入到城市煤气管道，就可以使用现有的基础设施，如果再将氢注入到城市煤气管道中的话，就可变为可使用的氢烷系统。从储存的氢得到电力，有燃料电池发电或燃气轮机的氢能发电可供选择。作为移动电源，也有使用储存电力的蓄电池的电动汽车（BEV）和在车上将氢变换为电力的燃料电池汽车（FCV）这二者供选择。电 - 氢 - 天然气三者互补并存的系统应用范围很广。此外，还存在用甲醇合成氢气来代替甲烷合成的构想，Power to X 中的 X 具有多种多样的方案。

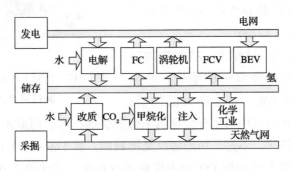

图 3 - 15　氢和甲烷与电力并行的 PtG 系统
（基于 2015 年 7 月 30 日 NREL/PR - 5400 - 64833）

世界上 Power to Gas 的现状是，首先开始进行实证的德国在该领域领先了一步。E. ON 公司采用了加拿大 Hydrogenics 公司的碱性电解装置（图 3 - 16），进行了容量 2MW，产氢 360Nm³/h 的运行。将氢注入到 55bar 的城市天然气网络的实证，从 2013 年就开始实施了。根据风力发电功率的变化来控制电解装置及压缩机的系统已经得到验证。此外，使用同样由 Hydrogenics 公司生产的全球最大的 PEM 型电解水堆栈（1MW 堆栈 16 个），进行了产氢 $3200Nm^3/h$ 的验证运行。

图 3 – 16　Hydrogenics 公司生产的 P2G 验证用 2MW 碱性电解装置
（Hydrogenics Selected References，2016）

在英国，2012 年开始的 Northsea Power to Gas 项目中，ITM Power 公司开发了用于 Power to Gas 的 PEM 型电解水装置（图 3 – 17），并于 2013 年向德国 NRM（Netzdienste Rhein Main GmbH）公司供货。装置的额定功率为 360kW，制氢能力为 $72Nm^3/h$，实验验证可达 315kW 和 $60Nm^3/h$。电力的产能为 $4.8 \sim 5.0 kW \cdot h/Nm^3$。

图 3 –17　ITM Power 公司生产的 PtG
测试用 PEM 型电解水装置

法国的 McPhy 公司提出了将水电解制得的氢储存在贮氢合金中的系统。产氢 700kg，相当于 $23MW \cdot h$ 这样大的规模；虽然采用了即使在空气中取出合金盘也不会燃烧的技术，但取出氢需要 300℃ 左右的热，这是个课题。不过，如前面反复提到的，将 Power to Gas 中的气体甲烷化的系统里，可以有效利用 CO_2 的甲烷化的反应热，有可能产生综合效率高的优势。

Power to Gas 可以发展为向 Power to X 的多个领域扩展，但只要 Power 来源于可再生能源，无论 X 是什么，都将使用电解氢的方案。当务之急是建立能够应对输出功率变动的电解系统。

扩展阅读

太田时男的 PORSHE 计划

说起日本氢能源研究的前辈，首先就不得不提起太田时男。当时的横滨国立大学教授太田时男，从 20 世纪 70 年代初期开始，就关注太阳能等可再生能源，而且提出了氢作为再生能源的利用方法，进而于 1973 年在横滨大学成立了氢能源系统研究会这一研究团体。第一任会长是神田英藏，第二任会长是伏见康治，第三任会长是赤松秀雄，太田时男虽然是第四任会长，但实际上从成立之初就由他在负责运营。

太田先生以太阳光用于氢为研究课题，利用金属氢化物对太阳热能进行储存；对加入光化学反应的热化学循环等进行了研究。作为这个具体的实验计划，对 PORSHE 计划（Plan of Ocean Raft System for Hydrogen Economy，海上筏排制氢）进行了立项，打算从当时的产业界募集基金来实施。该计划通过一个漂浮在海上的巨大筏排，来利用照射在其上的太阳光，将太阳光的一次能源转化为氢，并将其输送到日本。当时使用了 Hydrogen Economy（氢经济）这个词语，是仿照当时以石油为主的能源系统的"石油经济"而来的，这是氢能源研究人员经常使用的词。这一庞大的、雄心勃勃的计划的目标是在太平洋上设置一个 $1km^2$ 的巨大筏排浮在海面上，将太阳能发电、水电解及液化氢、氨制造设备、甲醇合成设备设置在筏排上，来验证以太阳能为基础的氢经济。

具体来说，利用科研经费试制了 $3m \times 3m$ 规格的筏排，进行了实验：即通过热电变换将太阳热转变为电，再用得到的电对水进行电解得到氢。顺便说一句，横滨大学氢能源研究人员正在使用的绿色氢研究实验大楼原来被称为太阳氢能源实验大楼，也是 20 世纪 70 年代太田时男先生进行光－氢实验时使用的建筑物。

为使该计划具体化，1978 年成立了 PORSHE 计划研究会，以太阳能密度高的波利尼西亚群岛附近的海洋地区为对象，进行了研究。具体计划考虑到帕劳共和国的区域，受当地政府的委托，对该地进行了详细调查。调查报告中，首先认识到太阳能发电系统对于代替当地采用化石燃料的柴油发电的重要性，另外，提出了使用当地生产的椰子果实，利用电解海水得到的氢气和氢氧化钠，促进香皂、黄油等制造业的产业振兴。

这里提到的海水电解并不简单。实际上由于海水中含有很多杂质，所以海水电解不能简单地得到氢和氧，在技术上是相当困难的。另外是海水中含有的氯，用通常的催化剂来电解海水后得到的不是普通的氢和氧，而是氢和氯。但是，使用氧化锰系催化剂可以抑制氯的生成反应，选择性地产生氧。

PORSHE 计划从 1978 年开始第一期，一直进行到第三期。第一期计划的筏排是由中央高柱将四角吊起，而第二期中每 $100m^2$ 的筏排变成了 1 根浮动支柱，到第三期发电方式由太阳热能发电变更为太阳能电池。遗憾的是，该计划未能实际应用，其主要原因是技术前景不乐观，制氢成本高昂，特别是使用的太阳能电池价格昂贵。

扩展阅读

Winter 的氢能理论

Carl – Jochen Winter 是斯图加特航天航空研究所（DLR）的教授，是 20 世纪 70 年代开始进行氢能源开发研究的先驱者之一。那时候世界上进行氢能源开发是以美国、日本、欧洲为中心的，Winter 教授相当于欧洲的核心研究人员。

氢能源的开发，始于 1973 年 OPEC 各国的石油出口限制带来的石油危机。这是以 1972 年出版的罗马俱乐部的报告 "The Limit of Growth" 为其理论依据的。也就是说世界的资源是有限的，在这样的情况下，资源消费增加会导致资源的枯竭。这本书里说石油在 20 年后会枯竭。另外，当时的温室气体二氧化碳体积分数为 300×10^{-6} 左右，但该公司预计 2000 年将达到 400×10^{-6}。

受这个石油危机的冲击，日本发生了卫生纸骚乱。卫生纸将要没有（价格变高）的传闻，使得很多人涌到超市，瞬间卫生纸就被抢购一空，洗涤剂也是如此。基于此，作为世界上一直以来经济根基的能源究竟会怎样的讨论热闹起来了。当时的一次能源是使用方便的液体燃料——石油；而且依赖于中东的廉价石油。如果石油资源的未来有问题，那么未来会变得怎样的重大课题由此而来。这对于煤炭、天然气等化石能源都适用。

如何代替化石能源？太阳能、风能等自然能源乃至原子能被认为是一次能源的候选，为了有效地使用二次能源，氢开始被关注。基于此，第一届世界氢能大会（WHEC）于 1976 年在美国迈阿密召开。

Winter 把这些早期的氢能开发研究，总结写成了 "Hydrogen as an Energy Carrier" 这本书，并于 1983 年出版。该书阐述了他认为的氢能的基础知识。首先，必须有区别于石油的新能源载体（二次能源）。石油可方便地制成汽油、柴油等二次能源，并且方便运输、储存。另一方面，太阳能、风能等自然能源以及原子能虽然可以制造电能，但不能简单地输送和储存。因此明确了需要灵活使用作为二次能源的氢。这里需要考虑与作为化学原料的氢不同的特性，安全性也是一大课题。

其次是用非化石能源来进行氢制造。实际上并不存在天然的氢。因此必须用太阳能、风能、原子能等非化石能源来制造。利用廉价的水力发电制氢已经成为一种产业，但数量大、价格低的需求决定了必须进行更高的技术开发。当时正值核电发展的时期，新型氦气冷却高温气炉正在设计中，这是一种用于制氢的核反应堆。

Winter 对光触媒应用到太阳光中制氢寄予了厚望。现在能够对可见光做出反应的催化剂还在继续开发中，理论上是非常了不起的，期待有新的发展。

Winter 的书的重点是将氢明确地定位为二次能源，并展示了其制备的基本方法。不过，当时其应用方法的技术前景还没有明朗。

扩展阅读

博基斯的氢能理论

博基斯（Bockris）自己的回忆显示，氢能经济（Hydrogen Economy）这个词语本身是通用汽车公司在 1969 年提出的。1971 年，作为电气化领域著名学者并拥有各种业绩的 48 岁的博基斯，又进一步解释了氢能经济的概念。由原子能或太阳能进行水分解可以得到丰富、经济的燃料，这就是氢能经济的含义。之后，澳新图书公司在 1975 年出版了《Energy: The Solar – Hydrogen Alternative》。日本在 1977 年根据笛木和雄、田川博章的翻译，出版了《新能源系统——迈向太阳能和氢能的道路》一书，以下为该书的概要。

未来最有可能的能量来源是原子能和太阳。两者的能源生产地都远离消费地，因此需要长距离（至少 1600km，有时甚至达到 6000km）的输送。采用电力输送的话，有输电损失的问题。转换成氢，通过管道输送到消费地，可以通过燃料电池发电，或通过燃烧生成热来进行应用，这就是"氢能经济"的基本考虑。氢作为能源载体的话，等量的能量在长距离输送的情况下，比电输送更便宜。氢作为汽车用燃料的优势在于解决了空气、水等的污染问题，其使用经济性在后面讨论。氢除了在能量输送方面具有的成本优势外，其具有的效用如下：

①可在化学工业中作为无公害还原剂使用。

②降低金属冶炼成本，同时减少公害。

③氢能经济带来的廉价电力和副产品氧使污水处理变得容易。

④供给 10kW 的能量，每天可产生约 53L 的净水。

⑤氢内燃机和燃料电池将实现高效的交通工具。

⑥不经由天然气而转变为氢能经济，可防止大气污染和温室效应。

向氢能经济的转变需要几十年的时间。使用煤炭这类过渡能源的话，可以将煤炭转变为天然气再制成氢，这样的方式也可使得大气污染显著减少。在这种情况下，煤炭的气化是转变的第一阶段，利用海上原子能发电的电解氢是转变的第二阶段，而使用太阳能的氢制造则是第三阶段。第三阶段的实际验证已经在1万人口的小城市进行了，同样的实证将在夏威夷群岛实施完成。

综上所述，经济是讨论的重点，环境是附带的价值。另外，能源安全保障和安全问题也需要考虑。在总结构建方案时，关于海洋和沙漠的太阳能的先行利用相关提议被涉及，博基斯自己在1962年提出的能源来源于太阳的氢，通过美国城市管道供应的建议也被包括在其中。在这一时期，他与 Veziroglu 共同领导 THIEME 会议取得成功，并为国际氢能协会（IAHE）的成立立下了汗马功劳。

多年后，博基斯的研究涉及常温的核聚变，将廉价金属转化为金，还有通过电化学手法将家庭垃圾灰化，并于1997年获得了物理学领域的"搞笑诺贝尔奖"。在此之前的1996年，Texas A&M 大学想要召开关于核转换的第二次研讨会时，由于没有得到大学的许可，所以在校园外的酒店举行了，留下了这段逸闻。

第 **4** 章
氢的基本物性

世界上使用时间最长的FC公交车
(美国AC Transit,加利福尼亚州)

4.1 氢的物理性质

1. 氢的一般特性

氢是宇宙中存在最丰富的元素,约占宇宙总质量的75%,总数量为所有原子的90%以上。在地球表面,氢元素是继氧和硅之后的第三多的元素。但是由于氢的质量是所有元素中最小的,所以在用质量比率的克拉克值来表示的话(表4-1),它是所有元素的是第9位(0.83)。

氢主要作为水和有机化合物的构成要素而大量存在。另一方面,氢很少以原子状态存在,而是作为氢分子以气体状态存在。氢分子只在天然气中少量含有,在地球大气中的体积分数在1×10^{-6}以下。

表4-1 主要元素的克拉克值

元素	克拉克值	元素	克拉克值	元素	克拉克值
O	49.5	K	2.41	P	0.081
Si	25.8	Mg	1.94	C	0.082
Al	7.56	H	0.83	S	0.062
Fe	4.71	Ti	0.46	N	0.030
Ca	3.40	Cl	0.19		
Na	2.64	Mn	0.091		

各元素的物理化学性质是由其电子排列所决定的。电子壳层是围绕着由质子、中子构成的原子核的电子轨道的集合。电子壳层是一组拥有相同主量子数n的原子轨道,从电子能级较低的开始,分别被定义为K、L、M、N壳层。各个电子层允许的最多电子数为$2n^2$。电子壳层由一个以上的"小轨道"(构成电子壳的电子轨道的结合,从能源级较低的内侧s轨道开始,向外侧分别为p,d,f,g轨道)所构成,各个小轨道上的电子数和,是各个电子壳中容纳的电子数。电子从量子数小的电子壳层进入。存在于各个原子最外侧的电子层中的电子称为最外壳电子,多作为价电子在工作。电子壳层可容纳的电子数见表4-2。

表4-2 电子壳层可容纳的电子数

壳层	主量子数	电子数	小轨道	壳层	主量子数	电子数	小轨道
K	1	2	s	M	3	18	s, p, d
L	2	8	s, p	N	4	32	s, p, d, f

氢原子的 K 壳内填充了一个电子，是最简单的电子配置。另外，在方位量子数和磁量子数均为 0 的 1s 轨道上配置了一个电子，电子配置被标记为 $1s^1$。氢原子的原子核由一个质子构成，没有中子，所以电子壳层如图 4-1 所示。

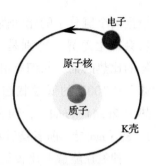

图 4-1　氢原子的电子壳层结构

2. 氢的物理性质

氢分子由两个氢原子构成，分子式用 H_2 来表示。氢分子在常温下是无色、无味的，其分子量最小，也就是说，是地球上最轻的气体。氢分子与氧气很容易产生反应，生成水时产生能量。也就是说，它具有非常容易燃烧、爆炸等特点。利用这一特点，可以将氢作为能源物质。为了能安全地利用氢，有必要了解其气体状态和液体状态的物理性质。

氢是地球上最轻的气体，与空气（氮气 80%，氧气 20%）的重量相比约为 1/14。0℃（273K）、1 个大气压下的气体密度为 $0.08988gL^{-1}$。将空气设为 1，则氢的相对气体密度只有很小的 0.07。

与此相对，在 -253℃（20K）时，液体氢的密度为 $70.8gL^{-1}$。在 1 个大气压下，氢分子的熔点和沸点分别为 -259.14℃（14.01K）和 -252.87℃（20.28K）。

氢分子处于气态、液态和固态三相共存平衡状态的三相点，因为氢分子是最轻的气体，所以是在极低温的 -259℃（13.80K）和压力 7.042kPa 出现。气相 - 液相之间可能发生相变的温度和压力的上限临界点是 -240.03℃（32.97K）及 1.293MPa。

氢分子的熔化热和蒸发热分别为 0.117kJ/mol 和 0.904kJ/mol，25℃（298K）时的热容为 $28.84J \cdot mol^{-1} \cdot K^{-1}$。另外，氢的蒸汽压在 20K 时为 100kPa。氢分子在 0℃（273K）、1 个大气压下，在水中的溶解度为 $0.0214cm^3g^{-1}$。起火温度为 500~571℃，在空气中的燃烧界限为 4%~76%，范围很广。

构成氢分子的两个氢原子的质子的核自旋方向并行的是正氢，自旋方向相互相反的是仲氢，氢分子存在这两种不同的状态（图 4-2）。

由于质子遵循费米统计，所以正氢（也称奥尔特氢）的旋转量子数为奇数，仲氢为偶数。

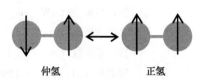

仲氢　　　　　正氢

图 4-2　仲氢和正氢的自旋状态

根据两个氢分子的化学性质相同，而统计退化度不同，因此低温下的热力学性质会产生差异。特别是比较正氢和仲氢的比热的话，它们有很大的差异。例如，在100K的低温状态下，正氢的比热为 $26.4J \cdot mol^{-1}$，而仲氢的比热为 $1.38J \cdot mol^{-1}$，前者是后者的19倍。

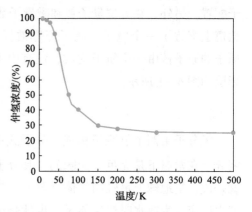

图4-3 仲氢浓度组成的温度依赖性

仲氢在能量上比较稳定，所以从正氢到仲氢的转换是发热反应。图4-3示出了正氢和仲氢之间平衡组成的温度依赖性。

常温下仲氢浓度大致占25%，正氢和仲氢的平衡组成为3:1。这种状态被称为普通氢。即使在一定程度的低温下也能维持正氢的比率，这可以通过观察低温下的比热来说明。

正氢和仲氢在0℃、1个大气压（气态）及沸点（液态）下的物理特性见表4-3。气体状态下的正氢和仲氢的物理性质几乎没有多大差异。相对于此，极低温下的液体状态的正氢和仲氢的物理性质，在三相点、沸点、密度等方面没有太大的差距，但可以看出在焓熵等热力学参数上存在很大差异。

表4-3 正氢和仲氢的物理性质

	物性	正氢	仲氢
气态	密度/(mol·cm^{-3})	0.045×10^3	0.055×10^3
	定压比热/(J·mol^{-1}·K^{-1})	28.6	30.4
	定容比热/(J·mol^{-1}·K^{-1})	20.3	21.9
	焓/(J·mol^{-1})	7749	7657
	内能/(J·mol^{-1})	5477	5385
	熵/(J·mol^{-1}·K^{-1})	139.6	127.8
	黏度/(mPa·s)	0.0083	0.0083
	热传导系数/(mW·cm^{-1}·K^{-1})	1.74	1.83
	介电常数/ε	1.0	1.0
	自扩散系数/(cm^2·s^{-1})	1.29	—
	解离热/(kJ·mol^{-1}) （298.15K）	435.9	435.9

（续）

物性		正氢	仲氢
液态	熔点/（三重点 K）	13.9	13.8
	沸点/（K 常压下）	20.4	20.7
	临界温度/K	33.2	33.0
	临界压力/kPa	1315	1293
	临界体积/（$cm^3 \cdot mol^{-1}$）	66.9	64.1
	密度/（$mol \cdot cm^{-3}$）（沸点）	0.035	0.035
	蒸发热/（$J \cdot mol^{-1}$）	899.1	898.3
	定压比热/（$J \cdot mol^{-1} \cdot K^{-1}$）	19.7	19.5
	定容比热/（$J \cdot mol^{-1} \cdot K^{-1}$）	11.6	11.6
	焓/（$J \cdot mol^{-1}$）	548.3	−516.6
	内能/（$J \cdot mol^{-1}$）	545.7	−519.5
	熵/（$J \cdot mol^{-1} \cdot K^{-1}$）	34.9	16.1
	黏度/（$mPa \cdot s$）	0.0133	0.0133
	热传导系数/（$mW \cdot cm^{-1} \cdot K^{-1}$）	1.0	1.0
	介电常数/ε	1.23	1.23

考虑到液态氢的沸点的平衡组成是 98% 的仲氢，在发展液体作为氢的储存技术的时候，需要参考这些热力学的数据，来进行材料的开发。极低温状态下的液态氢中，分子旋转状态几乎是基底状态；从图 4 - 2 所示的自旋状态来看，很容易想象到正氢具有更高的旋转能量。也就是说，在液化氢气储藏过程中，正氢和仲氢之间会慢慢地发生转换，产生旋转能量差部分的热量，使液化氢汽化。要将平衡组成的正氢和仲氢完全转换成仲氢，在室温下需要 $0.056kJ \cdot mol^{-1}$ 的热量，正氢和仲氢之间的转换速度一般较慢，需要使用某种催化剂才能促进。考虑到这些因素，在用液态氢进行储存时，将需要使正氢转换为仲氢的催化剂（活性炭、铁、磁性物质或离子）。

3. 氢的同位素

同位素是具有相同质子数（质子数 – 原子序数）、不同中子数的同一元素的不同核素。同位素分为放射性同位素和稳定同位素 2 种类型。同位素的表示方法是在元素名后面标出其原子质量数；或者在元素符号的左上角标记其原子质量数（例如碳 14 或者 [14]C）。

氢原子中除了通常的氢（记为 [1]H 或 H，称为轻氢，其原子质量为 1.01）之外，还有氘（重氢，记为^{2}H 或 D，其原子质量为 2.01）和氚（超重氢，记为^{3}H 或 T，其原子质量为 3.02）这两种同位素。

如图 4-4 所示，轻氢仅由一个质子的原子核构成，没有中子。

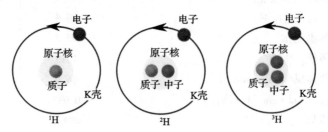

图 4-4 氢原子同位素的电子壳结构

在目前已经确认的元素中，与轻氢一样没有中子的原子核只有锂的同位素，由三个质子构成原子核的还有锂 3 同位素（^{3}Li）。与轻氢相对，氘（重氢）的原子核由一个质子和一个中子构成，而氚（超重氢）的原子核由一个质子和两个中子构成。自然界中氢以氢（轻氢）、氘和氚这三种形式的同位素存在着。其中，轻氢的存在比（相对丰度）为 99% 以上，氘的存在比仅为 0.01% 左右，而氚的存在比更低。轻氢和氘没有放射性，是稳定的元素。与此相对，氚是放射性同位素，其半衰期长达 12 年以上。如上所述，在自然界中是存在极少量的超重氢的，这是由宇宙射线和大气相互作用而生成的。

氢的其他同位素，虽然在自然界非天然存在，但已经确认包括从氢 4（^{4}H：一个质子、三个中子）到氢 7（^{7}H：一个质子、六个中子）的同位素。最重的^{7}H 是由氦 10（^{10}He）轰击轻氢来得到。但原子质量数在 4 以上的氢原子，寿命极短，^{7}H 的半衰减期为 2.3×10^{-23} s 左右。氢同位素列表见表 4-4。

表 4-4 氢同位素列表

	质量	质子数	中子数	半衰期
^{1}H	1.0078	1	0	稳定
^{2}H	2.0141	1	1	稳定
^{3}H	3.0160	1	2	12.32 年
^{4}H	4.0278	1	3	1.39×10^{-22} s
^{5}H	5.0353	1	4	9.10×10^{-22} s
^{6}H	6.0450	1	5	2.90×10^{-22} s
^{7}H	7.0526	1	6	2.30×10^{-23} s

一般来说，由于同一元素的同位素的电子状态相同，其化学性质也相同。但是由于原子质量数不同，结合和分解反应速度会出现差异。特别是氢的同位素，因为原来的轻氢的原子量是 1，同位素的质量差是 2~3 倍，所以性质也大不相同。例如氘分子 D_2 由于比通常的氢分子 H_2 的分子量大，其性质出现了大幅不同。H_2 和 D_2 在常温常压下都是无色无味的气体。H_2 的熔点和沸点分别为 14.0K 及 20.6K，而 D_2 的熔点和沸点分别为 18.7K 及 23.8K，即 D_2 熔点和沸点都较高。另外，与 H_2 相比，D_2 的熔融潜热是 H_2 的 2 倍左右，而蒸汽压小 10%。

在 H_2 和 D_2 的混合状态下会进行以下同位素交换反应：

$$H_2 + D_2 \rightleftharpoons 2HD$$

氘除了被用于原子核反应中的中子减速外，还被广泛用于生物和化学领域的同位素效应研究以及医药领域诊断药物的追踪。而超重氢分子被称为氚，是放射性物质且低能量的射线源（半衰期 > 12 年），可以充分利用其放射性物质的特征，在生物工程领域作为成像实验和发光涂料的激发源被广泛使用。

其他与氢同样的异种原子的存在也逐渐被发现。Positonium（Ps）是电子的反粒子，是由带正电荷的正电子和电子构成的氢样异种原子。另外还存在有被称为 μ 介子素和反氢的氢样异种原子。

其他含有氢同位素的物质有水（H_2O）和重水（D_2O）。由于氢的同位素之间的质量差很大，所以水和重水之间的物理性质也有很大的差别（表 4-5）。

表 4-5　水与重水的物理性质

	水	重水
熔点/K	273.15	276.96
沸点/K	373.15	374.57
密度/($g \cdot ml^{-1}$)	0.9971	1.107
临界温度/K	647.35	644.65
临界压/kPa	101.3	101.3
熔解热/($kJ \cdot mol^{-1}$)	6.01	6.34
蒸发热/($kJ \cdot mol^{-1}$)	40.6	41.7
三重点的升华热/($J \cdot mol^{-1}$)	50.9	52.9
介电常数/ε	81.5	80.7

重水的分子量比水大，特别是在熔点、沸点、熔解热、蒸发热、升华热等方面有很大的差别。

重水和水之间也会发生同位素交换，产生 HDO（半重水）。在自然界中，几乎不以 D_2O 的形式存在，而以 HDO 的形式存在。HDO 的主要物理性质包括熔点为 275.19K，沸点为 373.85K。此外，密度为 $1.045g \cdot ml^{-1}$，熔解热为 $6.22kJ \cdot mol^{-1}$，大致具有介于水与重水之间的性质。

4.2 氢的化学性质

1. 氢的氧化数、电负性、电离能

一般来说，氧化是指某原子失去电子，比单体状态的电子密度要低。而还原则是指某原子得到电子，电子密度比单体状态高。单体时的氧化数为零。某原子处于氧化状态时，氧化数为正值，该值越大越处于缺少电子状态。反过来还原状态的情况下，氧化数为负值，数值越大表明越处于电子过剩状态。通过调查某原子的氧化数，就可以评价其是作为氧化剂或还原剂在工作的。氢原子的氧化数为 +1 或者 -1，由于它的氧化数可能是正、负两面的两性氧化物，因此可以作为氧化剂或还原剂来工作。

所谓电负性，是指分子内的原子吸引电子的强度的相对尺度。异种原子之间进行化学结合时，各原子中电子的电荷分布与各原子孤立存在时不同。这是因为受到结合的其他原子的影响，各原子固有的吸引电子的强度不同。这种吸引电子的强度作为各原子的相对尺度被定义为电负性。一般来说，越往元素周期表左下方的元素的电负性越小，越往右上方的元素的电负性越大。确定电负性有几种方法，一般采用的是鲍林的电负性，氢的值为 2.20。根据电负性的值，还可以预测氢键的易形成程度。例如，比氢电负性大的氮（3.04）、氧（3.44）、氟（3.98）之间可以很容易形成氢键。

一个原子与其电子联系起来的强烈尺度，用原子失去电子变为阳离子的电离化所需的能量（称为电离能）来表示。气体状态的单原子或基底状态的分子中的中性原子，失去一个电子要吸收的能量称为第一电离能；失去第二个电子要吸收的能量称为第二电离能；失去第三个电子要吸收的能量称为第三电离能。一般来说，单纯的元素电离能量，通常指的是第一电离能。作为电离能的一般趋势，可以通过 s 和 p 轨道的相对能量，同时结合对电子的有效核电荷效果来说明：原子核的正电荷变大的话，轨道上负的带电电子受到的库仑引力越强烈，越是稳定地保持在轨道中。元素周期表的同一周期中，电离能最大的是稀有气体，稀有气体具有稳定的闭壳电子配置。

第一周期中氢原子的第一电离能为 1312.0kJ·mol^{-1}。如果将这个值与稀有气体氦相比较的话，氦的原子核的正电荷增加，在轨道上的电子受到更强的静电吸引，更稳定地保持在轨道中。因此，使氦失去 1s 电子比使氢失去 1s 电子，需要更多的能量（2372.0kJ·mol^{-1}），如图 4-5 所示。

接下来将分析氢原子是如何形成氢分子的，其化学性质与氢原子相比又是如何变化的。

氢分子是由两个氢原子共价结合而形成的。每一个氢原子上的一个电子拥有一个 1s 原子轨道，这两个原子轨道相重叠，两个氢原子共用一对电子，结合形成了氢分子。图 4-6 显示了氢分子形成过程中原子轨道和分子轨道的关系。

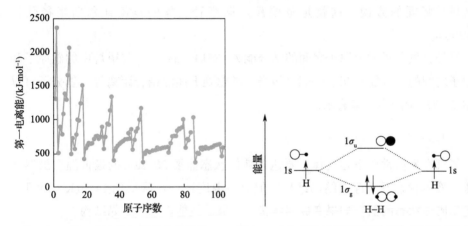

图 4-5　第一电离能与原子序数的关系　图 4-6　氢分子形成的原子轨道和分子轨道的关系

氢原子在 1s 轨道上有一个电子，两个氢原子结合形成氢分子时，会分裂成结合性分子轨道（$1\sigma_g$）和反结合性分子轨道（$1\sigma_u$）。如图 4-7 所示，结合性分子轨道的能量比反结合性分子轨道的能量低。两个氢原子的各自电子埋嵌在能量较低的结合性分子轨道上并形成稳定的氢分子。

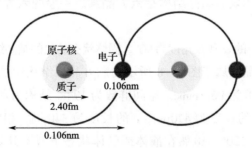

图 4-7　氢分子电子排列模型

原子的种类和电离能等都对共有结合的原子间电子云、波动函数重叠距离的共有结合半径（共价键半径）有很大的影响。一般来说，二原子分子的情况下，用构成分子的原子的共有结合半径的和来表示。同种类的二原子分子，由于原子种类及电负性都相同，所以莱纳斯·鲍林（Linus Pauling）将原子之间的距离的1/2定义为共有结合半径。氢的共有结合半径估算是32pm（32×10^{-12}m）。例如，与此相比较，碳的共有结合半径，其单键、双键和三键的分别为75pm、67pm和60pm，而氢的共有结合半径则相当小。

有一种表现原子的大小的方法。实际上的原子是由非常小的原子核及其围绕在周围的电子层构成的非常稀疏的结构，范德瓦尔斯提出了在原子半径以内的大小区域是坚固的假说，这就是范德瓦尔斯半径。氢的范德瓦尔斯半径估计在120pm。

另外，氢分子的氢原子之间的结合能为435kJ·mol^{-1}，与甲烷中的碳原子和氢原子之间的结合能439kJ·mol^{-1}相当。考虑到上述的结合距离等，氢分子可以用图4-7所示的模型来表示。

2. 氢的结晶结构和磁特性

氢气在常温常压下是气体，要达到液体状态需要20.28K的极低温。虽然在气体、液体状态下不存在结晶结构，但只要温度进一步降低到14.01K，就可以制造出固体状态的氢。如果变成固体状态的氢，就能看到其结晶结构。

一般晶体结构由基本结构和晶格两部分决定。基本结构是指周围环境相同的一个晶格点所附带的结构。晶格点不受特定原子位置的限制。晶格点通过平移操作形成被称为晶格的形状。结合在一起的晶格点定义为单位晶格。单位晶格中具有顶点晶格的单位晶格称为基本单位晶格。结晶系的分类中包括三斜晶系、单斜晶系、直方晶系、正方晶系、六方晶系、三方晶系及立方晶系。

众所周知，固体氢的结晶结构是六方晶系。一般的六方晶系结构如图4-8所示。

六方晶系结构中的α和β角度为90°。固体状态的氢的结晶结构如图4-9所示。

将氢分子的结晶归属于图4-8所示的六方晶系结构中的话，显示结晶结构对称性的三维空间群为P6$_3$/mmc。空间群数为194。结构为六方最密填充。晶体结构的参数a和b的长度为470pm，c的长度为340pm，相对于α和β角度为90°，而γ的角度为120°。虽然在液体或气体状态下看不到氢分子的结晶结构，但在极低温固体状态下的氢的结晶结构已经被详细知晓。

图 4 - 8　六方晶系结构　　　　图 4 - 9　固体状态的氢的结晶结构

除晶体结构外，磁特性被认为是重要的化学特性。磁性是指某物质表现出磁性的特征。磁性起因于电子和原子核等所具有的磁偶极子的排列方式，一般来说，是基于拥有电子的偶极子的贡献。外部磁场的方向与偶极子的方向一致为顺磁性，磁场方向与偶极子反向时，被磁化成这个方向被称为反磁性。这里可看到与氢分子一样的相同原子形成的二原子分子的磁性。例如，氧分子是由两个氧原子共价结合而成的，氧分子的原子轨道和分子轨道如图 4 - 10 所示。

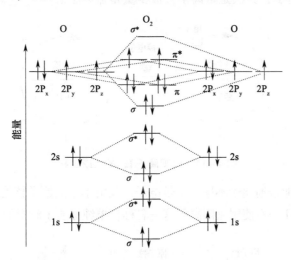

图 4 - 10　氧分子的原子轨道和分子轨道

在氧分子的情况下，由 1s 和 2s 轨道形成的结合分子轨道（σ）和反结合分子轨道（σ*）是自旋嵌入的状态。而由 2p 轨道构成的结合分子轨道（σ 和两个 π）是自旋嵌入的状态。另外，两个反结合分子轨道（两个元 π）各有一个自旋的状态，也就是说，由于自旋平行存在，因此呈现顺磁性。

与此相对，氢分子如前文所述，结合性分子轨道被自旋嵌入，稳定形成氢分子。也就是说，由于上下方向的自旋存在，抵消了磁性，显示出反磁性。

关于氢分子和磁性的关系，与正氢和仲氢之间的变换也有关联。为了在液态氢状态下将正氢转换为仲氢，可以通过使用顺磁性物质作为催化剂，促进其转换。

3. 氢离子的化学特性

国际纯粹与应用化学联合会（IUPAC）建议氢离子的定义为氢及其同位素的所有离子的通用名称。根据所生成的离子的电荷，可以分为阳离子和阴离子两种不同的类型。

这里介绍一下从氢原子中失去一个电子的氢阳离子的化学性质（图4-11）。氢阳离子，记为H^+，是氢原子阳离子的一般名称。IUPAC建议，对于含有天然的氢同位素混合物的轻氢、氘、氚不进行区分的情况下，氢离子就是作为一般轻氢的阳离子，来代替氢阳离子这一术语。因此，氢离子包含氕离子（质子）（$^1H^+$）、氘离子（$^2H^+/D^+$）和氚离子（$^3H^+/T^+$）。天然氢的原子核的99.9844%是氕离子，其次是氘离子，极少量是氚离子。

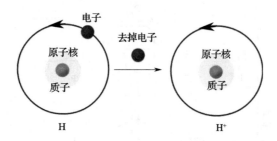

图4-11　氢阳离子H^+的生成过程

氢离子与其他普通离子不同，不带电子，仅由单个的原子核构成（图4-12）。在化学领域中，几乎不使用氢阳离子这一名称，单纯称质子时指的是氢离子。

图4-12　氕离子（质子）（$^1H^+$）、氘离子（$^2H^+/D^+$）和氚离子（$^3H^+/T^+$）

　　质子是不带电子壳的赤裸裸的原子核，因此在化学上表现出不具有范德瓦尔斯半径的正电荷行为。其反应性高，在溶液中几乎不能单独存在。

　　氢原子的电离能是 $1132kJ \cdot mol^{-1}$，游离状态质子的水的总能量估算是 $1091kJ \cdot mol^{-1}$，因此该值是高电子密度引起的水分子的高亲和力的指标。质子在溶液中与分子反应的话，会形成复杂的阳离子。例如，质子与水反应，会与氧离子（H_3O^+）和最强酸氟锑酸反应，产生不稳定的阳离子 H_2^+。其他的水和作用，已知的有一个质子和两个水分子会生成二水合氢离子（$H_5O_2^+$）以及一个质子和三个水分分会生成三水合氢离子（$H_9O_4^+$），而且在格罗特斯机理说明质子跳跃机理中起着重要的作用。质子也一般的布朗斯特－劳里酸碱理论（酸碱质子理论）中重要的作用（图 4 – 13）。

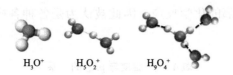

$$H_3O^+ \qquad H_5O_2^+ \qquad H_9O_4^+$$

图 4 – 13　质子形成的复杂阳离子结构

　　另外，氢离子摩尔浓度 [H^+] 作为定量表示酸性的指标，一般被广泛使用，对 [H^+] 取对数加上负号后的值一般是氢离子指数（pH）。

$$pH = -\log [H^+]$$

　　水中的 [H^+] 范围从 1 到 $10^{-14}M$，因此 pH 值在 0 ~ 14 左右。一般中性水中是 $10^{-7}M$ 的氢离子，pH 值约为 7。这可以从以下水的自解离反应进行说明：

$$H_2O \rightleftharpoons H^+ + OH^-$$

　　根据质量守恒定律，在定压、定温条件下，该反应的热力学平衡常数可以表示为：

$$\frac{a_{H^+} \cdot a_{OH^-}}{a_{H_2O}}$$

　　这里，a 表示各自的活性。

　　该值是不依赖于溶质的种类和浓度的一定值。水的活性近似为 1 的稀薄水溶液中，水的离子积 K_w 可以用以下公式表示：

$$K_w = a_{H^+} \cdot a_{OH^-} \qquad （单位\ M^2）$$

　　因为 25℃ 时的 $K_w = 1.008 \times 10^{-14}M^2$，考虑 pH 值的公式关系，可导出以下

公式：

$$pH + pOH = 14.00 \quad (氢氧化物离子浓度指数)$$

从这些公式可知，$pH = pOH$ 时为中性，$pH > pOH$ 时为酸性，$pH < pOH$ 为碱性。

由于水的离子积是平衡常数之一，会随温度而变化。一般可以认为以下公式成立：

$$pK_w = pH + pOH$$

表 4-6 所列为温度与 pK_w 的关系。温度上升同时 pK_w 的值会下降，温度0 ~ 60℃的范围内 pK_w 值为 14.94 ~ 13.02。

氢离子浓度不仅在酸和碱中和的分析化学领域被广泛使用，而且氢离子浓度变化广泛参与人体内部的化学反应，因此被认为是各种各样领域中非常重要的因素。

表 4-6 温度与 pK_w 的关系

温度/℃	pK_w	温度/℃	pK_w	温度/℃	pK_w
0	14.94	24	14.00	45	13.40
5	14.73	25	13.99	50	13.26
10	14.53	30	13.83	55	13.14
15	14.34	35	13.68	60	13.02
20	14.17	40	13.53		

4. 氢化物的化学性质

氢原子电负性为2.20，氧化数可以为 +1 也可以为 -1，因此既可作为氧化剂也可作为还原剂工作，也因此具有与非金属元素及金属元素都容易亲和的性质。例如氢在与钠的反应中，作为氧化剂工作，生成氢化钠 NaH 的氢化物。

氢化物从第13族元素到第17族元素的氢化物，除了 Al、Bi、Pr 以外的都是分子状化合物，碱金属或碱土类金属氢化物为盐类氢化物，过渡金属元素 Sc、Ti、Cr、Y、Zr、Nb、Pd、Lu、Hf、Ta 的各氢化物称为金属类氢化物，以及 Be、Mg、Al、Cu、Zu 的氢化物为中间的氢化物。在金属的氢化物中，氢的氧化数为 -1。它们是金属阳离子和氢化物离子 H^- 的离子性化合物。金属氢化物很容易和水反应生成氢气。

$$MH_n + nH_2O \rightarrow M(OH)_n + nH_2$$

　　这里，M 表示金属。这些氢化物多作为有机化合物的还原剂和氢化试剂使用。另外，由于能与水反应获得氢气，所以作为氢气储存材料也备受关注。与水反应可能生成氢的金属氢化物可包括 LiH、NaH、KH 和 CaH$_2$ 等。在这种情况下，碱性或碱性土类金属氧化数为 +1 或 +2，氢的氧化数为 -1，会生成离子性的氢化物。

　　关于离子性的氢化物，由上述的碱金属、碱土类金属或者第 13、14 族元素等电气阳性的元素的氢化物，在电离时会生成的阴离子型氢。氢化物的氢原子有一个电子进入，形成了 K 层为闭壳的电子部署，与氦是等电子的，所以与仅在原子核形成质子特性有很大不同（图 4 – 14）。离子性的氢化物显示了比氟化物离子的离子半径大的特征。离子性的氢化物与弱酸氢分子（pK_a = 35）形成共轭碱基，所以一般多作为强碱基发挥作用。

$$H_2 + 2e^- \rightarrow H^-$$

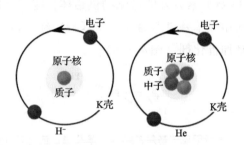

图 4 – 14　离子和氦的结构

　　生成的离子性的氢化物作为碱基或还原剂在发挥作用。作为还原剂使用的情况下，广泛被称为离子性氢化物还原，但金属与被还原的化合物进行结合的话，会使其性质发生变化。离子性氢化物的标准氧化还原电压预计为 -2.25V。另外标准摩尔熵为 108.96JK^{-1}mol^{-1}左右。

　　作为离子性氢化物的还原剂，氢化锂铝和硼氢化钠被广泛使用。用氢化锂铝进行离子性氢化物的还原中，由酮向醇的还原反应是典型的例子（图 4 – 15）。

　　氢化锂铝与水强烈反应，由于主要产生氢氧化铝和氢，所以不在水溶液的反应中使用。

　　作为离子性氢化物的还原剂，硼氢化钠也被广泛使用。它比氢化铝锂还原力要小，但同样用于将羰基化合物还原为酒精的过程中。硼氢化钠在水溶液中也不稳定，特别是会在酸性和中性溶液中分解。

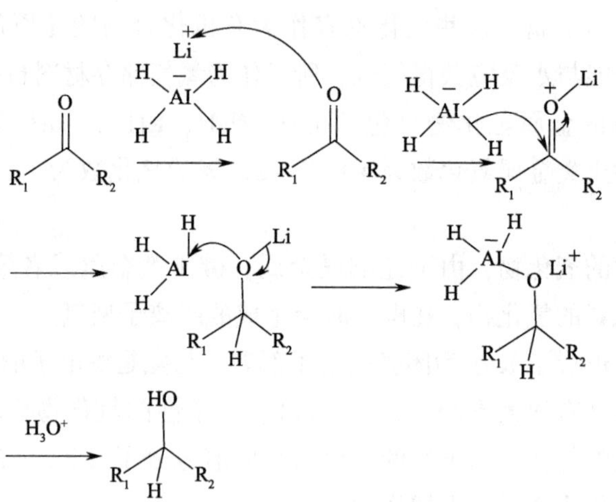

图 4 – 15　用氢化锂铝将酮还原为醇

　　作为铝、硼等 13 族元素以外的氢化物供给体，铑等金属的离子性氢化物复合体也被熟知。三对甲氧苯基氯乙烯（三苯基膦）铑（I）被通称为威尔金森催化剂，用于氢化物还原催化剂（图 4 – 16）。

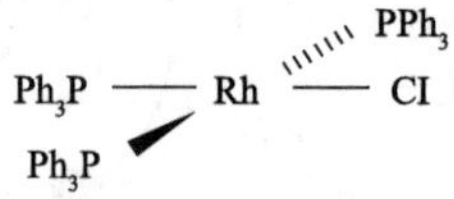

图 4 – 16　三对甲氧苯基氯乙烯（三苯基膦）铑（I）的化学构造

　　威尔金森催化剂不仅作为烯烃的氢化反应的均一系催化剂被广泛使用，也应用于邻苯二氧硼烷或频哪醇硼烷的烯烃的氢化的催化。在这些反应中，通过还原从分子内部失去氢化物的铑与氢分子再次反应，可以形成离子性氢化物的复合体，整个反应是作为催化氢化反应而进行的。

4.3　高压氢的物性

1. 压缩率因子

　　氢分子在常温常压状态以及极低温下的液态/固态下的物性已经众所周知。另一方面，随着氢分子能量利用的普及，面临着如何储存和运输氢的问题。氢分子是最轻的气体，因此可以说是密度较低的气体。为了在一定的容积内储存大量的氢，就必须进行压缩。为此这里对气体在高压下的性质进行说明。

　　在说明气体时使用的术语有理想气体和真实气体。理想气体指的是其压力与温度和密度成正比，内部能量不依赖其密度的气体；在进行研究气体时，这是最基本的理论模型。对于理想气体，其气体压力 P 与体积 V 成反比，与热力学温度 T 成正比，并遵守以下理想气体状态方程所示的波义耳 – 查尔定律。

$$PV = nRT$$

式中，n 是气体摩尔数；R 是摩尔气体常数（$8.31\text{kJ} \cdot \text{mol}^{-1}$）。

　　然而，由于实际上大部分的气体分子间力的反力或引力作用，无法看到理想气体的性能。分子间的反力在高压状态下可以明显看到，分子间的引力，特别是在使得分子间的距离只有分子直径几倍左右的压力的情况下，以及低温状态下会出现明显的呈现。由此，实际气体在压力增加、温度下降的同时，开始偏离理想气体状态方程式，产生压力和体积的乘积不是一个定值。偏离的程度根据分子间相互作用各异的气体种类而不同。另外，对于同一气体，温度越低或压力越高，偏离理想气体状态方程式的现象就越明显。

　　研究实际气体时，需要对偏离理想气体的部分进行修正。偏离理想气体的实际气体的更正方法有以下所示的维里方程式。这是以压力 P 的幂级数形式或摩尔体积 V_m 的倒数的幂级数形式表达的实际气体状态方程（这是对理想气体状态方程式进行了修正的纯经验方程）。

$$Z = \frac{PV_\text{m}}{RT} = 1 + B_P P + C_P P^2$$

或者

$$Z = \frac{PV_\text{m}}{RT} = 1 + \frac{B_V}{V_\text{m}} + \frac{C_V}{V_\text{m}^{\,2}}$$

　　这里的 B、C 是持续的常数，依赖于分子间的相互作用，是通过实验求得的各温度下的各气体的固有常数，称为维里系数。B 是第一维里系数，C 是第二维里系数。后面的分别称为第三、第四维里系数。这里的 Z 称为压缩率因子，是反映真实气体对理想气体的偏差程度的指标，也被称为压缩率因子或压缩系数。压缩率因子也可以表示为以下公式：

$$Z = \frac{PV}{nRT} = \frac{V_\text{m}}{V_\text{m}^{\text{idial}}}$$

式中，$V_\text{m}^{\text{idial}}$ 表示的是作为理想气体绘制得到的摩尔体积。

　　首先，对于理想气体的压缩率因子来说，显然压缩率因子 $Z = 1$。那么，对于真实气体而言，要使得维里方程式 $Z = 1$ 成立的条件，就应该使得满足 $P = 0$ 的条件，而这在现实中几乎是不可考虑的状态。另外，随着压力的越来越大，高阶 P 项的贡献就会变大。压缩率因子 Z 与压力 P 的关系绘制成图，就可以得到物质固有的曲线。

作为例子，图 4 – 17 示出了空气的压缩率因子 Z 与压力 P 的关系。可以看出，在 75K 的极低温条件下，气体与理想气体出现了相当大的偏差。

与此相对，常温或高温状态下，压力增加的同时，压缩率因子 Z 也超过了1，维里方程式中第二项以后的部分的贡献也变大。一般的实际气体中，如果压力充分低的话，压缩率因子 Z 会比 1 小。与此相对，压力充分高的状态，压缩率因子 Z 值会超过 1。这是因为在实际气体中有不可忽视的分子间力和分子本身的

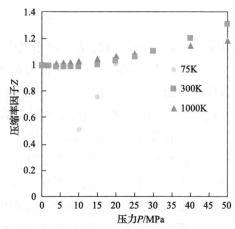

图 4 – 17　空气的压缩率因子 Z 与压力 P 的关系

体积这两部分在做出贡献。表 4 – 7 以数据形式显示了各温度下空气的压缩率因子 Z 与压力的数值关系。

表 4 – 7　空气的压缩率因子（实测值）

温度/K	压力/MPa										
	0.1	1	2	4	10	15	20	25	30	40	50
75	—	—	—	—	0.5099	0.7581	1.0125	—	—	—	—
300	0.9999	0.9974	0.9950	0.9917	0.9930	1.0074	1.0326	1.0669	1.1089	1.2073	1.3163
1000	1.0004	1.0037	1.0068	1.0142	1.0365	1.0556	1.0744	1.0948	1.1131	1.1515	1.1889

这里对一般的真实气体的压缩率因子进行了说明。氢分子是最轻的气体，分子体积也小，接近理想气体。但在高压状态时，分子间力的相互作用影响很大，会出现偏离理想气体的状况。在高压状态下储存氢时，需要考虑作为真实气体的氢的性能。另外，高压氢和理想气体的关系将在后面的内容中介绍。

2. 高压储氢

本节考虑到高压氢的物性，说明用什么方法来进行储存。再次强调，氢在常温下是最轻的气体，在常压下占有很大的体积，通常为了储存和运输，要压缩到

数十 MPa，然后放入气瓶等容器中。特别是考虑在燃料电池汽车上安装等应用时，还需要在高压下压缩并储存氢气。

首先，我们来看一下压缩压力和所需容器体积之间的关系。图 4 – 18 显示了压缩压力与所需要的容器体积之间的关系。这里计算的是 5kg 的氢气储存。另外，计算时参考了 Dynetek 公司的天然气高压容器。

图 4 – 18 还显示了将氢视为理想气体和真实气体时的相互关系。可以看到随着压力变高，真实气体偏离理想气体的现象开始产生。例如，按照高压氢的储存标准 35MPa 的话，大约是 300L 的容器体积；如果在更实用 70MPa 下，就会变为 200L 的容器体积。常压

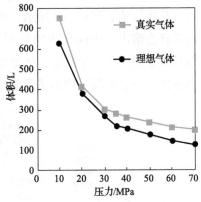

图 4 – 18　储存 5kg 氢时的压力与体积之间的关系

下 5kg 氢的容器大致为体积 56000L，所以可知压缩效果是非常大的。

在处理高压氢气时，为了防止氢气泄漏，除了不锈钢合金、铝等材料外，还需要气体阻隔性高分子材料。

例如，具有耐热性、具有高气体阻隔性能的黏土膜和碳纤维放入塑料中，可以提高了碳纤维增强塑料（CFRP）的强度，使用碳纤维增强塑料积层技术，并在高温高压下生成的膜材料，比现有的氢屏障性材料铝有更好的防氢气泄漏的性能。将该材料制成厚度约 1mm 的板状膜后，利用 0.7MPa 的氢气来测试其氢气阻隔性，结果显示其性能比现有的膜材料高出 100 倍以上。例如，在长 5m、直径 1m、压力为 5.0MPa 的氢罐中使用该材料时，估计泄漏量可抑制到每年 0.01% 左右。

表 4 – 8 以数据形式显示了温度与氢的压缩率因子 Z 和压力之间的关系。

表 4 – 8　氢的压缩率因子（实测值）

温度/K	压力/MPa										
	2	4	6	8	10	15	20	30	40	50	60
273.15	1.0067	1.0133	1.0200	1.0267	1.0333	1.0533	1.0667	1.1000	1.1333	1.1667	1.2000
473.15	1.0137	1.0273	1.0410	1.0547	1.0683	1.1093	1.1367	1.2050	1.2733	1.3417	1.4100

另外，高压氢气供应所需的软管所使用的材料也被开发出好多种。由于软管所用的材料不能使用金属类刚性材料，所以高分子材料被广泛使用。由于单一高

分子材料无法防止氢气泄漏，所以采用异种高分子材料。

以对应35MPa高压氢气供应的软管为例，目前已经开发出了三重结构的软管。具体结构如图4-19所示。内部层采用尼龙，既可防止氢气泄漏，又可防止材料自身溶出。中间作为增强层采用了可承受35MPa的芳纶纤维的结构材料，而且由于使用了芳纶纤维，还增加了软管的柔软性。最外层采用聚酯材料，为材料整体进行了补强、增加了耐候性。

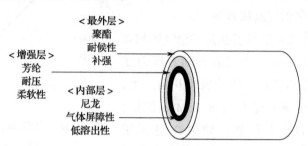

图4-19　高压氢软管用材料构造的一例

在后面章节介绍的氢引起的事故案例中，即使氢不作为能源利用的情况，储存材料和周围结构材料在高压状态或过热状态的情况下，也会容易由静电等带来明火，陷入爆炸的危险。特别是金属材料与高温水蒸气反应容易产生氢气，所以在高压储氢时也必须考虑氢的物性。

3. 高压氢与理想气体

关于高压状态下氢气的性质，从与理想气体的偏离这方面来介绍。

氢分子是最轻的气体，在常温、常压接近于理想气体。但与氦等稀有气体不同，由于氢分子存在分子间的作用力，因此具有不少偏离理想气体的性质。这里对于实际气体的氢分子，特别是高压状态下的性质进行说明。正如前文"压缩率因子"中介绍的那样，相对于理想气体的压缩率因子Z为1的情况，真实气体的压缩率因子Z会偏离1。特别是在高压状态下，以空气为例，对超过1的压缩率因子的情况做了说明。那么，下面来看看质量比空气轻的氢分子会是怎样的情况。

$$Z = \frac{PV}{nRT} = \frac{V_m}{V_m^{idial}}$$

使用上式，确认一下甲烷、二氧化碳、氢气相对于压力变化时，压缩率因子Z的变化情况。图4-20示出压缩率因子Z相对于压力的变化关系。

如图 4 - 20 所示，氢与其他气体相比，在任何温度下，压缩率因子 Z 都随着压力的增加而单调地变大。可以看到，由于这样的性质，使得它会产生与理想气体相当大的偏离。如前文"高压储氢"中所述，压力变化带来的体积变大也会引起偏离理想气体，考虑到这些因素，可以推测高压状态下的氢与其他气体相比较有所不同。

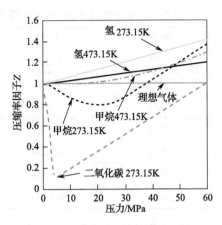

图 4 - 20　压缩率因子 Z 相对于压力的变化

在这里，用考虑到分子间作用力的范德华气体状态方程式来研究氢分子的举动。在范德华气体状态方程式中，热力学温度 T、摩尔体积 V_m 的平衡状态的压力 P 可以用以下公式来表示：

$$P = \frac{RT}{V_m - b} - \frac{a}{V_m{}^2}$$

这里，系数 a、b 是表示实际气体与理想气体的偏差的常数，每种气体有其固有值，被称为范德华常数。

系数 b 是基于排除体积效应的常数。压力接近无穷大的极限时，摩尔体积 V_m 接近 b。这意味着无论在多高的高压条件下也不能比分子体积小。这时，分子为刚体，同一空间不能被多个分子占有，这种假设称为排除体积效应。这里可以通过维里展开，求得范德华方程，从第二维里系数可以预测到各种气体的排除体积。另一方面，系数 a 是基于分子间引力的常数。由于分子相互吸引，气体施加在容器上的压力减小。由于一个分子产生的引力效果与相邻分子数成正比，所以每个分子都有其固有值，整体上与单位体积的分子数即密度的二次方成正比。

由于上面这些因素，气体分子间的平均间距越大，排除体积和分子间的相互作用的影响也越小，因此极限低密度的分子的真实气体接近理想气体的性质。相反，在高压条件下，气体分子间的平均间距变小，会出现与理想气体的偏离。

利用范德华方程式，可以计算气相液相之间的相互转移，可以找出其临界点。基于范德华状态方程计算出来的每种气体的临界温度 T_c、临界压力 P_c 和临界体积 V_c 见表 4 -9。

表 4 -9 基于范德华状态方程计算出来的临界温度 T_c、临界压力 P_c 和临界体积 V_c

气体	T_c/K	P_c/Pa	$V_c/m^3 mol^{-1}$
空气	132.5	3.766×106	88.1×10^{-6}
氦气	5.201	0.227×106	57.5×10^{-6}
氢气	33.2	1.316×10^6	63.8×10^{-6}
氮气	126.20	3.400×10^6	89.2×10^{-6}
氧气	154.58	5.043×10^6	73.4×10^{-6}
二氧化碳	304.21	7.383×10^6	94.4×10^{-6}
水蒸气	647.30	22.12×10^6	57.1×10^{-6}

从这些数值可以看出，与分子间力比较少的氦相比较，氢在临界压力、临界体积比较接近的氧和氮的值。也就是说，氢虽然是分子量最小的气体，由于分子间力的作用，呈现出与理想气体相偏离的状况。

进一步比较范德华系数 a 和 b 可以发现，氦的范德华系数 a 和 b 分别为 3.45×10^{-3} Pa $m^6 mol^{-2}$ 和 $3.8 \times 10^{-6} m^3 mol^{-1}$，而氢的系数分别为 24.8×10^{-3} Pa $m^6 mol^{-2}$ 和 $26.7 \times 10^{-6} m^3 mol^{-1}$。考虑到系数 a 是基于分子间引力的常数，氢的值约为氦的值的 8 倍。考虑到气体的排除体积，氢的系数 b 也是比氦大 8 倍以上的值。

图 4 -20 表示了压力变化引起的压缩率因子的变化和分子间的相互作用，考虑到排除体积效应，即使在高压状态下，氢分子也是最轻的气体，与其说是理想气体，不如考虑到实际存在的气体，并在此基础上，对其能源利用和储存进行灵活应用。

第 5 章
氢气的技术

以中学生为对象的氢气教育活动"体验热门的氢能源吧!"(2015年10月)

5.1 氢气制造法

1. 利用现有的化石资源制造氢气

以制造氢气为主要目的的氢气制造方法，有利用化石资源作为原料的方法和利用非化石资源的方法。其中，表 5 - 1 所列的制造法是从化石资源碳氢化合物中制造氢气作为主要目的产物的方法。

表 5 - 1　碳氢化合物制氢气方法

制氢法	原料碳氢化合物
水蒸气改质法	天然气，LPG，石脑油，乙醇
部分氧化法	重质油，煤炭
自动恒温法	天然气，LPG，石脑油，乙醇

（1）水蒸气改质法

水蒸气改质是一种广泛应用于从碳氢化合物中制造氢气的反应。用甲烷作为碳氢化合物时的水蒸气改质反应由以下公式表示：

$$CH_4 + 2H_2O \longrightarrow 4H_2 + CO_2 \qquad (5-1)$$

该反应包括以下氢反应。

$$CH_4 + H_2O \longrightarrow CO + 3H_2 \qquad (5-2)$$
$$CO + H_2O \rightleftharpoons CO_2 + H_2 \qquad (5-3)$$
$$CO + 3H_2 \rightleftharpoons CH_4 + H_2O \qquad (5-4)$$

水蒸气改质法是将碳氢化合物和水（蒸汽）与含有 Ni 等的催化剂催化改质来生成氢气。由于不使用氧气，所以不需要空气分离，设备成本也比较低，因此，作为石油精炼和化学品制造中的氢气制造法被广泛采用[1]。根据后述改质催化剂的活性减弱和碳析出等特性，作为对象的原料碳氢化合物可使用天然气、LPG、石脑油等比较轻质的碳氢化合物。

水蒸气改质过程主要由以下工序构成（图 5 - 1）：①氢化脱硫；②水蒸气改质；③CO 转化；④氢气提纯。

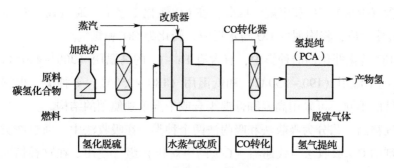

图 5 - 1　水蒸气改质工艺流程

氢化脱硫是为了防止改质催化剂中毒而从原料碳氢化合物中降低含硫量的工序。该工序将作为原料的碳氢化合物和氢气在约 300℃ 与含有 Co - Mo 等的氢化脱硫催化剂催化改质，并通过 ZnO 等吸附剂吸附硫化合物，将硫含量降低至 0.1×10^{-6} 以下。

脱硫后的碳氢化合物与水（蒸汽）混合，进入填充了改质催化剂的反应管中。水蒸气改质是吸热反应，需要外部供热。反应部分一般为加热炉式，在炉中设置有许多充入了催化剂的反应管，通过燃烧器的辐射热或者对流热来对反应管进行加热。根据燃烧器的结构和位置，有几种加热炉形式，主要有下置（Down-firing）、上置（Up-firing）和侧置（Side-firing）等形式。这些分别根据工艺要求等进行选择。另外，通过在改质炉上游设置预备改质器，可使原料碳氢化合物轻质化，从而提高能源效率和增强性能。

一般来说，改质反应的条件是压力为 3MPaG，反应温度为 650 ~ 900℃。蒸汽与碳氢化合物的比例（S/C）可从原料组成、后段的气体精制方式以及抑制碳析出等方面考虑，在 S/C =3 ~ 5.5 的范围内进行选择。

水蒸气改质用催化剂在大型工艺中使用 Ni，在固定式燃料电池中使用 Ru 作为活性成分，在氧化铝和二氧化硅等多孔性载体中使用。由于任何一种催化剂都会被硫毒害，因此必须预先去除原料中含有硫的成分。另外，特别是 Ni 类催化剂，由于催化剂的碳析出往往会降低它的活性，以重质碳氢化合物为原料时需要抑制碳的析出。因此，在反应条件下，S/C 要高于计量比。然后，可实行在催化剂中添加碱金属氧化物和碱土类金属氧化物等以此防止碳析出的措施[2]。另外，通过设置预备改质器，可以实现原料的轻质化和改质温度的降低，有效抑制碳析出。

通过水蒸气改质反应得到的生成气体中，除了作为平衡组成的氢气和 CO_2 之外，还含有少量的 CO 和甲烷。因此，在 CO 转化工序中，通过式（5-3）描述的 CO 转化反应，将附属的 CO 与水反应，转化为 CO_2 和氢气。

在 CO 转化催化剂的种类中，有含有 Fe-Cr 的高温用（300~450℃）、含有 Cu-Zn 的中温用（190~350℃）和低温用（180~250℃）等种类。根据工艺结构和条件的不同，可采用高温和低温组合或中温单独使用的结构。

氢气精制工艺分为吸收法和吸附法两个种类。在吸收法中，通过胺类化合物等吸收剂的 CO_2 吸收法与代谢器（CO_2 的甲烷化）组合使用。在这种情况下，很难完全去除 CO_2 和甲烷，氢气纯度能达到 95%~98%。

而吸附法则是使用吸附剂除去氢气以外的杂质成分，常采用压力摆动吸附法（Pressure Swing Adsorption, PSA）。PSA 通过加压工序吸附杂质来提纯氢气，通过脱压和净化工序将吸附的杂质从吸附剂中除去。PSA 是通过在多个吸附塔上依次重复上述工序获得精制氢气的工艺。各工序通过顺序控制自动进行阀门操作等。吸附剂采用沸石和活性炭等，这些材料在常温下几乎不与氢气发生相互作用，因此能够与杂质分离。采用吸附法可进行高纯度的氢气提纯，氢气纯度可达到 99%~99.9%。

基于水蒸气改质法的制氢技术也被应用于站内型制氢站的制氢装置。通过对改质器的改良、改质以外的工序中使用的设备的小型化以及小型 PSA 的采用等，将整个工序一体化的小型封装的 300Nm³ 级氢气制造装置已经商品化，正在向制氢站推广。另外，最近氢气分离型薄膜反应器的改质技术的研究还在进行中[3]。该技术将反应器和氢气分离膜设置为一体，回避了在高温条件下有利于氢气生成的平衡论的制约，使得反应温度的低温化成为可能，氢气精制工序也可以简化，作为小型改质器开发，进行实证。

（2）部分氧化法

部分氧化反应是使碳氢化合物与氧催化改质，以甲烷为例，用以下公式表示：

$$CH_4 + 1/2O_2 \rightarrow CO + 2H_2 \tag{5-5}$$

在实际的部分氧化中，热分解反应、燃烧反应、CO 转化反应分别如下：

$$CH_4 \rightarrow C + 2H_2 \tag{5-6}$$

$$CH_4 + 2O_2 \rightarrow CO_2 + 2H_2O \tag{5-7}$$

$$CO + H_2O \rightleftharpoons CO_2 + H_2 \tag{5-8}$$

由于部分氧化法不使用催化剂，不需要高标准的原料前处理，因此作为原料不仅可以处理轻质碳氢化合物，还可以处理重柴油、沥青和煤等重质碳氢化合物。但是，由于一般需要1000℃以上的高温，还需要对次级氮化物和硫化物进行处理和腐蚀对策，因此与水蒸气改质法相比，设备成本往往更高。

部分氧化法的氢气制造工艺由以下工序构成（图 5 - 2）：①气化工程；②氢气提纯工程。

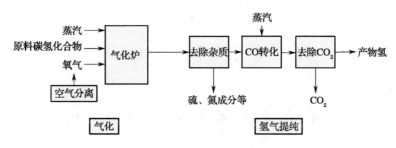

图 5 - 2　部分氧化制氢工艺

在气化工程中，原料碳氢化合物、蒸汽和氧气被导入气化炉内。氧气是通过空气的深冷分离得到的。气化炉在使用气体或液体时，通过设置在炉内的燃烧器喷射原料，进行部分氧化反应。在煤等固体中，根据固相的流动状态，可采用固定床（或移动床）、流动床和喷流床的任意一种方式。气化温度根据气化炉的形式和原料而设定，而喷流床则是通过提供微粒的原料粉，在1800℃的高温下进行气化，因此处理能力强，经济性好[4]。

通过气化得到的生成气体除氢气外，还包括副产物 CO 和由原料碳氢化合物产生的氮化合物、硫化合物以及氧化合物。在氢气精制工程中，在洗涤塔和吸收塔中除去这些杂质后，与水蒸气改质法一样，通过 CO 转化将 CO 转化为 CO_2，通过吸收法或吸附法除去得到的 CO_2，从而精制氢气。

（3）自动加热法

自动加热法是指在一个反应器中通过部分氧化和水蒸气改质的组合来制造氢气的方法。在反应器的前半部分与原料及蒸汽一起导入氧气（空气）使其部分氧化，利用得到的反应热在反应器的后半部分进行水蒸气改质。

由于反应通过自我加热进行，因此可以不需要或减少外部供热。

（4）其他氢气制造方法

在石油精炼中，催化改质装置不是以生产氢气为主要目的生成物的重要的氢气生成过程。催化改质装置是从重质石脑油中生产出富含芳香族的高辛烷值汽油基材的工艺。蒸馏原油得到的重质石脑油馏分的辛烷值在 70 以下，但通过催化改质生成的甲苯等辛烷值高的芳香族化合物，可以得到辛烷值在 100 左右的催化改质汽油。另外，这里的催化改质与水蒸气改质不同，是指通过环状饱和碳氢化合物的脱氢反应和链状饱和碳氢化合物的脱氢环化反应转换成高辛烷值的馏分。反应式如下：

$$\text{（CH}_3\text{环己烷）} \rightarrow \text{（CH}_3\text{甲苯）} + 3H_2 \tag{5-9}$$

$$-C-C-C-C-C-C-C- \rightarrow \text{（CH}_3\text{甲苯）} + 4H_2 \tag{5-10}$$

　　反应主要为吸热反应，由于随着反应的进行温度下降，因此将反应塔分割为 3~4 座，将各反应塔中产生的流体通过中间加热炉再加热后送入下一座反应塔。在催化改质中，催化剂有显著的碳析出，因此需要通过燃烧去除碳。催化剂的再生方式有两种，一种是利用固定床反应器重复进行反应和再生，另一种是利用移动床反应塔对催化剂进行连续抽出再生。改质催化剂将采用抑制碳析出和活性成分稀释的 Pt 合金类催化剂。

　　催化改质原本是制造高辛烷值汽油基材的装置，氢气不是其目的产物，但在石油精炼工序中是重要的氢气来源。

　　利用碳氢化合物制造氢气，不仅在石油和化学品领域，在很多产业领域都是极其重要的技术，且已经取得了很多成果。另一方面，在利用化石资源制造氢气的过程中，伴随着氢气的生成，不可避免地会产生 CO_2。因此，与高效 CO_2 回收技术相结合的新型制氢技术的开发和实用化备受期待[5-6]。并且，高效的 CO_2 固定、利用技术的进展也同样值得期待。

2. 水电解

（1）现状

　　水电解法是利用电能从水中生成氢气和氧气的环境适应性高的制氢方法。通过电解质在离子连接的电极之间施加电压，在电极表面进行水的电解反应。为了进行反应，主要使用电能作为能源，可在从常温到1000℃左右的高温等广泛的条件下使用。另外，从原理上讲，阴极只生成氢气，因此通过从生成气体中去除水分后可以得到高纯度的氢气。

水电解法是一种很早以前就已实现工业化的技术，但 20 世纪中期以后，由于电力成本的提高，氢气制造主要依靠化石燃料的水蒸气改质。近年来，由于重视抑制化石燃料产生的二氧化碳的排放，利用太阳能、风能等可再生能源和水电解的组合来制造无 CO_2 氢气受到广泛关注。另外，由于采用相同的基本设计，从小规模到大规模均可广泛支持。目前，水电解技术被定位为在现场制造氢气、燃料电池用氢气站以及利用可再生能源制造氢气的技术。水电解的电解槽方式大致可分为碱性水电解、固体高分子型水电解和高温水蒸气电解，各自在效率和用途方面特点不同。

(2) 水电解的原理

在此，首先介绍碱性水电解和固体高分子型水电解共同的液相水解反应。以下解说的原理在高温水蒸气电解中也相同，但电极反应本身略有不同，需要注意。水解的所有反应由以下公式表示（括号中 l 表示液态，g 表示气态）：

$$H_2O(l) \rightarrow H_2(g) + 1/2O_2(g) \tag{5-11}$$

使用碱性电解质时，阳极反应和阴极反应见式（5-12）和式（5-13）。

阳极：

$$2OH^- \rightarrow 1/2O_2(g) + H_2O(l) + 2e^- \tag{5-12}$$

阴极：

$$2H_2O(l) + 2e^- \rightarrow H_2(g) + 2OH^- \tag{5-13}$$

另外，在酸性电解质中的反应见式（5-14）、式（5-15）。

阳极：

$$H_2O(l) \rightarrow 2H^+ + 1/2O_2(g) + 2e^- \tag{5-14}$$

阴极：

$$2H^+ + 2e^- \rightarrow H_2(g) \tag{5-15}$$

在任何条件下，一个电极的反应对象都不是电解质，而是作为溶媒的水。各个电极的平衡电极电位（E_A，E_C）用 Nernst 公式表示。假设 $E°_A$，$E°_C$ 为标准氢电极基准的标准电极电位，假设反应物 i 的活量为 a_i，反应物 j 的分压为 p_j，则在碱性条件下由式（5-16）、式（5-17）表示。

$$E_A = E_A^{\circ} + \frac{RT}{2F}\ln\frac{a_{H_2O}p_{O_2}^{1/2}}{a_{OH^-}^2}(E_A^{\circ} = 0.40\text{V}) \qquad (5-16)$$

$$E_C = E_C^{\circ} - \frac{RT}{2F}\ln\frac{p_{H_2O}a_{OH^-}^2}{a_{H_2O}^2}(E_C^{\circ} = -0.83\text{V}) \qquad (5-17)$$

在酸性条件下的反应见式（5-18）、式（5-19）。

$$E_A = E_A^{\circ} + \frac{RT}{2F}\ln\frac{a_{H^+}^2 + p_{O_2}^{1/2}}{a_{H_2O}}(E_A^{\circ} = 1.23\text{V}) \qquad (5-18)$$

$$E_C = E_C^{\circ} - \frac{RT}{2F}\ln\frac{p_{H_2}}{a_{H^+}^2}(E_C^{\circ} = 0.00\text{V}) \qquad (5-19)$$

$E_A - E_C$ 被称为理论分解电压（$U_{\Delta G}$）。在 $U_{\Delta G}$ 中，a_{H^+} 和 a_{OH^-} 被取消，因此 $U_{\Delta G}$ 不依赖于 pH，在标准状态（25℃，1 atm）下为 1.229 V。实际上，各电极的反应速度和液体的电阻很大程度上取决于 pH 和电解质浓度，因此电解质通常使用高浓度的碱和酸。

接下来考虑电解槽的效率。在等温、等压下，反应所需的能量是反应的外层变化（$\Delta_r H$）。$\Delta_r H$ 中式（5-20）的关系成立。

$$\Delta_r H = \Delta_r G + T\Delta_r S \qquad (5-20)$$

$\Delta_r G$ 由电能提供，是支持理论分解电压的能量。相当于熵变化的 $T\Delta_r S$ 必须从外部作为热量提供，但实际上是由槽电压的电阻损失部分转变为热能来提供的。在没有外部热输入的内热式电解槽的情况下，$\Delta_r H$ 全部由电能提供，因此电解最低限度所需的槽电压见式（5-21）。

$$U_{\Delta H} = \left| -\frac{\Delta_r H}{nF} \right| \qquad (5-21)$$

这被称为热平衡电压。标准状态由式（5-22）表示为温度 T 的函数。

$$U_{\Delta H} = 1.415 + 2.205 \times 10^{-4}T + 1.0 \times 10^{-8}T^2 \qquad (5-22)$$

因此，以输出为基准的能量转换效率（ε）由槽电压为 U_t 的以下公式表示：

$$\varepsilon = \frac{U_{\Delta H}}{U_t} \qquad (5-23)$$

由于 $\Delta_r H$ 和 $\Delta_r S$ 的温度依赖性较小，与式（5-20）相比，温度越高，热平衡电压和理论分解电压的差越大（图5-3）。因此，如果利用外部热量在高温下进行电解，所需的功率就会变小。另外，如果减小电流密度，槽电压就会降低，从而提高效率。但是，这种情况下单位氢气生产量的设备规模会变大，因此要考虑设备费和运转费的平衡，选择经济的电流密度。

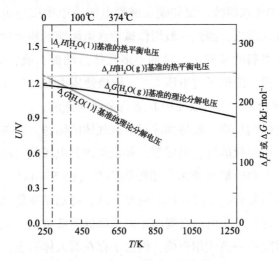

图 5 - 3　基于水电解的理论分解电压的热平衡电压的温度依存性

（热力学数据来自 Outokumpu HSC Chemistry）

（3）各种电解方式的特征

处理液态水的电解槽方式主要根据电解槽的结构，可以大致分为使用多孔质隔膜的方法和使用高分子电解质膜的方法。

另外，如果使用碱性电解质，则电极催化剂和电解槽的构成材料可以使用相对廉价的材料。因此，在使用多孔质隔膜的方法中使用了高浓度的碱性电解质，被称为碱性水电解。在使用高分子形态电解质的固体高分子型水电解中，与使用多孔质隔膜的相比，降低了电极间的电阻，容易实现高电流密度。由于具有实用性能的高分子电解质膜仅限于质子交换膜，所以使用的是酸性电解质。因此，实验室用的小规模电解槽多采用固体高分子型水解，特别是商用的大型电解槽多采用碱性水解。在使用多孔隔膜的碱性水电解中，特别是低电流密度下由于生成气体的交叉而导致纯度降低，由于固体高分子型水电解的电解质为酸性，所以需要贵金属系电极催化剂等昂贵的材料。阴离子交换膜的开发及其在水电解中的应用也还在研究中。

另外，高温水蒸气电解是在 300 ~ 1000℃ 的高温下进行水电解的技术，如上所述，可以降低水电解所需的能源中电力的比例。剩下的能量可以是低质量的热能，电极的过电压也会减小。该方法作为与各种热源组合的高效电解方法受到关注，但由于高温下可用材料有限，目前仍处于研究阶段。

1）碱性水电解。碱性水电解的电解液多采用离子导电度大、CO_2溶解度低的20%～30%的KOH水溶液。镍和铁在碱性电解液中也很稳定，在电极反应中也表现出良好的催化活性，因此一般用作碱性水电解槽的构成材料。阴极在这些铁、不锈钢、镍类材料的基础上，再加上多孔体拉纳镍、硫化物、Ni-Mo合金等作为催化剂来支撑，降低了过电压[7-8]。阳极使用由Co和Ni组成的氧化物和Ni-Co、Ni-Fe等合金。也可以使用Ir等贵金属催化剂。

水解是生成气体的反应，要特别注意生成气体的输送。在碱性水电解的情况下，电极采用表面粗面化的有色金属等，并设法改善电极的气泡脱落。

阴极和阳极浸入的电解液被多孔质隔膜隔开（图5-4a），但是由于生成气体的交叉，氢气和氧复合，生成气体的纯度下降，特别是在低电流密度下效率趋于降低。虽然可以通过减小电极之间的距离来降低溶液电阻，但必须避免交叉影响。此前，多孔质隔膜一直使用石棉，但由于存在对人体有害性的问题，目前正在研究替代材料，如采用亲水化的PTFE、移植聚合膜、ZrO_2等陶瓷和黏结剂的复合替代材料等。如果能够利用低电阻、生成气体交叉较少的尾气分离器，就可以通过零间隙结构来提高槽的整体性能，因此开发新的尾气分离器材料也非常重要。

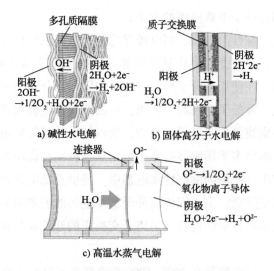

图5-4 各种电解槽方式的装置结构示意图

商用电解槽主要采用多个电极并联连接的单极式电解槽和电极通过双极板串联连接的双极式电解槽。在双极式电解槽中，其他单元的电极，例如双极板的正反面通过流过歧管的电解液以离子方式连接，泄漏电流和电解槽停止时的反向电流是电极劣化的原因。近年来，由于与电力变动较大的可再生能源的组合，探讨如何解决这些问题成为重要课题。

通常碱性水电解槽在 70 ~ 90℃下运行，在大气压作用下，单元电压为 1.7 ~ 2.3V，电流密度为 0.1 ~ 0.5 A/cm^2，功率单位为 4.2 ~ 5.9kW·h/Nm^3 – H$_2$[8-9]。将工作温度定为 90 ~ 160℃，降低理论分解电压、反应过电压和电解质的电阻过电压，在高效率和高电流密度下运行的称为改良型碱水电解，功率单位为 3.8 ~ 4.3kW·h/Nm^3 – H$_2$ 以下。虽然高温下电解槽的性能大幅提高，但由于高浓度碱的腐蚀性增大，因此电解槽材料、气液分离器、泵、管道等必须使用耐蚀性好的材料，成本增加是一大课题。

2）固体高分子型水电解。固体高分子型水电解是像固体高分子型燃料电池一样，采用以氟树脂质子交换膜为分子式膜电极接合体的水电解方式。膜电极接合体是由涂覆偶联物的催化剂构成的催化剂层和质子交换膜结合的构造（图 5 – 4b）。由于质子交换膜是固体电解质，所以只要向电解槽供给纯水即可，电阻非常大，泄漏电流和反向电流不会成为大问题。质子交换膜的离子电阻小，生成气体的交叉也小，所以固体高分子型水电解，电流密度比碱水电解高。另外，生成的气体具有高纯度。

另一方面，由于质子交换膜具有强酸性，所以电极等材料必须具备耐酸性。由于这样的限制，不能使用铁和镍，阴极集电体多采用碳，阳极集电体多采用钛。另外，在酸性电解液中可使用的电极催化剂也受到限制，大部分情况下使用高价贵金属。因此，固体高分子型水电解槽与碱性水电解槽相比，难免成本较高。

由于在碱性水电解中有效的铁、镍和钴不能用作电极催化剂，固体高分子型水电解的阴极催化剂只能使用铂类材料。铂类材料虽然成本高，但在活性和耐久性方面尤为突出。而阳极催化剂则采用铱类材料。钌类材料也具有高活性，但耐久性较低，不实用。关于钌的使用，目前正在研究与钽、铱等复合，提高稳定性的材料。在提高这些贵金属催化剂的有效利用率和耐久性的同时，非贵金属系统的稳定、高活性催化剂的开发也非常重要。

通过将催化剂直接析出高分子电解质膜的催化剂覆膜结构，可以降低催化剂与固体电解质的催化改质电阻。各个电极分别采用碳素纸等作为阴极供电体，钛纤维烧结体等多孔质材料作为阳极供电体。

固体高分子型水电解在80℃左右的温度下运行。单元电压为1.8~2.2 V，可流过0.6~2.0 A/cm² 的高电流密度，功率单位为4.2~5.6kW·h/Nm³[9]。通过大电流密度可以相对地降低设备成本。另外，虽然还处于研究阶段，但利用阴离子交换膜的固体高分子型水电解法也备受关注。通过使用阴离子交换膜，有望设计出既能使用廉价材料、非贵金属类催化剂，又具有高电流密度的电解槽。不过，目前在强碱条件下稳定的离子交换膜的开发还不够充分，还存在耐久性问题和在接近中性的条件下运行受限等问题。

3）高温水蒸气电解。高温水蒸气电解采用与固体氧化物燃料电池（SOFC）结构类似的电解装置，是在700~1000℃高温下进行的水电解方式。电解质使用陶瓷系氧化物离子导体。与SOFC相比，也被称为固体氧化物形态水电解（Solid Oxide Electrolysis Cell，SOEC）。在这种情况下，阳极和阴极分别与氧化物离子和水蒸气发生反应，反应方程式如下：

阳极：

$$O^{2-} \rightarrow 1/2O_2(g) + 2e^- \qquad (5-24)$$

阴极：

$$H_2O(g) + 2e^- \rightarrow H_2(g) + O^{2-} \qquad (5-25)$$

如前所述，在高温下电解所需的部分能量由热量提供，可以降低功率。因此，高温水蒸气电解有望用于利用来自发电厂和成套设备的稳定热源的高效制氢气。但是，由于是在严酷的条件下运行，因此可用材料的限制很大，在实用化方面还存在很多课题。

高温水蒸气电解槽的材料沿用了SOEC的材料，主要是在高温条件下也很稳定的陶瓷类材料。在高温水蒸气电解的运行温度下，不仅可以降低理论分解电压，还可以大幅降低电极反应的过电压，因此不需要使用铂这样的高成本催化剂。另一方面，电极材料除了高温下的稳定性外，还要求具有导电性和气体透过性。另外，热膨胀系数必须与电解质等其他部件相同。根据这些要求，阴极采用镍和钴的复合材料（金属和陶瓷的复合材料），阳极采用掺杂了钙和锶的类似LaMnO₃的钙钛矿型氧化物[10]。另外，LaCrO₃用作将这些电极连接的接口。

隔开电极的氧化物离子导体主要采用固体氧化物离子导体——钇亚稳定化氧化锆（YSZ）。虽然YSZ本身在高温下表现出较高的离子电导率，但从其他材料的耐热性来看，其运行温度上限仅为 1000℃ 左右，并不能最大限度地发挥其性能。通常为减少电阻而将其薄膜化后使用，但开发低温下离子导电性高的电子绝缘性材料也是重要课题。使用机械强度和气密性优秀的圆柱状结构的固体电解质形成单元（图 5 – 4c）。

总结

水电解法是以水为原料，通过与可再生电力的组合来减少二氧化碳生成的清洁氢气制造技术，可以说是实现氢气社会的关键技术之一。相对于已经商用化的碱性水电解，虽然已经开发出了改良型水电解、固体高分子型水电解、高温水蒸气型水电解等多种提高效率的技术，但高成本成为实用化的障碍。在根据目的进行适当的电解槽设计的同时，还有待开发低成本的新材料和电解槽结构。

扩展阅读

医疗与氢气
石原显光

与医疗最为密切相关的氢气，应该是核磁共振成像（Magnetic Resonance Image，MRI）。20 世纪 80 年代初进入临床的 MRI 取得了巨大的发展，至今仍在进化。MRI 是利用氢原子核磁共振（Nuclear Magnetic Resonance，NMR）现象，将细胞内氢原子的状态进行断层成像，从而用于身体内的状态判断（图 5 – 5、图 5 – 6）。

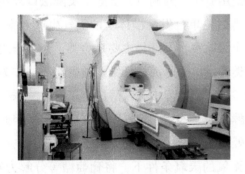 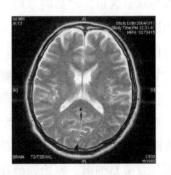

图 5 – 5　MRI　　　　　　　图 5 – 6　脑部 MRI 图像

作为核自旋的结果，氢原子核具有固有的磁偶极矩。磁偶极矩通常朝向随机的方向，但当施加静磁场时，会以被称为拉莫尔频率的恒定频率进行岁差运动。这时，由于塞曼效应，会分裂成不同的能量位。在 MRI 中使用的氢原子在 1T（$1 \times 10^4 Gs$）的磁场中以 42.57 MHz 进行岁差运动，相当于分裂的能量级的幅度。

在这种状态下，进一步利用交流电增加与拉莫尔频率相同频率的旋转磁场，即如果在 1T 的磁场中照射 42.56MHz 的微波，则会发生氢原子核中磁偶极子的能量吸收，如果停止旋转磁场，则会发生能量释放。这种能量的吸收和释放被称为核磁共振。MRI 将释放的能量作为信号进行检测，并通过计算机转换成图像。生物体的主要构成分子是水，水分子具有氢原子。因此，MRI 擅长诊断水分含量高的大脑和血管等部位。另外，由于氢原子的核磁共振根据氢原子周围的状态而不同，因此有助于发现异常部位。

与使用 X 射线的 CT（Computed Tomography，计算机断层）相比，MRI 在脑部影像、肿瘤、椎间盘突出等诊断方面能够提供更好的信息。另外，由于不是像 X 射线那样的高能量电磁波，所以具有不会对人体产生辐射损害的优点。

另一方面，氢分子本身用于医疗的可能性也在研究中。老化和生活习惯病的原因之一是活性氧种类的增加所产生的氧化应激。氢气具有还原作用，有望起到抗氧化作用。实际上，最近的研究表明，氢分子可以减轻生物体内的过度氧化状态。今后氢用于疾病治疗和预防的可能性也越来越大[11]。

3. 生物质

(1) 氢气发酵

以生物质为原料制造氢气的方法有热分解法和发酵法，发酵法特别适用于食物垃圾等水分含量比较高的原料。使用微生物的制氢方法除了发酵法以外还有光合作用法。两者相比较，发酵法只需讨论单位发酵槽体积的氢气生产效率即可，而光合作用法则受到面积的限制。作为原料，发酵法主要是糖类，光合作用法主要是二氧化碳、无机盐类和光。糖类的供给源是淀粉纤维素类生物质，作为无机盐类的供给源，正在研究污水处理厂。下游过程中，发酵法由于有机酸派生，通常是甲烷发酵组合的二级发酵，发酵液中会残留一定程度的有机物等，因此需要进行废液处理。光合作用法主要是处理培养液中残留的无机盐类。

氢气发酵是细菌、原始细菌在无氧的厌氧条件下，将葡萄糖等分解为氢气、有机酸和二氧化碳的反应，氢气由氢化酶产生。作为原料，比较适合的是糖分高的食品废弃物。也可以将废纸等纤维素类生物质水解为葡萄糖，作为原料使用（图 5-7）。

氢气发酵启动时，利用污水处理厂等的甲烷发酵污泥作为接种体，在投入原料的同时培养适合氢气发酵的杂多微生物群。在这种复合微生物系统中，即使后来再添加特定的微生物，多数情况下也很难维持这种微生物。

反应槽内的厌氧条件，由于微生物消耗氧气，所以与富氧条件相比容易维持，用不锈钢等材质的槽密封即可。为了高效地进行氢气发酵，反应槽内的搅拌非常重要。另外，氢气发酵会形成有机酸，因此反应液的 pH 值容易呈酸性。产生的气体中含有 50% ~ 60% 的氢气，其余几乎都是二氧化碳。根据氢气发酵细菌的种类不同，产生的有机酸也不同，当醋酸产生时，1mol 葡萄糖的最大氢生产率为 4mol（图 5 – 7）。

在实验室规模内，可以进行去除其他细菌的在纯微生物系统下进行的氢气发酵实验，但从经济性和能源收支角度来说，对大量的生物量进行灭菌是很困难的，所以在实际应用规模上通常是在复合微生物系统下进行。在复合微生物系统下，由于生成的氢气直接被甲烷生成的古细菌等其他微生物利用，所以有必要抑制氢气利用微生物的活动。利用将发酵温度维持在 60 ~ 70℃ 的方法，以及利用氢气发酵细菌繁殖速度快这一特点，开发了提高氢气发酵层稀释率等方法。

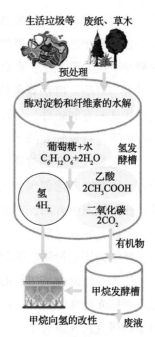

图 5 – 7　理想的氢发酵系统的概要

在氢气发酵过程中，有机酸会形成副产物，因此在后段辅以甲烷发酵，正在进行氢气甲烷二级发酵法的研究开发。以食堂剩饭和食品废弃物为原料，NEDO、AIST、鹿岛建设、西原环境、爱信精机等机构正在进行氢气甲烷二级发酵法的实证试验（图 5 – 8）。通过甲烷发酵生成的甲烷可以转化为氢气。

图 5 – 8　氢气甲烷二级发酵实验设备（左），氢气发酵槽和甲烷发酵槽

（引用于 AIST Today 2004，10 TOPICS）

札幌啤酒公司利用啤酒制备废液和面包废弃物进行了实证试验，报告称与甲烷单独发酵相比，氢气甲烷二级发酵的能量回收量增加了14%[12]。废水的氢气发酵与甲烷发酵相比，在分解悬浮物质方面具有优势。氢气甲烷二级发酵法被认为是可与甲烷发酵法竞争的技术，因此可以集中开发利用（活用）其固体分解速度快这一有利条件。另外，作为基础研究，有报道以甲壳素为原料，利用超高热古细菌进行氢气发酵[13]。

考虑氢气发酵的前景，最重要的是经济性。由于甲烷一级发酵的课题是废水处理，因此在考虑氢气发酵的实用化时，希望尽可能构建不需要废水处理的系统。在甲烷发酵方面，考虑到废水处理的经济性，干式法的研究和开发取得了进展，因此，在氢气发酵方面，干式法的研究也有望取得进展。将来，如果建立可再生氢气的固定价格收购制度，氢气发酵的普及将有可能得到发展。

作为利用发酵法以外的生物氢气生产法，真核单细胞藻类和原核生物蓝藻等可以利用光能在氢酶和硝基酶的作用下产生氢气。通过这种光合作用法生产氢气的基础研究正在进行中。

(2) 热化学转换

从生物质中制造氢气的另一种方法是热化学转换。基本上与前文"利用现有的化石资源制造氢气"中介绍的方法相同，通过［热分解/气化→水蒸气改质→精制］的工序来制造氢气。与以天然气和石脑油为原料的情况相比，热化学转换需要热分解和气化的工序，与需要这些工序的以煤等为原料的氢气制造相同。因此，在此将重点介绍生物质的热分解和气化。

将化石燃料和生物质在高温（600～1000℃以上）下热分解、气化，就能得到合成气（H_2，CO）、碳化氢（CH_4等）、二氧化碳（CO_2）等气体。另外，为了促进该反应，还使用气化剂（空气、氧气、水蒸气等）。

$$CH_xO_y + 气化剂 \rightarrow H_2, CO, CH_4, CO_2, H_2O \qquad (5-26)$$

从热化学转换的角度来看，生物质有以下特征：①H/C 高（2 左右）；②O/C 高（1 左右）；③挥发性成分多（90% 左右）；④固定碳含量少（10% 左右）。

在这些特征（图 5-9）中，H/C 高有利于 H_2 的生成；另外，O/C 高的话气化剂的量就少；挥发性成分多导致焦油的生成，容易产生阻塞等吞吐问题，此外，还将生成比热化学平衡组成更多的甲烷和乙烷等碳氢化合物气体；固定碳含量少的原因是未燃碳的生成少，适合气化。

根据式（5-26）的热化学平衡，在高温低压下容易生成 H_2 和 CO，在低温高压下容易生成碳氢化合物和 CO_2（图 5-10）。另外，如果使用空气和氧气作为气化剂，则生成较多的 CO_2 和 H_2O；如果使用水蒸气，则生成较多的 H_2。不过，由于气化需要维持高温，所以一般使用空气作为气化剂（不完全燃烧时生成 H_2 和 CO）。

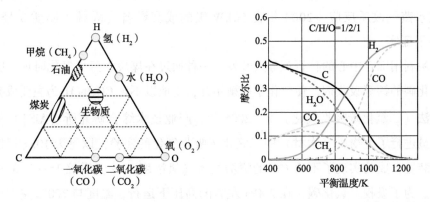

图 5-9 各种原料的 C/H/O 组成   图 5-10 C/H/O =1/2/1 的热化学平衡组成

这种进行热分解和气化的气化炉有非常多的方案，大致分为固定床（向流型、并流型）、流动床和喷流床（图 5-11）。在固定床中，原料一点一点地从上往下移动至气化，还有横向窑炉，根据气化剂相对于原料的流动方向可分为向流型和并流型。向流型的热效率高，而并流型的焦油少，气化率高。在流动床上，沙子等流动介质对气化剂的吹入起到作用，把原料投入流动状态。可快速加热、气化，适用于大型炉。在喷流床中，原料随着气化剂一边流动一边气化，气化速度快，气化率高。

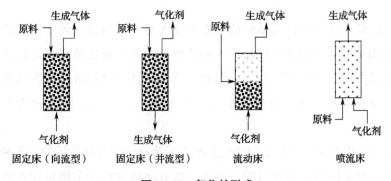

图 5-11 气化炉形式

坂井正康博士开发出了以过热水蒸气为气化剂的生物质新型气化法。在完全的水蒸气环境下，将粉碎到 3mm 以下的生物质完全气化（水蒸气改质），不使用催化剂，在常压下进行。由于气化是吸热反应，所以从外部将反应管加热到 800～1000℃。在反应管中，生物质的粉末被过热的水蒸气剧烈混合，形成喷流床。这被称为悬浮外热式高热量气化法或就地式喷流床的外热式水蒸气改质反应，2004 年在 50kW 级的成套设备（农林生物质 3 号）上得到了证实。

煤炭利用综合中心的林石英等人开发了一种通过在煤炭水蒸气气化时加入吸收二氧化碳的钙等吸收剂，使热化学平衡错开，生成以不含 CO_2 的 H_2 为主要成分的气化法（二氧化碳吸收气化）[14]。2005 年，产业技术综合研究所（AIST）的研究人员进行了生物质（木材）的二氧化碳吸收气化的实验，以每天 10kg 规模的连续装置，成功实现了不含 CO_2 的清洁气体（氢浓度 83%，甲烷 15%）的连续生产。为了吸收二氧化碳，在 2MPa 左右的高压下运行，温度与 700℃ 左右相比较低，吸收了 CO_2 的钙通过加热可实现再生与再利用。

另外相关研究还提出了各种各样的生物质的气化，技术上可以从生物质制造氢气。一方面，生物质的利用不仅可以利用氢气，还可以利用热和电等能源，以及蜂窝纤维等材料。根据 2012 年开始的可再生能源电力收购制度（FIT），在政策上与经济层面上生物质利用被引导到发电中。主要进行 2000kW 规模以上的大规模锅炉发电，另一方面，还进行小规模气化 - 燃气发动机发电。由于这种情况下可以得到气化气体，因此也可以根据社会形势等情况制造氢气。

4. 光催化

以金属氧化物半导体为基础的光催化技术是一种通过分解水来制造氢气的方法。利用金属氧化物半导体的氢气制造技术，将氧化钛单结晶电极和铂电极组合，构筑如图 5 - 12 所示的反应装置，从氧化钛单结晶电极侧发出紫外线照射，氧化钛单结晶电极表面生成氧气，铂电极生成氢气，这被称为本多藤岛效应。

自这一发现以来，开发了用于光解水并制造氢气的各种各样的以各种金属氧化物半导体为基础的光催化材料。例如，在氧化钛微粒子中携带铂作为助催化剂，就可以利用图 5 - 13 所示的结构通过紫外线照射将水分解为氧和氢气。

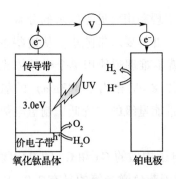

图 5 – 12　氧化钛单结晶电极与铂电极的组
合在紫外线照射下的水的光分解

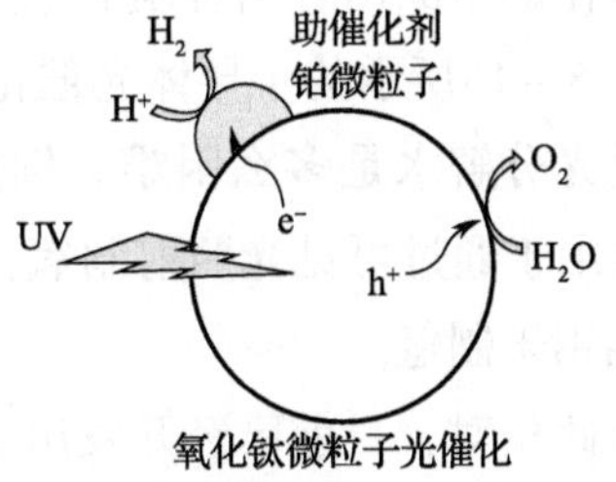

图 5 – 13　以铂微粒子为助催化剂的氧化钛
微粒子的水的光分解

在此，将描述利用半导体光催化进行水的光分解原理。图 5 – 14 示出了半导体的能量级。

价电子带和传导带之间的能量差称为带隙，在半导体上照射带隙以上能量的光，则价电子带的电子被激发到传导带。被激发的电子将氢离子还原生成氢气，而价电子带中形成的洞将水氧化生成氧。根据这种原理，利用半导体光催化将水分解为氢气和氧气。一般来说，带隙大的物质很难被光子激发电子，光子就那样直接通过，因此带隙大于可见光波长范围的能量的物质其颜色会变得透明。图 5 – 15 展示了基于水的光分解的若干半导体光催化剂的能量级以及制氧电势和制氢电势[17]。

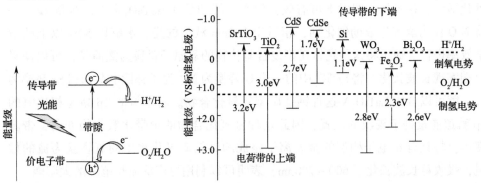

图 5 – 14　半导体的能量级　　图 5 – 15　基于水的光分解的若干半导体光催化剂的能量级

在这种情况下，在制氧电势和价电子带能量级之间，制氢电势和传导带能量级之间，分别被评价为热力学要求的反应的理论电位（平衡电极电位）和实际反应进行时的电极电位之差，即所谓的过电压。也就是说，为了进行反应，需要过多的电压。另外，具有大带隙的半导体光催化剂的可用激发波长仅限于紫外线，因此从有效利用太阳光的观点来看，为了实现利用可见光的水的分解，半导体光催化的带隙内容纳有制氧电势和制氢电势，并且要求带隙小。从这些条件来看，图 5 – 15 所示的半导体光催化的能量级，就不难理解使用单个半导体光催化用可见光分解水是多么困难。例如，带隙小（2.8 eV 相当于 443nm）的氧化钨 WO_3 可用于通过可见光照射制氧，但由于传导带能量级的位置低于制氢电势，因此不能用于制氢。

与此相对，目前已经开发出了以具有 d^{10} 电子构型的 Ga 和 Ge 的氮化物为基础的可见光响应型光催化。例如，GaN 是应用于蓝色激光等的具有 3.2 eV 带隙的半导体材料。如果将这种材料用 ZnO 形成固溶体，吸收端就会延长到可见光波段，形成 $(Ga_{1-x}Zn_x)(N_{1-x}O_x)$ 类型组成的固溶体。只在紫外区域（<400nm）吸收的 GaN 和 ZnO，通过固溶化吸收带长波长化到 480nm 附近。由于在 GaN 的带隙内形成了以锌为基础的准位，因此可以实现长波长化。$(Ga_{1-x}Zn_x)(N_{1-x}O_x)$ 上使用具有 Rh – CR 复合氧化物作为制氢助催化剂的光催化剂，在可见光照射下水被分解，生成氧气和氢气。据悉，Rh – Cr 复合氧化物助催化剂具有抑制逆反应的效果，可以抑制由氧生成的水的反应。使用该光催化时，相对于 410nm 的单色光，可获得 5.2% 的外观量子收率。

另外，由具有 d^0 电子构型的金属离子组成的氧化物也作为光催化表现出较高的活性。具有青霉素型结晶结构的复合氧化物 $NaTaO_3$ 和 $SrTiO_3$ 显示出较高的光催化活性，在紫外光照射下可有效分解水。特别是在 $NaTaO_3$ 中掺入少量 La，并将 NiO 作为氢气生成助催化剂，相对于 280nm 波长的光，水解以 50% 以上的量子效率进行。通过将这些钙钛矿型复合氧化物的氧原子置换为氮原子，可以使吸收端实现长波长化。将 $SrTiO_3$ 中的一个 O 替换为 N，为了补偿电荷而将 Sr 替换为 La，就可以合成 $LaTiO_2N$ 这种钙钛矿型氮氧化合物。由于氮的 2p 轨道相比氧的 2p 轨道能量处于较浅的位置，因此这种氮氧化合物的价带比氧化物变弱，带隙变小。将具有 d^0 电子构型的金属离子组成的钙钛矿氧化物中的氧置换为氮的材料，吸收可长波长化至 600 ~ 700nm，表明可以利用更广泛波长范围的太阳能。

表 5 – 2 总结了用于水的光分解的光催化剂的代表[18]。

表 5 – 2　用于水的光分解的光催化剂的代表

光催化剂材料	光催化剂材料
$Ba_5Nb_4O_{15}$	$Cs_3Ta_5O_{14}$
$Ba_3LaNb_3O_{12}$	$K_3Ta_3B_2O_{12}$

（续）

光催化剂材料	光催化剂材料
$Cs_2Nb_4O_{11}$	$RbTa_3O_8$
$CsTa_3O_8$	$La_{2/3}TiO_3\,La_4Ti_3O_{12}\,La_4Ti_4O_{15}$
$Cs_4Ta_{10}O_{27}$	$NaTaO_3$：X
$Cs_6Ta_{16}O_{43}$	（X：La，Ca，Ba，Sr 等）

表 5-2 所列的光催化材料大部分为紫外光响应型，可将水完全光分解为氧气和氢气，目前已知的主要是钽和铌系氧化物作为水解用光催化材料是有效的。

到目前为止，介绍了利用单一光催化材料进行水的光分解。与此相对，提升两种光催化剂组合在一起的基于可见光的水解系统的效率的相关研究也在推进。研究人员提出了一种将可见光响应型的用于制氧和制氢的光催化剂分别进行高效连接的方法。这是一种模仿植物和某种藻类的氧气生成型光合作用机制的两阶段光激发（Z 方案）的光催化系统。图 5-16 示出了 Z 方案型光催化系统的反应机制。在制氧光催化上，通过激发电子将电子传输体的氧化型还原为还原型，通过空穴将水氧化生成氧气。另一方面，在制氢光催化上，通过空穴还原体被氧化，通过激发电子在助催化剂上还原氢离子而生成氢气。此时，由于电子传递系统不会被消耗，而是反复进行氧化还原，因此整个反应中水会进行完全分解。

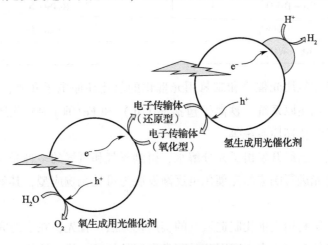

图 5-16　Z 方案型光催化系统

Z 方案型光催化系统仅通过电子载体连接制氧和制氢的光催化是无法实现的，需要考虑各个光催化剂的带隙和电子载体的氧化还原电位（图 5-17）。

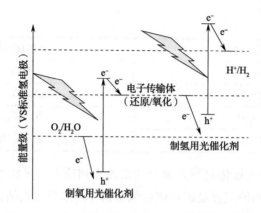

图 5 - 17　Z 方案型光催化系统中的能量级相关性

考虑到带隙，表 5 - 3 总结了 Z 方案型光催化系统中可能制氧和制氢的光催化剂的代表性例子。

表 5 - 3　制氧用光催化剂及制氢用光催化剂

制氧用光催化剂	制氢用光催化剂
WO_3	$SrTiO_3 : Cr$
$TaON$	$SrTiO_3 : Ru$
Ta_3N_5	$SrTiO_3 : Pt$
$Rh - BiVO_4$	$BaTaO_2N$
$Rh - Bi_2MoO_6$	$CaTaO_2N$
$Rh - WO_3$	

作为连接制氧用光催化和制氢用光催化的氧化还原电子介质，使用了 I^- 和 IO_3^- 之间的氧化还原系统、铁离子包括 Fe（Ⅱ）和 Fe（Ⅲ）的氧化还原系统，以及钴络合物的氧化还原系统等。

如上所述，已经开发出了光分解水，得到氧气和氢气的多种光催化材料，过去只能用紫外光进行响应的光催化也逐渐发展为可见光响应型，其效率也有了飞跃性的提高。

接下来介绍利用光催化制造氢气的实用化方法。首先，在水的完全光解系统中，由于氢气的来源只有水，因此是非常有用的技术。换句话说，水分解后，氧气和氢气在同一系统内同时生成，即所谓的暴露气体。

为了解决这一点，上述的 Z 方案型光催化系统通过适当的电子传输体、将氧生成系统和氢生成系统连接起来，因此可以使两个系统独立，非常有用。

在同一体系内，通过 Z 方案型光催化体系可以实现水的完全光分解体系，但是将两个体系相互独立，通过电子传输体连接起来，预计各自的效率会降低。

例如，通过使用多孔膜实现电子和离子的授受，可以将两个独立的光催化系统连接起来，如图 5 – 18 所示。

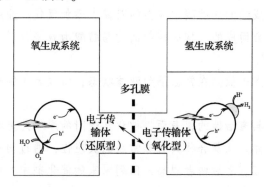

图 5 – 18　连续两个独立的光催化系统的水的光分解系统

除此之外，作为能够轻松捕捉太阳光的方法，用于制氧和制氢的光催化材料在玻璃基板上以薄片状排列的装置正在开发中。例如，通过在制氧用光催化剂中使用 $BiVO_4:Mo$，在制氢用光催化剂中使用 $SrTiO_3:La$ 或 $SrTiO_3:Rh$ 的光催化剂片材，可以在太阳光能量转换效率为 1.1% 的条件下将水进行光解[20]。

基于光催化剂的水的光解的氢气制造，有望发展为与太阳能电池的水的电解等并驾齐驱的以水为原料的太阳能驱动型氢气制造技术。

扩展阅读

食品和氢气
石原显光

在食品中也使用氢气，一般由植物种子生产的油是含有双键的不饱和脂肪酸液体。在植物油中添加氢气，通过将双键的一部分变成单键，进行从液体变成半固体或固体的部分氢气添加处理，制造人造黄油、食用涂脂和起酥油。根据 JAS 标准，人造黄油和食用涂脂是根据油脂含量来区分的，80% 以上为人造黄油，80% 以下为减肥食品。在日本销售的家庭用人造黄油大多是食用涂脂。

人造黄油是作为昂贵黄油的代用品，1869 年由法国化学家伊波利特·穆里埃发明的。最初是在牛油中混入橄榄油和牛奶，使其冷却硬化，后来开始使用产量高的鱼油和植物油代替牛油。

19 世纪末，人们发现了使用镍催化剂的不饱和脂肪酸双键加氢反应，从液态油变为固体脂，因此被称为硬化油。硬化油通过降低不饱和度，获得以下改善效果：①提高耐酸化性和热稳定性；②熔点上升，固体脂含量增加；③色调的淡色化；④风味变化（去除和降低原油中的风味）。[21]

油的加氢反应是通过在油中分散镍等金属催化剂，并向该催化剂混合油中注入氢气，从而向构成油的脂肪酸中存在的双键上添加氢气。油脂是由甘油和三种高级脂肪酸酯化结合而成的。构成植物油的脂肪酸由 α 亚麻酸、亚油酸和单价不饱和脂肪酸组成[22]。

由于它们的熔点较低，在常温下为液体状态，所以为了制造人造黄油，需要添加氢气。

在催化孔内的具有活性的镍表面，被化学吸附的原子态氢和不饱和脂肪酸基形成不稳定的复合体。该复合物具有非常高的反应性，通过向不饱和脂肪酸基团加氢来进行加氢反应。之后两者脱离，回到原来的催化剂中，通过不断重复以上操作进行硬化反应。

现在家庭用的主要是椰子油、棕榈油、大豆油、玉米油、菜籽油等植物油，商用的也有动物油和鱼油。日本 2015 年的人造黄油生产量约为 15 万 t，如果加氢量为 1%，则使用了约 2000 万 Nm^3 氢气。

不过，氢的添加并不是 100% 实现的，有百分之几是在未添加的情况下通过热变性稳定下来的。近年来，人造黄油中就含有可能危害健康的反式脂肪酸。

5. 热利用

本节将概述以热能为主要热源的水解制氢方法。这些方法大致分为水的热化学分解法，以及热能和电能并用的水的混合分解法。

(1) 水的热化学分解原理

要想分解水得到氢气，就需要投入包含自由能部分工作的能量。水电解是通过电力供应实现分解的方法。

而直接热分解是不需要投入复杂工序，仅通过热量来分解水的方法。热化学分解法是通过组合多种化学反应，使用低于直接热分解所要求的温度（数千摄氏度的超高温）的热能来分解水。与热、电、氢气两级能量转换相比，热、氢气一级转换具有更高的效率。

图 5-19 是表示水的热化学分解原

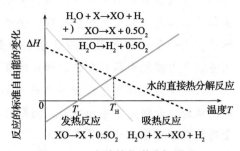

图 5-19　水的热化学分解原理

理的 $\Delta G - T$ 线图（以水蒸气为原料，且忽略反应的 ΔH 和 ΔS 的温度依赖性）。在此，利用作为工作物质的某种物质（X），将水的直接热分解反应分为以下两种反应：发热反应和吸热反应。

考虑利用以下的热化学反应的组合（热化学循环）进行水解：

$$H_2O + X = XO + H_2 \quad 操作温度：T_1$$
$$XO = X + 1/2O_2 \quad 操作温度：T_2$$

吸热反应在温度 T_H 以上的高温下进行，而发热反应在温度 T_L 以下的低温下进行，反应的自由能变化为负，可以自发进行。也就是说，热化学循环是利用热能的能量差（高温吸热反应中吸收高能量，低温发热反应中排出低能量），产生水解所需工作的化学热机[23]。

(2) 水的热化学分解法

美国的 Funk 等人[24]首次对热化学分解法的可能性进行了研究，对适合水解的具体反应周期的探索从二级反应周期的探索研究开始，之后各国的研究机构研究了数百个过程，从元素反应的反应率、产物分离、工作物质的毒性、腐蚀性、过程的热效率等方面进行了筛选。

1）Iodin - Sulfur 循环（IS 过程）。为了通过热化学分解法进行水分解，不仅需要制氢还需要制氧的反应。在该反应中使用硫酸分解的方法被称为硫系，目前研究开发最为活跃的就是这种工艺。

$$H_2SO_4 = H_2O + SO_2 + 0.5O_2 \quad 800 \sim 900℃ \quad (5-27)$$
$$SO_2 + I_2 + 2H_2O = 2HI + H_2SO_4 \quad 100℃ \quad (5-28)$$
$$HI = H_2 + I_2 \quad 400 \sim 500℃ \quad (5-29)$$

该工艺通过本生反应式（5-28）吸收由硫酸分解式（5-27）生成的二氧化硫，生成硫酸的同时生成碘化氢，并将碘化氢热分解式（5-29）得到氢气。这是迄今为止提出的所有元素反应都通过热化学反应进行的过程中反应次数最少的简单工艺，优点是工作物质只有液体和气体（没有固体的处理）。

IS 工艺的研究开发课题包括：①基于闭循环过程这种特殊的化学工艺下稳定制造氢气的运转方法的开发；②热能转换为化学氢能源的转换效率的提高；③为了处理腐蚀性极强的工艺流体（硫酸和卤素）的防腐装置材料的开发[25]。

在日本，利用在工业化所需的装置材料中嵌入具有耐蚀、耐热性的反应器（金属、陶瓷等）的氢气制造试验装置，制造氢气的规模达到每小时数十升、连续工作数十小时，相关的研究开发均取得了一定进展。

2）UT－3 循环。UT－3 循环的反应结构如下：

$$CaBr_2(s) + H_2O(g) = CaO(s) + 2HBr(g) \qquad 700 \sim 750℃$$

$$CaO(s) + Br_2(g) = CaBr_2(s) + 0.5O_2(g) \qquad 500 \sim 600℃$$

$$Fe_3O_4(s) + 8HBr(g) = 3FeBr_2(s) + 4H_2O(g) + Br_2(g) \qquad 200 \sim 300℃$$

$$3FeBr_2(s) + 4H_2O(g) = Fe_3O_4(s) + 6HBr(g) + H_2(g) \qquad 550 \sim 600℃$$

s 表示固相，g 表示气相。如上所述，这种循环由钙系和铁系的水解和溴化反应构成。

水解反应都是吸热反应，溴化反应是放热的。由于该循环的元件反应均为气固反应，因此提出了在反应容器内填充或固定固体反应物来切换反应气体的流道的连续运转方式。目前面临的课题是如何制备既能承受反应的反复，又能发挥高反应性的固体反应物。研究了溴化物，氧化物和反应重复的固体反应物制备方法，证实了在示范条件下制氢[26]。

（3）水的混合分解法

它是一种将电解反应与热化学分解法相结合的方法。

1）混合 Sulfur 循环[27]。本方法也被称为 Westinghouse 循环、HyS 循环。

$$H_2SO_4(g) = H_2O(g) + SO_2(g) + 0.5O_2(g) \qquad 800 \sim 900℃$$

$$SO_2(g) + 2H_2O(l) = H_2(g) + H_2SO_4(aq) \qquad 25℃（电解）$$

该循环具有两级反应简单、效率高、不需要昂贵的高腐蚀性卤素、通过电解生成高纯度氢的优点。在电解反应中抑制硫的生成以及减少所需电力是目前所讨论的课题。也有通过利用三氧化硫的电解来降低氧生成反应的操作温度（500 ~ 550℃）的尝试[28]。

2）Copper－Chloride 循环。该循环利用铜和氯的化合物进行的多种固液气反应来分解水。以下为四阶循环的反应方程式：

$$2CuCl_2(s) + H_2O(g) = CuO \cdot CuCl_2(s) + 2HCl(g) \qquad 400℃$$

$$CuO \cdot CuCl_2(s) = 2CuCl(l) + 0.5O_2(g) \qquad 500℃$$

$$2CuCl(aq) + 2HCl(aq) = H_2(g) + 2CuCl_2(aq) \qquad <100℃（电解）$$

$$CuCl_2(aq) = CuCl_2(s) \qquad <100℃$$

该循环由氯化铜的水解反应、羟基氯化铜的热解反应（最高温度，生成氧气)、氯化铜和盐酸溶液的电解（生成氢气）、氯化铜溶液的干燥操作组成，其优点是，由于反应最高温度为 500℃ 左右，相对较低，因此可使用该温度水平的热源，且对设备材料的要求有所放宽。各元素反应的可行性已通过实验室规模的试验得到证实[29]。目前探讨的课题是在电解器中，铜透过质子交换膜，析出到阴极侧电极，使铂催化剂毒化等。

6. 作为副产物的氢气制造：食盐电解

食盐电解是以原盐和水为原料，通过电解来制造目的产物苛性钠、氯以及副产物氢的制法。目前日本国内的年产量为烧碱约 400 万 t，液氯约 350 万 t，氢气约 11 亿 Nm^3[30]。

目前，日本国内食盐电解工厂全部采用离子交换膜法，其原理如图 5 – 20 所示。

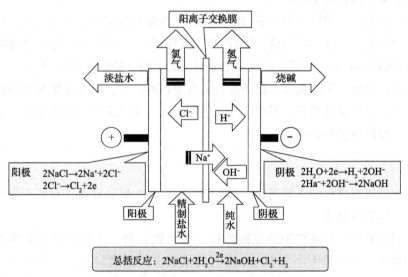

图 5 – 20　离子交换膜法食盐电解原理

电解反应分别向嵌入电解槽中的离子交换膜分开的阳极室和阴极室供给精制盐水和纯水，通过电流在阳极室内通过 Cl^- 的氧化反应生成氯气体，在阴极室内通过 H^+ 的还原反应生成氢气[31]由从阳极室电泳过来的 Na^+ 和 OH^- 产生烧碱，这种电解反应由以下公式表示：

$$2NaCl + 2H_2O \rightarrow 2NaOH + Cl_2 + H_2$$

产品的生产量与电流成比例，但是电解槽的通电面积是恒定的，因此，电流增加时电流密度上升，功率性能劣化。目前，按照标准电流密度为 $5kA/m^2$ 计算，每吨烧碱（固体换算）约为 2100kW·h，这是同时含有氯、氢的原始单位，例如，用于推导氢气原价的原单位有质量、摩尔数标准等多种考虑方式。

生产工艺大致可分为盐水精制工艺、电解工艺、气体处理工艺和烧灼浓缩工艺。

在盐水精制工程中，将从国外采购的原盐溶解到饱和后，将主要杂质 Ca、Mg 固定化，通过沉降分离除去。再通过精密过滤器后，用螯合树脂吸附去除金属离子，在电解槽入口被精制到 10^{-9} 量级。由于金属离子在离子交换膜内以氢氧化物的形式积累，这是性能劣化的主要原因，所以盐水提纯是非常重要的管理工程。

电解工程（电解槽）的运行温度是 85℃ 左右。在阳极室中生成的氯气，因为含有相当于盐水雾和蒸气压的水分，所以在气体处理工序中水洗冷却后，用硫酸脱水干燥，用管道输送给用户。

另一方面，在阴极室中产生的氢气会伴随有腐蚀性雾以及相当于蒸气压的水分，因此在进行水洗、冷却后，通过管道输送给用户。从电解槽排出的烧碱的浓度控制在约 32wt%，然后用蒸发罐浓缩到市面上销售的浓度 48wt%。

由食盐电解产生的氢气，由于没有来自原料的杂质，以及电解反应中没有副产物的产生，所以纯度高，不需要像其他副产氢气那样进行分离和浓缩。如果除去水分，纯度可达 99.99% 以上。

7. 作为副产物的氢气制造：制铁

在钢铁制造过程中，氢气作为副产物的一部分生成。在此，对副产氢气的焦炭制造工程进行概述。

在制铁业中，在高炉中还原铁矿石（氧化铁）时，主要使用焦炭作为还原材料和热源。焦炭是大小为 50mm 左右的块状多孔碳素材料，通常是将粉碎为 3mm 左右的粉状煤炭在"焦炭炉"中进行干馏（无氧状态下加热），使其熔化后脱气而制成[32]。制造焦炭时产生的附属气体被称为焦炉煤气（Coke Oven Gas，COG）。每吨煤约产生 300~350Nm³ 的 COG，它是以氢气（50%~60%）和甲烷（25%~30%）为主要成分的高热量气体。焦炉煤气的组成见表 5-4。

表 5-4　焦炉煤气的组成[33]

气体种类	H_2	CH_4	CnHm	CO	CO_2	N_2
体积占比（%）	50~60	25~30	2~4	5~8	2~5	3~7

目前主流的室式焦炭炉是炭化室和燃烧室交替布置的约 50 个的巨大砖结构体，每个炭化室的大小为宽 0.45m、高 6.5m、长 16m 左右。在焦炭炉中，进入炭化室内的煤炭通过炉壁砖在两侧的燃烧室（约 1200℃）加热，干馏约 20h 后成为焦炭。干馏结束后，被加热至约 1000℃的高温焦炭，打开炭化室前后的炉盖后被水平方向挤出。对于焦炭的冷却，过去采用的是喷水湿法灭火，现在主要采用干式灭火设备（coke dry quenching，CDQ）通过惰性气体进行冷却，将回收热转换为高温、高压蒸汽。

由于煤炭的干馏产生的 900℃左右的高温气体，如图 5-21 所示，在上部的上升管出口处，用氨水（从煤炭干馏气体中凝结分离出的水分，包括氨气、苯酚等）将其冷却到 80℃以下，再用气体冷却器冷却到 35℃左右。冷凝液体用滗水器进行油水分离，油分作为焦油回收，通过焦油蒸馏可作为化学品和碳材料产品的原料使用。另外，冷却后的气体通过下一道工序的气体精制设备分离回收硫酸铵、轻油等，常温下的气体作为 COG 进行回收。

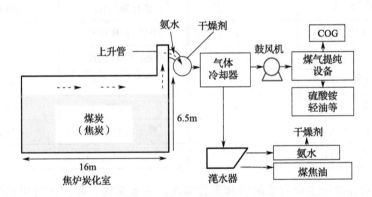

图 5-21　焦炉产生气体的处理流程

COG 产生量和组成是根据作为原料的煤的组成和干馏条件而变化的[34]。COG 主要作为炼铁厂内的加热炉用燃烧气体使用的同时，它还被用作副产气体专用燃烧涡轮发电设备（GTCC）的发电燃料（2004 年 300MW 再生气体专用燃烧 GTCC 1 号机启动）[35]，是钢铁制造过程中重要能源的来源。现今全日本的钢铁厂生产的 COG 中的氢气能达到 80 亿 Nm^3[36]。目前业内正在进行将 COG 起源副产氢气供给加氢站的实证试验和对 COG 中的焦油进行催化剂改质，以及从焦油中制造氢气的氢气增幅试验[36]。

5.2 氢气的精制

1. 吸附法

氢气是通过甲烷等碳氢化合物的水蒸气改质和热分解、煤的气化反应、水的电解（食盐电解、碱性水电解等）来制造的。因此，在碳氢化合物和煤制氢的工艺中，一氧化碳和二氧化碳在水被电解的情况下，饱和水分和氧作为杂质被包含在内，要想作为工业用氢气使用，就必须进行气体精制。

另外，氢气的需求除了一般工业用以外，还有分析用和半导体制造用，这些都要求高纯度。此外，最近燃料电池汽车（FCV）用氢气的需求也有所增加，对于各杂质成分都有详细的规格，需要高纯度精制，详见表5-5。

表5-5 FCV用氢燃料的规格标准（ISO 14687-2）

非氢成分	体积分数（$\times 10^{-6}$）	非氢成分	体积分数（$\times 10^{-6}$）
碳氢化合物（C_1）	<2	硫化物（S）	<0.004
水分（H_2O）	<5	甲醛（HCHO）	<0.01
氧气（O_2）	<5	甲酸（HCOOH）	<0.2
氦（He）	<300	氨气（NH_3）	<0.1
氮气，氩气（$N_2 + Ar$）	<100	卤化物	<0.05
二氧化碳（CO_2）	<2	粒子状物质量	<1mg/kg
一氧化碳（CO）	<0.2		

氢气的提纯法主要有吸附法和膜分离法。一般来说，吸附法可以精制到高纯度，氢气的回收率也高，但是阀门等组成部件等变多，装置复杂，价格昂贵。与此相对，膜分离法结构简单，装置制作便宜，但氢气纯度相对较低，需要高压，压缩成本较高。

（1）吸附气体提纯技术

除去氢气中的杂质的一般方法是将杂质与多孔性材料（吸附剂）催化改质来通过吸附除去。另外，吸附现象可大致分为物理吸附和化学吸附[37]。

物理吸附是在不伴随化学结合的在比较弱的力（分散力等范德华力）下将气体成分和吸附剂结合，在高压、低温下吸附量增加，在低压、高温下吸附量减少。作为利用该性质的气体精制方法有以下两种：①利用压力变化的"压力摆动吸附法"（Pressure Swing Adsorption，PSA）；②利用温度变化的"温度摆动吸附法"（Thermal Swing Adsorption，TSA）。

化学吸附是气体成分与吸附剂通过化学键结合，很难轻易脱去，再生时需要通过氢气等进行还原反应。由于结合力强，该方法可以除去直至低压的杂质，所以用于高纯度精制。

（2）压力摆动吸附法

在氢气的提纯上，长期以来就使用 PSA 方法。这是将含有杂质的氢气以高压压缩，通过与吸附剂催化改质，吸附除去杂质成分来提纯氢气的方法。吸附了杂质的吸附剂，通过降低压力使杂质脱离，可以再次用于提纯[38]。

吸附剂采用活性炭、活性氧化铝、合成沸石等，根据去除成分、吸附压力、再生压力来选用。物理吸附的吸附热与气体的聚集热相关，聚集热低的氢气和氦几乎不吸附，而二氧化碳和水分有强烈吸附的倾向（图 5 – 22）。因此，氢气作为非吸附气体在高压下导出，可有效利用压缩能量，实现高效分离。

$$H_2 < O_2 < N_2 < CH_4 < CO < CO_2 < H_2O$$

图 5 – 22　物理吸附力的序列示例（合成沸石）

图 5 – 23 为 PSA 式氢气提纯装置的流程示例。通过升压将原料气体导入吸附塔，吸附杂质，通过真空泵的排气降低压力，形成再生的流程（真空再生型的 PSA 还特别称为 VPSA、PVSA、VSA 等）。

（3）温度摆动吸附法

作为氢气的提纯法，还采用了 TSA 法，即吸附剂在低温（包括常温）下吸附除去杂质，再生时加热吸附剂使杂质脱离。该方法适用于去除微量杂质，已被用于半导体用氢气和水的电解氢气的提纯[39]。

吸附剂主要是利用在常温下能够吸附微量成分的合成沸石等，有时还会同时使用催化反应和化学吸附。特别是 Ni 系催化剂等化学吸附剂，由于与一氧化碳和氧发生反应，可以去除杂质至极低浓度。吸附了杂质的化学吸附剂，在氢气等通气的同时通过加热被还原再生，再次用于提纯。

图 5 – 24 为 TSA 式精炼装置的流程示例。其流程是将一部分精制气体作为再生气体利用，通过加热器等对吸附塔进行加热从而形成再生流程。

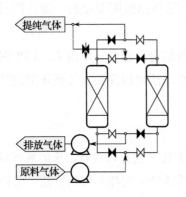 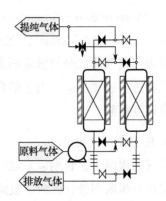

图 5 - 23　PSA 式氢气生成装置流程示例　　**图 5 - 24　TSA 式氢气生成装置流程示例**

（4）燃料电池汽车氢气提纯

FCV 用氢气的加氢站有通过加氢器（装氢气瓶）等供给高纯度氢气的场外站和通过天然气等原料制造氢气的现场站。

在现场，由于改质氢气中含有一氧化碳、二氧化碳和水分等，因此需要精制，以达到表 5 - 5 所列的规格。气体精制一般使用 PSA 法，通过将吸附塔改为 3 塔或 4 塔的 PSA 工艺，开发出了高纯度和提高氢气回收率的 PSA 装置[40]。

2. 膜分离法

利用膜进行气体分离是通过高压向膜的一侧提供含有精制气体的原料气体，降低膜另一侧的压力，从而使特定气体优先透过的现象。想要分离的气体成分之间的膜透过速度需要达到一定程度的差异。另外，氢分子在气体成分中分子直径最小，因此膜的透过速度比其他气体更快，适合膜提纯（图 5 - 25）。但是，通过膜分离的精制氢气从膜的透过侧以低压排出，为了供气需要再压缩，分离的能量有增大的倾向。

> ·沸石膜的气体透过速度
>
> $CO_2 > H_2 > O_2 > N_2 > CH_4$
>
> ·高分子膜的气体透过速度
>
> $H_2O > H_2 > CO_2 > O_2 > N_2 > CH_4$

图 5 - 25　膜的气体透过速度顺序示例

通过膜进行气体分离，只要有升压机和膜模块（将膜放入耐压容器中，使其达到气体分离的状态）就可以分离，因此构成设备较少，实现系统的低成本较为容易。但其缺点是升压机的动力比较容易变大，精制气体纯度较低。另外，由于膜分离可以减少阀门和管路，因此有望应用于大流量的煤气提炼，但目前的技术难以实现膜模块的大型化，开发大型膜模块制作方法也显得尤为重要。

图 5 – 26 示出了膜分离氢气时的装置流程。图 5 – 26 中的上图为一级膜分离法，简便且成本低，但由于膜分离中气体纯度和气体回收率存在权衡关系，因此为了得到气体纯度，需要牺牲回收率。为此，还设计出了图 5 – 26 中的下图所示的二级膜分离法，通过对第一级的非透气再次进行膜分离回收氢气并返回原料侧，可以在不降低氢气纯度的情况下改善回收率。

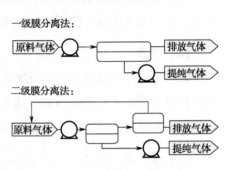

图 5 – 26　氢的膜分离流程[41]

（1）气体分离膜的种类

气体分离膜大致可分为两类，分别是膜上存在气体分子通过的细孔，并且由于细孔径和气体分子的大小的关系，可以通过分子筛效应进行分离的多孔膜，以及当气体溶解扩散到膜中时，以透射率差进行分离的非多孔膜（图 5 – 27）。

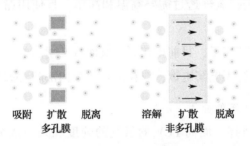

图 5 – 27　多孔膜与非多孔膜的气体透过图示[42]

作为氢分离用的多孔膜，沸石膜、二氧化硅膜、碳膜等的研究开发正在如火如荼地进行。非多孔质膜分为高分子膜和金属膜，金属膜的钯（Pd）膜已经在半导体用高纯度氢气精制中得到应用，高分子聚酰胺膜已在空气中制造氮气的装置中得到应用。

（2）沸石膜

近年来，各种种类的沸石膜被开发出来，并正在研究在化学工艺中的应用[43]。它一般采用在多孔质氧化铝管的表面形成沸石层的方法来制作。与高分子膜相比，其气体透过速度快，但具有管径大、表面积变小的倾向。

（3）二氧化硅膜

二氧化硅分离膜的孔径控制范围广，可适用于各种气体分离，还可进行适合于氢气分离的孔径调整。另外，膜的调节方法也有 Sol – Gel 法和 CVD 法等多种方法，氢气提纯用分离膜的研究开发正在如火如荼地进行[44]。

（4）碳膜

碳膜是通过对高分子膜进行炭化而制成的，碳化后通过微孔调整等，开发出了具有分子筛效果的多孔质膜，细孔径为 0.3～0.5nm。与无机气体分子尺寸相近的膜也在开发，目前正在研究氢气的提纯和沼气的分离等[45]。

（5）金属膜：钯膜

Pd 是贮氢合金，可以将氢分子以原子状态溶解在金属中。利用这一性质，将氢气与延伸、薄膜化的 Pd 合金表面在高压、高温下催化改质，在表面上被氢原子解离吸附，在金属中溶解扩散，在膜的背面结合，形成氢分子并脱离，只有氢气可以透过。

由于原理上只透过氢气，因此可提炼到高纯度，目前已用于面向半导体的氢气提炼等领域。但是，氢气透过需要高温和高压，且使用昂贵的 Pd，因此设备成本较高。

为了减少 Pd 的使用量，目前正在研究既便宜又耐用的 Pd 氢膜，例如在多孔质膜的表面对 Pd 进行无电解电镀，或在多孔质膜内部附着添加 Pd 膜层[46-47]。

（6）燃料电池汽车的应用

如前文 PSA 法所述，面向 FCV 的氢气的纯度和杂质成分都有严格的规格，需要进行气体提纯。另外，正在进行甲基环己烷（MCH）和氨作为氢气载体的开发，并分别进行膜提纯技术的研究。

正在研究将 MCH 来源的氢气应用于通过孔调整的硅膜的氢气精制。另外，在膜外侧事先充填 MCH 分解催化剂，仅将分解后的氢气透过膜内侧，从而减小催化剂层中的氢气浓度，提高分解反应效率的研究正在进行中[48]。另外，利用碳膜分离氢气和 MCH 以及脱氢后产生的甲苯的精制研究也在进行中[49]。

氨分解氢的组成是氢和氮，但在大部分膜中，两者的膜透过速度相差不大，为了实现更精密的精制，目前正在研究 Pd 膜。通过将 Pd 膜与氨分解催化剂组合，在制氢的同时进行精制，可以提高反应效率[50]。

氢气分离膜和催化反应塔组合而成的反应提纯模块的结构如图 5 – 28 所示。通过催化层分解气体，只使氢气通过膜，就可以同时实现氢气的产生和精制。

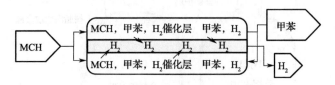

图 5 – 28　催化剂填充模块的气体反应和精炼[48]

5.3　氢气的储存

1. 高压氢气

氢气的储存方法有高压、液化、储存材料等，其中普及的技术之一是高压储存。通过压缩机等将气体高压化，在容器或蓄压器中充入氢气进行储存，是很早以前就普及的技术。在工业上使用的高压氢气容器的充填压力一般为 14.8MPa 或 19.6MPa 型，而燃料电池汽车上装载的氢气容器，充入压力为 70MPa 的氢气。

一般来说，气体压力越高，气体分子自身的体积和气体分子相互间的引力的影响就越大，就会脱离理想气体定律。其偏差由压缩系数（PV_m/RT）表示，其细节我们在 4.3 节中进行了讨论。实际上，在同一容器中放入 70MPa 的氢气量是 35MPa 氢气量的 1.6 倍左右。储存高压氢气的容器按结构分类，可分为焊接结构容器、无缝结构容器和 FRP 复合容器。一般的高压气体容器使用的是金属无缝结构容器，而燃料电池汽车用容器则要求轻量化，因此使用的是 FRP 复合容器。

复合容器的结构如图 5 – 29 所示。通过在被称为衬垫的薄层金属（Type3）或热塑性塑料（Type4）制成的容器外侧缠绕上浸润树脂的碳纤维等（纤维强化塑料，FRP），形成了被强化的构造。为了对抗向容器施加内压时产生的应力，设置了螺旋缠绕和环形缠绕方式（图 5 – 30）。衬垫本身厚度只有几毫米，其目的是防止氢气透过，强度几乎为零。外侧 FRP 层具有抗内压强度的结构。在高压的状态下，氢气会进入金属组织内部引起脆化，有时会发生所谓的氢气脆化现象。因此，Type3 容器的金属衬里采用奥氏体不锈钢（SUS316L 等）和铝合金（A6061 等）等不会引起氢气脆化的材料。最近的车载容器为了更轻量化一般使用 Type4 容器。

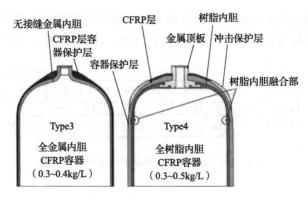

图 5 - 29　FRP 容器构造的种类

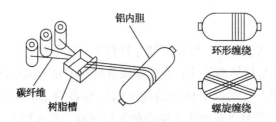

图 5 - 30　碳纤维的缠绕方式[51]

燃料电池汽车配备的氢气量为 5kg，这是达到与汽油车相同的行驶距离所必需的氢气量。仅存储高压氢气就需要 70MPa 的压力，目前正在研究将贮氢材料内置在高压容器中的 35MPa 型高压贮氢合金容器。

近年来，Type3 复合容器也开始被用作氢气站的蓄压器（图 5 - 31）。与钢制容器相比，由于可以使其厚度变薄，因此可以增大体积。考虑到氢气站的小型化、低成

图 5 - 31　采用复合容器的蓄压器[52]

本化，通过限制充填次数（内压负荷的重复次数）及使用期限，以期达到进一步的轻量化。

国外的氢气站蓄压器使用的是仅在金属容器的主体部分用 FRP 强化的复合容器（Type2）。虽然日本国内还没有实现标准化，但 NEDO 业务正在进行开发，预计今后将会普及。

高压储存是一种简单的方法。但是，由于越高压，压缩系数就越大，在压力的作用下，不能达到充填量增加的效果。而且还需要增加容器的厚度，使得容器

变重。另外，由于高压会导致氢气泄漏和附件的耐压性能等令人担忧的问题，因此有必要讨论最合适的充填压力。

2. 液化氢气

（1）液化氢的物性

氢气利用系统的储存或运输到利用系统的储存方法有各种氢气载体，包括氨、有机氢化物等化学介质、贮氢合金、压缩氢气、储氢管道、LH_2（液化氢）等具有各自特征且适用于利用系统的储存方法。LH_2的密度在常温下约为常压氢气的 800 倍，容积效率高，适合大规模运输储藏。另外，与其他载体不同，氢气的液化需要外部能源，但可向利用系统供应高纯度氢气（如 99.999% 以上），可构筑脱氢时不需要外部能源的简单氢气供应系统。

LH_2 技术的历史悠久，1898 年，英国的 James Dewar 在世界上首次成功实现了氢气的液化[53]。James Dewar 因发明了保温瓶而闻名，奠定了极低温技术的基础。20 世纪 50 年代，LH_2 还被用于物理领域的粒子测定泡沫箱的制冷剂。LH_2 的大型液化和运输储存技术在 20 世纪 60 年代美国航天技术领域的阿波罗计划中得到了飞跃性的发展，这一时期 LH_2 的基本技术已经完成。目前，除航天领域外，该技术还利用高纯度氢气的特点广泛供应半导体产业。

在有望大规模引进 LH_2 的氢气社会中，同样是可燃性低温液化气从 20 世纪 60 年代开始商业化的 LNG（液化天然气，以甲烷为主要成分，由丙烷、丁烷等成分组成的多成分液化气）的技术得到应用。在欧洲 EQHHPP（欧洲魁北克）（1986—1998 年）[54] 和日本 WE-NET 项目（1993—2003 年）[55] 中讨论了面向氢气社会的 LH_2 的大规模引进。表 5 - 6 列出 LH_2 与 LCH_4（液化甲烷）的物理性质的比较。与 LCH_4 相比，LH_2 的特点是液体密度小、沸点低、单位体积潜热小、气体系数 ［=（300K - 沸点）/潜热］大、易蒸发、表面张力和黏性小等。因此，LH_2 的液化储存需要先进的绝热技术、减小液化动力的高效液化技术，以及使用在 LH_2 温度下不展示低温脆性的材料等。在 LH_2 的使用环境中，不会出现压缩氢气中金属材料的氢气脆化现象。

表 5 - 6　液体氢与液化甲烷的物理性质比较

物　性	LH_2	LCH_4
沸点/K(℃)	20.3（-253）	112（-162）
标准状态的气体密度/(kg/Nm³)	0.089	0.717

（续）

物　性	LH_2	LCH_4
饱和液密度/（kg/m^3）	70.8	442.5
饱和气体密度/（kg/m^3）	1.34	1.82
临界温度/K	32.9	190
临界压力力/MPa	1.28	4.6
潜热/[kJ/L（kJ/kg）]	31.4（444）	226（510）
气体系数/（$K-cm^3/J$）	8.9	0.83
液表面张力/（mN/m）	1.98	13.4
低位发热量/[MJ/L（MJ/kg）]	8.5（120）	22.1（50）
可燃性范围（vol%）	4～75	5～15
最小着火能量/mJ	0.02	0.33
火焰速度/（cm/s）	265～325	37～45

　　LNG 储存罐中令人担忧的轧制现象（多成分体系的密度差引起的层状化和层状之间的对流混合引起的急剧蒸发现象）在单一成分的 LH_2 中不会发生。在 LH_2 的运用操作中，运用压比 LNG 更接近临界压，因此考虑到 LH_2 的物性的手环技术也非常重要。

　　根据核自旋的方向，氢气分为能量位次高的正氢（也称奥尔特氢气）和能量位次低的仲氢。室温状态下的氢气是由 25% 仲氢和 75% 正氢组成的一般正氢，LH_2 是 99.8% 的仲氢。图 5-32 表示处于平衡状态的氢的温度和帕拉浓度的关系。正氢与仲氢间的氢的沸点、密度等物性差异很小，但定压比热等因温度范围不同而不同。例如，处于平衡状态的氢的 LH_2 的沸点是 20.3K，处于非平衡状态的正氢的 LH_2 的沸点是 20.4K。

　　在从常温的正氢到 LH_2 的液化过程中，重要的是保持图 5-32 所示的温度和平衡状态的奥索-帕拉组成比的同时将奥索转换为帕拉进行冷却液化也非常重要。在非平衡状态下液化时，液化后产生的奥索-帕拉转换促进了液体蒸发，成为非常低效率的液化。一般市面上出售的 LH_2 几乎都是处于平衡状态的帕拉氢气，由奥索-帕拉转换热引起的液体蒸发可以忽略。

　　为了比较压缩氢气和 LH_2 的密度，图 5-33 示出了以压力为参数的 LH_2 与各压力的压缩气体密度的关系。LH_2 在临界状态（温度 32.9K，压力 1.28MPa，密度 $31kg/m^3$）以下存在，其密度取决于饱和压力，大气压饱和状态下的密度为

$70.8 kg/m^3$。另一方面，压缩氢气的密度取决于温度和压力，在温度一定的条件下提高压力，密度就会增加。LH_2 的密度在 80MPa、300K 状态下（约 $45kg/m^3$）增加了 1.5 倍。在压缩氢气低温化的低温压缩气体状态下，可获得高于 LH_2 的密度。

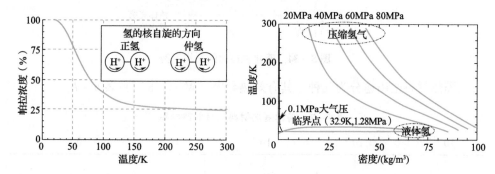

图 5 – 32 氢的温度与帕拉浓度之间的关系[56]　　**图 5 – 33 氢气的密度与温度之间的关系[57]**

接下来从安全性的角度对 LH_2 和 LNG 进行比较。LH_2 的可燃性范围广（4% ~ 75%，甲烷是 5% ~ 15%）、着火能量低（0.02mJ，甲烷是 0.28mJ），与 LNG 相比容易着火。但是氢气的密度在温度 23K 以上，比空气轻，可以在短时间内扩散到大气中，因此可燃性范围气体的滞留时间变小，从而降低了着火风险。

在 LH_2 的温度下空气凝结的情况下（凝结温度约 79K），液化空气蒸发时形成富氧环境，需要注意。

（2）LH_2 的运输储存

在低沸点、低潜热的 LH_2 储运中，降低蒸发的隔热技术尤为重要。图 5 – 34 示出 LH_2 横向储罐的结构示例。液态氦（沸点 4.2K）和 LH_2 极低温液体的储存一般由内槽和外槽（真空容器）组成，为了降低外部热量，内外槽的空间都安装了隔热材料。隔热材料如后文所述，根据储罐的大小等适用各种隔热方法。外槽具有与外压对应，内槽具有与运用压力（+真空压力）相对应的强度的构造。另外，内槽的支撑结构可支持自身重量及地震等外部负荷，并且能减少外部吸热，应对内槽的热变形。设计负荷因固定式、移动式以及储罐大小的不同而不同，适用于各领域的设计规格和标准。储罐安装有充液、排出用的管道、排气用管道及仪表之类。

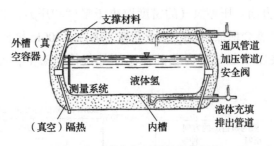

图 5-34 液化氢储罐的结构示例

隔热材料按用途分为几种，其有效热导率（W/m·K）见表 5-7。

表 5-7 各种隔热材料的有效热导率[58]

10^{-5}	10^{-4}	10^{-3}	10^{-2}	10^{-1}
·叠层真空隔热材料（MLI）	·金属粉添加隔热材料		·轻木	
			·粉末隔热材料（珍珠岩）	
		·粉末隔热材料（珍珠岩）	·纤维隔热材料（玻璃纤维）	
		·纤维隔热材料（玻璃纤维）	·发泡隔热材料（聚氨酯，聚苯乙烯等）	
高真空隔热（~10^{-3}Pa）	低真空隔热（~1Pa）		非真空隔热（大气压）	

使用环境随着从大气压变为高真空，气体传导热量越来越小，因此有效热导率就越低。

在隔热材料的选择上，除要求的隔热性能外，还需要考虑施工性、经济性等。LNG 储罐采用常压固体隔热结构，LH$_2$储罐为了将外部吸热降低到 LNG 的约 1/10 以下，面向小中型储罐（例如容量 20~300m³）采用高真空隔热（真空度 10^{-2}Pa 以下），面向大型储罐采用低真空隔热（例如真空度 1Pa 以下）的情况很多。其外部吸热量（热通量）约为 1W/m²，隔热材料的安装考虑到内槽储罐的运用以及升温时的热收缩和膨胀。

下面描述在高真空中使用的叠层隔热材料（multi-layerinsulation，MLI）的隔热机制。图 5-35 示出 MLI 的构成。为了减少降低真空层的辐射吸热，采用了叠加辐射屏蔽（例如铝金属化膜），在屏蔽之间插入防止热催化改质的垫片（例如聚酯网）。

通过 MLI 的热通量 q 包括：①辐射吸热；②间隔器的热传导吸热；③各个屏蔽空间的自由分子热传导之和。在高真空状态下，残留气体分子之间的碰撞消失，形成分子流区域，成为分子的传热。其中①占主导地位，300K 和 20K 之间的热通量 q 的计算公式如下：

$$q = \frac{\sigma(T_h^4 - T_c^4)}{\dfrac{1}{\varepsilon_h} + \dfrac{1}{\varepsilon_c} - 1 + \left(\dfrac{2}{\varepsilon_s} - 1\right)n}$$

式中，q 为热通量（W/m^2）；T_h 为外槽温度（K）；T_c 为内槽温度（K）；ε_h 为外槽辐射率（0.2）；ε_c 为内槽辐射率（0.2）；ε_s 为防护罩辐射率（0.01 ~ 0.1）；σ 为常数（$5.6705 \times 10^{-8} W/m^2 K$）；$n$ 为层数。

热通量取决于辐射率和层数，随着辐射率降低和屏蔽层数增加而降低（图 5 - 36）。实际 MLI 的热通量约为 $1W/m^2$，与计算结果的差较大。这是由于②和③的增加，增加度随 MLI 的种类和安装施工而变化，需要确认。实际的应用需要通过 MLI 隔热试验确认。

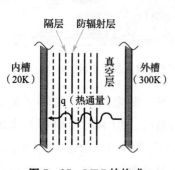

图 5 - 35　MLI 的构成

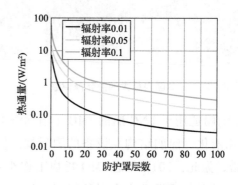

图 5 - 36　防护罩层数与热通量间的关系

（3）固定式液化氢罐的实例

图 5 - 37 是 JAXA（日本航空航天研究开发机构）面向种子岛航天中心的国内最大 LH_2 罐（容积 $600m^3$）的外观。该储罐采用了聚光真空隔热的双壳式球形储罐形式，蒸发率在 0.18%/天以下。美国 NASA 的世界最大 LH_2 罐（外观容积约 $3800m^3$，充填容积约 $3200m^3$）也是采用该隔热方法的双壳球形储罐，相对于体积其表面积变小，蒸发量为 0.025%/天以下[59]。将来可能还需要更大型化的、5 万 m^3 级别的储罐。

（4）LH₂ 的运输

LH₂ 的运输分为陆上运输和海上运输，陆上运输一般用装载机、集装箱运输。运输用的 LH₂ 储罐结构为了最大限度地提高体积效率，需要使内外槽间的隔热层变薄，并且能够承受外部负荷，减少外部吸热的支撑结构。

将来，如果氢气利用系统扩大到氢气发电等领域的话，预计会需要大容量的氢气。根据《氢燃料电池战略发展蓝图》[60]，正在研究讨论从 2030 年左右开始，通过海上进口海外的无碳氢气制造的 LH₂ 的构想。LH₂ 运输船的规模与 LNG 运输船相当，其效果图如图 5－38 所示。LH₂ 船配备了 4 个真空面板式莫斯型球形储罐（容量为 4 万 m³），LH₂ 的蒸发气体用作推进燃料使用。两个储罐的蒸发率均在 0.2%／天以下，其隔热性能约为 LNG 船吸热量的 1/10 以下。

图 5－37　日本国内最大的液化氢储罐　　图 5－38　液化氢运输船[61]

LH₂ 船适用于 LNG 船的 IMO（国际海事组织）制定的 IGC 代码《关于散装运输液化气船舶结构及设备的国际规定》为基础，但 IGC 代码中并未规定 LH₂ 船。为此，2015 年起 IMO 货物工作组讨论安全要件，2017 年 IMO 海事安全委员会正式批准安全要件暂定建议。安全要件被记述在日本海事协会指南中[62]。

目前，以 2020 年完工为目标，作为 LH₂ 运输船的实证船，小型 LH₂ 运输船（搭载 1250m³ 储罐）的建造正在进行中[63]。

3. 贮氢合金

氢分子解离成原子状并化学吸附到表面后，侵入金属或合金内部并占据特定的间隙，这被称为"金属或合金吸收氢"。海绵吸收水后水仍为水分子，与海绵内空洞中存在的水、采用多分子靠近聚集的形态不同，金属或合金中所存储的氢由每一个原子占据特定的位置，不会聚集在一起。图 5 – 39 所示为面心立方金属的间隙。四面体位置也称为四面体位点，图中立方体顶点附近各存在一个。与图中的立方体中含有 4 个金属 M 的原子（$8 \times 1/8 + 6 \times 1/2$）相对，氢基共有 8 处，因此形成了 M_4H_8，即 MH_2 组成的氢化物。LaH_2 是其典型例子，八面体位置或八面体位点各边的中点和体心的位置相当于此，合计 4 处，因此组成为 MH，PdH 是其典型。另外，La 在四面体站点之后

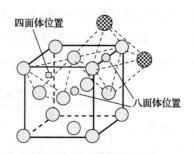

四面体位置

八面体位置

代表属于图中立方体的金属原子
表示位于图示的立方体之外的同种金属原子

图 5 – 39　面心立方构造的空隙

的八面体点位也接受氢原子的话，成为 LaH_3 的组成。合金的情况下，因为图中的金属原子的位置被种类不同的元素的金属原子占据，所以间隙的大小和在那里展开的金属轨道等变得多样，占据那个位置氢原子的稳定性不是一样的。

贮氢合金大多由单体储氢的金属和单体不储氢的金属组合而成。以 Mg_2Ni、TiFe 等开发人员的名字将这种情况命名为"雷利定律"。Mg 和 Ti 是单质吸附氢气的金属，Ni 和 Fe 是单质不吸附氢气的金属。金属或合金吸收氢气时的反应是：

$$M(s) + \frac{x}{2}H_2(g) = MH_x(s) \qquad (5-30)$$

可以这样写，该平衡反应的平衡氢压力 P 为：

$$\ln P = \frac{\Delta H^\circ}{RT} - \frac{\Delta s^\circ}{R} \qquad (5-31)$$

另外，在这些方程式中，s 表示固相，g 表示气相，ΔH° 和 Δs° 表示吸附反应的熔变和熵变。合金化后可改变贮氢金属单体时的 ΔH°，可控制平衡氢压力 P。由于 ΔS° 主要是由气相中的氢固定为固相而产生的变化，所以无论是金属还是合金都没有太大的变化，基本上都是 $-130\ JK^{-1}mol^{-1}$。

在此，根据元素周期表对贮氢金属进行总览。首先，所有碱金属以及从 Ca 到 Ba 的碱土类金属都是贮氢金属，形成盐型氢化物。其结构是氢离子 H^- 形成晶格，金属阳离子包含在间隙之间。与图 5 – 39 所示的储氢方式不同，这种情况被称为氢化物生成。不过，Ca 制造盐型氢化物，而 $CaNi_5$ 合金则进行如图 5 – 39 所示的氢气吸收。

反应方程式（5 – 30）的化学计量学在碱金属中为 $x = 1$，碱土类金属中为 $x = 2$。镁也用同样的化学计量学生成 MgH_2，但不是盐型氢化物，而是后述的共

价氢化物和盐型氢化物中间的过渡状态。实际上，表 5 – 8 所列的分子体积，与碱金属及碱土类金属全部因氢化物生成而变小相对，只有 MgH_2 变大。Mg 因氢气吸收而膨胀的现象与过渡金属相同。

表 5 – 8　金属的原子体积和其金属的氢化物的分子体积的比较

金属	原子体积/ $(cm^3 \cdot mol^{-1})$	氢化物	分子体积/ $(cm^3 \cdot mol^{-1})$	分子体积/原子体积的比
Li	12.9	LiH	10.2	0.79
Na	23.7	NaH	17.7	0.75
K	45.5	KH	28.0	0.62
Rb	56.1	RbH	33.3	0.59
Cs	69.8	CsH	39.2	0.56
Mg	14.0	MaH_2	18.5	1.32
Ca	26.1	CaH_2	22.1	0.85
Sr	34.0	SrH_2	27.4	0.81
Ba	38.3	BaH_2	33.5	0.87
Sc	14.5	ScH_2	16.4	1.13
Y	16.1	YH_2	21.2	1.32
La	22.5	LaH_2	27.4	1.22
Ce	20.7	CeH_2	26.2	1.27
Pr	20.8	PrH_2	25.3	1.22
Ti	10.6	TiH_2	13.1	1.24
Zr	14.0	ZrH_2	16.8	1.20
V	8.3	VH_2	11.7	1.41

作为过渡金属的定比氢化物，已知的有 ScH_2、TiH_2、VH、VH_2、CrH、CrH_2、NiH、YH_2、YH_3、ZrH_2、NbH、NbH_2、PdH、HfH_2、TaH 以及稀土类金属的二氢化物和三氢化物。这些氢化物因其电导性，有时被统称为金属氢化物。但是，Cr 和 Ni 的氢化物的生成不能在稳定条件下的固气反应中发生，需要电化学方法。

此外，共价键氢化物有 CuH、ZnH_2、BeH_2、AlH_3、GaH_3、InH_3、TiH_3 等，被认为是类似于吉博朗（B_2H_6）的多中心共价键聚合物。CuH 以下至 TiH_3 的氢化物在稳定温度及至 1MPa 的氢气压下不能通过固气反应合成。

考虑到氢气存储材料的实用性，氢气的质量密度和体积密度是重要的关注点。以吸收或含有 1mol 氢气所需的金属质量为纵轴，以相当于 1mol 氢气的氢化物体积为横轴，使金属元素分布，如图 5–40 所示。为了比较，用 * 表示 1mol 液化氢所占的体积。引人注目的是许多金属元素的氢化物与液化氢相比在更小的体积中含有等量的氢气。将图中的符号与碱金属、碱土类金属以及过渡金属连接起来，可以看到各自单调的依存关系。过渡金属和碱土类金属的单调直线经过

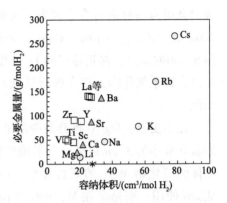

图 5–40　含 1mol 氢气的金属氢化物的体积与当时金属质量的分散关系

横轴的值分别为 $10cm^3/mol\ H_2$ 和 $15cm^3/mol\ H_2$ 左右，金属量为零时的氢气的体积就是这个程度。与标准状态的气体氢气相比，是 1/2000 左右。以金属中氢的最接近距离（中心之间的距离）而闻名的 2.1Å（$1Å = 0.1nm$）的一半被认为是氢原子的占据空间半径，以空间填料率 74% 的半径 1.05Å 的球最密集充填时的体积作为试验计算，则为 $7.9cm^3/mol\ H^2$。另外，如果将半径作为碱土金属氢化物中 H^- 的平均半径 1.34Å 计算，则为 $16cm^3/mol\ H^2$。哪一个都是与上述横轴的切片值相似的值。

过渡金属生成金属氢化物时的体积膨胀，用表 5–8 所列的分子容积/原子容积之比表示，每个金属都不同，图 5–40 所示的分散关系也是直线，偏差很大，但是，如果不是进行这样的宏观分析，而是详细进行微观分析的话，1 个氢原子被吸收到晶格内时引起的晶格的体积膨胀，除稀土类金属以外的所有金属都为 $(2.6 \pm 0.5)\ Å^3$ 左右。稀土类金属会发生比该值大 50% 左右的膨胀。另外，实验证明，用于容纳氢原子的最小空隙半径为 0.4Å。

氢气以分子的形式存在比以原子的形式存在更稳定，但是进入金属晶格间空隙的氢原子被大大稳定化，因此会发生氢贮藏。形成晶格间氢原子的 1s 状态和金属的 d 状态等混合的氢诱导状态，通过将电子容纳在其中来实现稳定化。这一点通过软 X 射线光电子分光光谱和波段结构计算的一致来确认。

到目前为止，贮氢合金以能够在 273 ~ 373K 的温度下贮藏/放出 100 ~ 1000kPa 的氢气为条件，开发了具有代表性的合金。这不仅是为了储存和供给燃料电池用的氢气，这个温度–压力条件是实用的。另外，为了贮氢这一目的，单位体积及单位质量的氢量较大比较方便，如图 5–40 所示，自然会以接近原点位

置的金属为基材进行合金开发。实际上，作为常用贮氢合金的有 Mg_2Ni、$TiFe$、$TiMn_{1.5}$、$TiCr_{1.8}$、$LaNi_5$、$CaNi_5$、$ZrMn_2$、$Ti_{0.3}Cr_{0.3}V_{0.4}$ 等，La 以外比较接近图 5 – 40 的原点。接近原点的 Li 以及 Na，作为 $LiBH_4$、$LiAlH_4$、$NaBH_4$、$NaAlH_4$ 等络合物系氢化物，正在进行研究开发。Sc 由于资源的制约，缺乏合金开发的动机。

在历史上，Mg_2Ni 被开发得最早，最初的论文可以追溯到 1968 年。Mg_2NiH_4 的氢含有率为 $3.6mass\%$，与其他过渡金属的氢化物相比，氢含有率较高。与 Mg 单体的氢化物 MgH_2 的氢含有率 $7.6mass\%$ 相比，氢含有率减半，因此不是作为 Mg_2Ni 使用，而是多在 Mg 中添加 $10mass\%$ 左右的 Mg_2Ni 来使用。与 Mg 单体相比，具有活性化变得容易的优点。MgH_2 的平衡氢气压力在 560K 下终于达到 0.1MPa，因此这个高的温度拖了实用化的后腿。即使像 Mg_2NiH_4 那样进行合金化，也只能改善成从 560K 下降到 530K 的程度。近年来，将 Mg 及其合金封闭在多孔质材料中的研究有很多。如果将氢化物封闭在纳米级的微小空间中，就会变得不稳定，氢气释放温度会降低数十℃。使用的多孔质材料的代表是中孔碳和中孔二氧化硅。

$TiFe$ 合金最早发布是在 1974 年，也是日本开始阳光计划的一年。那一年就发生了"石油危机"。莱利等人用这种合金，以氢的形式储存剩余电力，在供需紧张时，进行了通过燃料电池发电进行供电的演示。之后，通过氢中的杂质水蒸气和氧气，得知了 $TiFe$ 的劣化，特别是在 300×10^{-6} 左右的 CO 存在下，由于数次氢的贮藏/释放循环，氢气贮藏容量几乎为零，因此，到大规模的实用化需要很长的时间。现在，通过大规模的球磨已经可以大量生产，初期活性化的困难和耐久性的不足等问题已经被克服了。

从 Ti 单体的氢化物 TiH_2 中取出氢气需要 1000K 左右的温度，但如果是 $TiFeH_2$ 则不需要加热。在立方晶的 $TiFe$ 中氢气所占的 Fe_2Ti_4 八面体空隙的体积为 8.786 $Å^3$，比六方晶的 Ti 单体的八面体空隙的 12 $Å^3$ 窄得多。也可以这么说，Ti 的 d 轨道和氢气的 1s 轨道的重叠当然支配氢的稳定性，与之近似，由于空隙体积变小，氢化物的稳定性下降，平衡向容易放出氢的方向移动。

接着，1976 年研究发布的是 $LaNi_5$，氢吸附成为 $LaNi_5H_{6.7}$。该合金是在开发 AB_5 型合金磁铁的过程中偶然发现的。其特征在于，即使氢中含有氧和水蒸气等氧化性杂质，$LaNi_5$ 的吸氢性能也很难下降，收容在罐中作为实验室用的氢供给源的应用正在盛行。另外，$LaNi_5$ 的修饰合金作为镍氢电池的负极被实用化，从 1990 年左右开始大量制造。根据 2002 年出版的论文，据说开发出了可以称为

LaNi$_5$ 类似系的 La – Mg – Ni 合金，超过 LaNi$_5$ 理论容量的 372mA · h/g，实现了 400mA · h/g 以上的高容量。

　　关于 ZrMn$_2$ 的第一篇论文于 1977 年出版，该合金在室温下吸附氢气时的等温线以及同时进行的热量测量的结果如图 5 – 41 所示。使用了在逐渐提高气相压力的同时对吸附平衡进行一点一点测量的方法，实验的变量为压力，其函数为固相的组成。等温线习惯于将横轴表示为组成，纵轴表示为压力，可能是仿照状态图或相图的描绘方法。H/ZrMn$_2$ 接近零的地方，以及超过 3.2 附近的地方，压力的变化很剧烈，分别在在合金中氢被固溶的相和氢化物相中只存在一相的

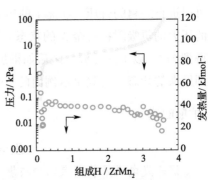

图 5 – 41　在 298K 的条件下 ZrMn$_2$ 的氢气贮藏时的平衡压与发热量

区域。在中间的组成领域，压力缓慢地变化，但是在上述的 Mg$_2$Ni、TiFe 以及 LaNi$_5$ 中报告了水平的实验结果。理想情况下是压力一定的区域，其压力 P 遵从式（5 – 31）。在该组成区域中，固溶的相和氢化物相共存，根据相律自由度为 1，因此一旦决定温度就决定了压力。发热量在最初的固溶区域显示出很大的变动后，基本持续一定值，从 H/ZrMn$_2$ 超过 3.2 附近开始显著减少。开始的谷状部分相当于金属网格转移的吸热，40kJ/mol 附近的值对应氢化物的生成热。实际上，从使温度变化得到的五条等温线中求出式（5 – 31），例如 H/ZrMn$_2$ = 1.5 时为 38.4kJ/mol，非常一致。这种 ZrMn$_2$ 合金中，Zr 的一部分置换为 Ti，Mn 的一部分置换为 Fe 和 Ni 时，晶格体积发生变化，晶格体积的增加和减少与氢气压力的降低和上升相对应。

　　此外，1998 年论文发表的具有代表性的 bcc 合金是 Ti$_{0.6-x}$Cr$_x$V$_{0.4}$（x = 0.3 ~ 0.35）。值得一提的是氢气贮藏量接近 3mass%。不过，减少钒量的变种存在反复贮氢释放耐久性低的问题。

　　在考察将贮氢合金作为氢压缩机和冷热发生材料使用时，图 5 – 42 所示的范特霍夫图很方便。如果存在 373K 的热源，

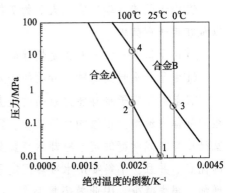

图 5 – 42　用于研究氢压缩机和冷热供应系统的假想合金 A 和 B 的范特霍夫图

在室温下使合金 A 吸附氢后，通过对其进行加热，可以进行 1→2 的升压。如果也可以使用 273K 的温度，将状态 2 的压力的氢传递给合金 B，之后加热的话，可以进行3→4的升压。状态 1 的压力变为 1000 倍。另外，如果将合金 B 的状态 3 的压力的氢吸附在合金 A 的状态 1 下，由于合金 B 在吸热反应中冷却，所以可以得到 273K 以下的低温。之后如果加热合金 A 引起 2→3 的氢气转移的话，就会回到原来的状态。这只是示例而已，贮氢合金的应用范围很广。

扩展阅读

发电机的冷却材料

涡轮发电机是将蒸汽涡轮或燃气涡轮的动能转化为电能的能量转换装置。发电机由铁心、定子绕组、转子绕组等组成。发电机容量越大，电流引起的绕组发热和交流磁场引起的铁心发热就越大。随着内部热量的增加，冷却方式也得到了发展。

涡轮发电机的冷却方式有空气、氢、水三种制冷剂，以及分别针对定子和转子的间接冷却和直接冷却两种方法。直接冷却是直接使制冷剂与电流通过的绕组接触而冷却的方式，间接冷却是由于绕组产生的热量会传递给周围的绝缘物和铁心等，所以使制冷剂与铁心接触而冷却的方式。直接冷却的结构变得复杂，但冷却能力大幅提高。

氢冷却与空气冷却相比，具有以下优点：

①氢气的密度约为空气的 7%，风损减少到空气冷却时的约 12%，因此能够提高高速机的效率。

②由于热传导率比空气大了约 7 倍，冷却效果好，所以可以减小冷却器，可以藏在定子框架内。

③由于氢气与空气相比是惰性的，因此绝缘物的劣化较少。

④由于是全封闭结构，异物的侵入消失，噪声明显减少。

目前对于定子冷却能力最高的是直接冷却的水冷却方式，使水能够在定子绕组的导体中流动，但结构变得复杂。氢间接冷却方式，作为附带设备，不需要水直接冷却方式所需的定子冷却水装置及其配管系统，具有提高运转性能和维护性的优点。并且，不需要用水冷却固定子绕组的中空铜线，由于导体的截面积可以增加，损失减少，因此效率提高[64]。另一方面，虽然可以用回转子的水直接冷却，但与定子相比，由于结构要复杂得多，所以没有被使用。因此，通过扩大氢冷却的适用范围，也有回归氢冷却的倾向。

氢气如果和空气混在一起的话有可能会爆炸，操作时需要注意。因此，正在研究设计不让空气进入内部的结构。其次要效果是抑制发电机的铁心、绕线、绝缘体等因空气的氧化劣化。另外，为了防止空气侵入和提高冷却性能，还提高了氢气的压力，但与大气压空气相比，还有抑制电晕放电的次要效果。但是，在相同的压力下，氢气比空气效果差。

日本最早采用氢冷却的是 1953 年建设的日立公司生产的东京电力潮田发电站 3 号机组，其输出功率为 55MW，其他参数为 11000V、50Hz、3000r/min。

4. 有机化学氢化物

有机化学氢化物（Organic Chemical Hydride，OCH）法是将氢作为通过与甲苯（TOL）等芳香族的氢化反应在分子中吸收氢原子的甲基环己烷（MCH）等饱和环状化合物，是以常温、常压的液体化学品的形态大规模储存运输的方法。在利用场所进行脱氢反应，产生所需量的氢气进行利用，同时将生成的甲苯返回制氢场所进行再利用。式（5－32）、式（5－33）表示氢化以及脱氢的反应式。另外，本方法的全套工序如图 5－43 所示。

$$\text{甲苯（TOL）} +3H_2 \xrightarrow{\text{氢化反应（氢储存）}} \text{甲基环己烷（MCH）} \qquad (5-32)$$

$$\text{甲基环己烷（MCH）} \xrightarrow{\text{脱氢反应 氢产生}} \text{甲苯（TOL）} +3H_2 \qquad (5-33)$$

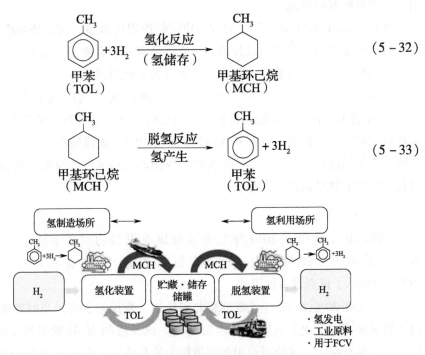

图 5－43　有机化学氢化物法的全套工序

之所以使用 TOL/MCH 系统，是因为它在 -95 ~ +110℃ 的大范围温度及常压下处于液体状态，因此不需要在地球上所有环境下维持液体的溶剂，并且由于汽油中含有较多的甲苯，所以全球产量大，大量采购比较容易，不会对市场价格产生太大的影响。

（1）特点

由于氢的爆炸界限界范围较宽，为 4.1% ~ 71.5%，因此在直接大规模储存运输的情况下，灾害等预想之外的因素潜在风险较大。由于本方法中利用的 TOL 和 MCH 是与汽油相同的危险物第 4 类，在常温、常压下为液体的化学品，因此具有将氢气大规模储存运输时的潜在风险降低到处理以往的汽油等石油产品时的风险的原理上的特点。

另外，在本方法中，可以将氢气作为 1/500 以下体积的液体 MCH 进行储存。为了使氢气的体积在物理上达到 1/500，需要 500 个大气压的压力，但是本方法通过利用化学反应，可以在常温、常压条件下实现同样的体积减容，储油罐和油轮等储存容器可以是大规模储存传统石油产品的常压用储存设备，可以转用传统的石油产品的基础设施。

TOL 和 MCH 在工业上是作为溶剂使用的通用化学品。TOL 是喷漆，MCH 是修正液、清漆等的稀释剂的成分剂，双方都是家庭中也使用的通用化学品。因为没有腐蚀性，所以不需要在储存罐等金属材料中使用特殊材料。

在 2017 年发表的氢气基本战略中，计划将氢大规模地用作火力发电燃料[65]。在将来氢作为发电燃料被大规模利用的情况下，像现在的石油储备一样，氢燃料的储备是必要的。TOL 和 MCH 即使长时间大规模储存，也不会发生化学变化，在长期储藏时，由于不伴随特别的能源消耗和氢气的损失，所以是能够应对长时间的大规模储藏的方法。

（2）技术开发。

千代田化工建设在 2014 年宣布通过试点设备的实证示范运行确立了技术[66]，并将该系统命名为 "SPERA 氢" 系统，目前正在推进其实用化。图 5 -44 显示了试点设备的照片。

该方法在 20 世纪 80 年代欧洲魁北克计划（参照第 3 章）当时就被提出，但由于缺乏能够在工业上长期实施作为氢气生成反应的 MCH 脱氢反应的催化剂，所以一直没有确立。该公司利用此前被称为最具活性组合的铂和氧化铝载体，开发出了将铂粒子尺寸分散到约 1nm 的纳米铂催化剂。

| a）反应部分 | b）储存部分 |

图 5-44　试点设备

为了使被现有的铂催化剂平衡限制的 MCH 的脱氢反应几乎能 100% 完全进行，需要 400~500℃ 的反应温度，MCH 等分解的碳质在铂表面析出的劣化反应（析碳反应）很明显。开发的催化剂的平衡转化率在 320℃ 及常压下几乎达到 100%，基于能够将脱氢反应进行到接近平衡转化率 100% 的转化率的高活性，通过抑制析碳反应可以获得连续 1 年以上的催化剂寿命。

（3）国际间氢气供应链实证

现在，据新能源·产业技术综合开发机构（NEDO）设立的下一代氢能源链技术研究组合（Advanced Hydrogen Energy Chain Association for Technology Development, AHEAD），有千代田化工建设、三菱商事、三井物产、日本邮轮 4 家公司参与策划，2020 年将在东南亚的文莱由天然气制造的最多 210t 的氢储存运输到日本的川崎市，作为发电燃料的一部分利用的世界领先的国际氢气供应链实证事业正在进行中[67]。

5. 无机氢化物

氢化物（Hydride）多数情况下是指金属的氢化物，也就是金属氢化物的简化用语。自从把甲基环己烷（MCH）看作氢载体后，就把 MCH 称为有机氢化物，以与此相呼应的形式，将无机络合物类氢化物、无机共价键氢化物等统称为无机氢化物。有时，有时也将碱金属氢化物这样的盐型氢化物包含在无机氢化物中。

无机共价键氢化物的代表例有二硼烷（B_2H_6）、氨（NH_3）、肼（N_2H_4）、氨硼烷（NH_3BH_3）、氢化铝（AlH_3）等，除了氢化铝以外，这些东西几乎不被称为氢化物。作为氢载体的研究开发近年来出现了极大的进展，但是，原本能否可逆且高效地进行氢的存取还存在着一定的未知数。

作为氢载体的 MCH，最近被简称为 LOHC 的情况越来越多。它是 Liquid Organic Hydrogen Carrier 的缩写，也应该翻译为有机液态氢载体。无机氢化物失去了用语上的对手，似乎会倾向于络合物系氢化物这一名称。

体系氢化物的代表例子有 $LiBH_4$、$NaBH_4$、$Mg(BH_4)_2$、$LiAlH_4$、$NaAlH_4$、$LiNH_2$、$NaNH_2$ 等。将金属的阳离子周围看作是被 $[BH_4]^-$、$[AlH4]^-$、$[NH2]^-$ 等配体包围的络合物，但也可以看作是 HBH_4、$HAlH_4$、HNH_2 等可以看作是氢酸的金属盐。在结晶中，$[BH_4]^-$、$[AlH_4]^-$、$[NH_2]^-$ 等离子形成骨架，在其骨架的间隙中收容有金属阳离子。在 LiH，NaH 等盐型氢化物中，在 H^- 作成的晶格的间隙中收容有 Li^+、Na^+ 等，在 $LiBH_4$ 和 $NaBH_4$ 的情况下，H^- 作成的晶格的间隙中不收容有 Li^+、Na^+、B^{3+} 等。Li^+ 以及 Na^+ 和 B^{3+} 是不平等的，B^{3+} 优先与氢结合的 $[BH_4]^-$ 形成晶体的骨架。这类似于复合氧化物和氧酸盐的不同。在钛酸钡 $BaTiO_3$ 和碳酸钡 $BaCO_3$ 的例子中，前者在 O^{2-} 作成的晶格的间隙中规则地容纳 Ba^{2+} 和 Ti^{4+}，成为钙钛矿结晶，在后者中，$[CO_3]^{2-}$ 形成骨架，在间隙中加入 Ba^{2+}。后者是碳酸（H_2CO_3）的盐，前者不是钛酸（H_2TiO_3）的盐，本来就必须改变称呼。

另外，金属络合物中有氢化物络合物（Hydrido-complex），是过渡金属和氢原子之间具有共价键的过渡金属络合物，历史上最早的报告例子是 $FeH_2(CO)_4$。氢化物络合物大多以 Pt、Rh 等贵金属为配位中心所持有，氢的含有率也是有限的，因此，几乎不会出现在氢能的语境中。

作为备受关注的络合物系氢化物的材料的氢密度见表 5-9。另外，将这些值与作为系统的氢密度的目标值以及代表性的达成值一起，如图 5-45 所示。系统的目标值是指收容储氢材料的容器和热交换系统，是考虑了阀门类等所有相关器材的值，接近原点的是 2015 年的目标值，其右上方的是终极目标值。由轻元素构成的 6 种络合物系氢化物位于终极目标值的右上方，蕴藏着可能性。另外，图 5-45 中的黑点是在燃料电池汽车 MIRAI 中，通过 70MPa 的高压氢气系统实现的。络合物类氢化物被视为氢载体的契机是在 $NaAlH_4$ 中加入钛催化剂的系统，通过固气反应释放氢的逆反应来吸收氢的发现。氢气释放反应由下式表示：

$$NaAlH_4 = 1/3Na_3AlH_6 + 2/3Al + H_2 = NaH + Al + 3/2H_2$$

像这样分 2 个阶段发生。最初的反应即使在 160℃ 下也会进行，但是生成第 2 段 NaH 的反应需要数百摄氏度的高温。关于氢气释放需要高温这一问题，对于位于图 5 - 45 目标值右上的络合物系氢化物来说，也是共同需要解决的课题。

表 5 - 9　络合物系氢化物的氢密度

	mass%	kgH_2/m^3
$LiNH_2$	8.8	103
$NaNH_2$	5.2	71
KNH_2	3.7	61
MgN_2H_4	7.2	99
$LiBH_4$	18.5	122
$NaBH_4$	10.6	115
KBH_4	7.4	87
$Mg(BH_4)_2$	14.9	221
$LiAlH_4$	10.6	97
$NaAlH_4$	7.4	94
$KAlH_4$	5.8	72
$Mg(AlH_4)_2$	9.3	102
Mg_3MnH_7	5.2	119
Mg_2FeH_6	5.5	150
Mg_2CoH_5	4.5	126
Mg_6Co_2H11	4	97
Mg_2NiH_4	3.6	98
$LaMg_2NiH_7$	2.8	109.5
$BaReH_9$	2.7	134

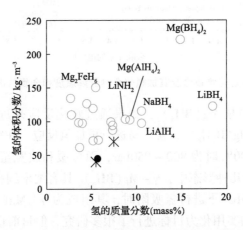

图 5 - 45　络合物系氢化物氢密度与系统氢密度的比较

　　$LiBH_4$、$NaBH_4$ 等被称为硼氢化物，在有机化学和电镀领域一直是作为还原剂常用的。作为氢载体受到关注后，$Zr(BH_4)_4$、$MSc(BH_4)_4$、$MZn_2(BH_4)_5$ 等过渡金属硼氢化物也越来越为人所知。M 中相当于多种多样的金属元素。另外，硼氢化物为了与氨和酰胺形成附加化合物，逐渐成为以硼及氮为基础的广泛的氢化物群的基干材料。图 5 - 46 显示，显示了硼氢化物单体（□）以及加氨化合物（■）的分解温度和金属的电负性的相关性。在这里，分解温度是在氢压力 0.1 ~ 0.5 MPa 下氢气释放最大的温度，图 5 - 46 中的虚线是对加氨化合物画出的最佳直线。以电负性 1.58 附近为界，在值低的领域中通过氨气附加分解温度下降，在值高的领域中氨气附加提高分解温度上升。例如，由于单体的 $Al(BH_4)_3$ 在 44℃ 下挥发，所以很难实用，但是通过添加氨作为 $Al(BH_4)_3 \cdot 6NH_3$ 使用的话，会稳定到 170℃ 附近，所以有应用的可能性。但是，除了需要在氢气中不让氨气混入这一点上下功夫之外，减少硼氢化物本身的危险性，以及确保可逆的氢储存等，还存在着诸多课题。

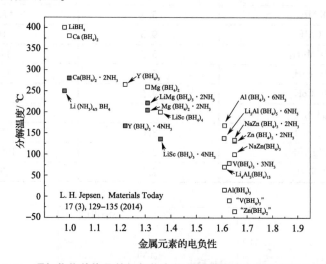

图 5 - 46　硼氢化物单体及其加氢化合物分解温度和金属的电负性相关性

　　研究进展最快的是 $Mg(BH_4)_2$，如果通过歧化反应来进行部分的氢释放反应，然后停止组成 $Mg(B_3H_8)_2$，就容易进行再加氢反应。在完全释放氢气时，再加氢条件在 400 ~ 500℃ 时为 800 ~ 950 bar，而可缓和放宽至 250℃、120 bar。另外，在 $Mg(BH_4)_2$ 的几种形态中，$\gamma - Mg(BH_4)_2$ 具有纳米细孔结构这一点尤为突出，在 -143℃、105 bar 下进行氢吸附时，其组成为 $\gamma - Mg(BH_4)_2 \cdot 0.8H_2$。虽然以络合物氢化物的实用化为目标进行了很多研究，但目前还尚未问世。

扩展阅读

氢动力汽车

氢动力汽车是对现有的汽油发动机和柴油发动机进行改良，以氢气代替化石燃料作为燃料行驶的汽车。关于氢发动机，早在 20 世纪 20 年代就开始了相关实验，从那以后，得到了诸多成果。氢的燃烧特性与烃类燃料有很大的不同，对燃料供给和开始燃烧的方法都有一定的限制。但是，基本上能够在传统发动机技术的延伸上控制燃烧，从而进行稳定的运行。

表 5 – 10 总结了氢气和碳氢化合物燃料燃烧特性的差异。

表 5 – 10 氢气与碳氢化合物燃料的燃烧特性

		氢（H_2）	甲烷（CH_4）	汽油（$C_{7.5}H_{13.5}$）	石脑油（$C_{16}H_{30}$）
自燃温度/℃		530 ~ 580	630 ~ 650	480 ~ 550	350 ~ 400
最小点火能量/mJ		0.02	0.28	0.25	—
可燃范围	（vol%）	4 ~ 75	5 ~ 15	1.4 ~ 7.6	0.6 ~ 5.5
	当量比	0.1 ~ 7.2	0.50 ~ 1.69	0.73 ~ 4.3	0.67 ~ 6.5
最大燃烧速度/（cm/s）		270 ~ 290	37 ~ 38	40 ~ 46	—
量论混合比（vol%）		29.6	9.5	1.9	0.89
理论燃比（kg/kg）		34.32	17.16	14.43	14.54
低位发热量（燃料）	（kcal/g）	28.8	12.0	10.8	10.3
	（kJ/mol）	241.2	806.0	4680	9574
低位发热量（kJ/mol）（混合气）		71.4	76.6	88.9	85.2
燃烧引起的摩尔数变化率		0.823	1	1.045	1058

由于氢气可燃范围广，可以实现稀薄燃烧，在低负荷下的热效率提高，进而大大降低氮氧化物的排放量。另外，与轻油相比，其自燃温度较高，难以纯压缩着火，但由于最小着火能量小，燃烧速度快；在火花点火方式中，燃烧变动得到抑制，燃烧时间缩短，因此有望进一步提高热效率。但是，在一般的预混合气吸气火花点火方式中，燃烧温度也很高，在高负荷下容易发生过快着火以及回火等异常燃烧，输出功率以及运转条件受到制约。并且，由于单位容积的混合气的发热量较小，所以同体积的发动机得到的输出功率比碳化氢系燃料小。

为了解决这些问题，德国宝马公司最近通过改进氢气与空气的比例以及点火系统等方法，克服了回火，开发出了以液体氢气为燃料的氢气发动机汽车。而且它还可以使用汽油燃料，是一款双燃料汽车，其续驶里程为700km以上。

采用预混合气吸气火花点火往复式发动机的缺点是，由于燃料所占体积大，可吸入空气量减少，与汽油发动机相比，输出功率低至60%左右。为了解决这一问题，日本马自达开发出了一种将燃料直接喷射到燃烧室的氢转子发动机汽车。原来转子发动机在结构上没有进排气门，因为低温的进气室和高温的燃烧室分开，所以可以实现良好的燃烧，也容易避免回火。另外，为了实现高功率化，利用进气流动大、喷射的燃料容易混合这一点，采用燃料直接喷射，并同时采用预混合方式，使氢燃烧保持在最佳状态。另外，东京城市大学和日野汽车在现有混合动力柴油货车的基础上，成功开发出配备氢燃料发动机的氢混合动力货车。在氢气混合动力货车中，通过使用增压器将混合气以高压推入燃烧室，确保了汽油发动机约90%的输出功率。如果进行过度增压的话容易发生回火，但是通过燃烧室各部的形状和点火系统的改进克服了这个问题。

6. 高比表面积材料

市售上以kg为单位可买到的炭黑，其比表面积为$1500m^2g^{-1}$左右，具有同等以上比表面积的材料被称为高比表面积材料。在高温下被水蒸气等激活的活性炭、碳纳米管、石墨烯等也被分类在此。氢吸附性能最常被研究的活性炭是AX-21。除了碳以外，可以举出BN、C_3N_4、BCN等层状物质和沸石、MOF（Metal Organic Framework）等多孔质材料。氢吸附在这些物质的表面，或者凝结在细孔内储存。

图5-47是碳六元环连接的平面上吸附氮和氢时的示意图。可以看作是表示石墨烯的表面、石墨的最表面等发生吸附时的情形。在比表面积的测定中，通常利用-196℃下的氮吸附。如图5-47a所示，由于1分子氮占有3个碳六元环填满了二维空间，所以六元环1个表面积$5.25Å^2$的3倍$15.75Å^2$与氮的单层（Monolayer）吸附量相乘，可以求出吸附介质的表面积。由于氮的三重键的共价键半径为0.54Å，所以氮分子的直径为1.08Å，实际的吸附受动态分子直径（Kinetic Diameter）的4.08Å控制。吸附在中心间距离为4.26Å的两个碳六元环正上方的氮分子，像相互催化改质之前那样排列。

氢分子的共价键半径为0.37Å，分子的直径为0.74Å，但动态分子直径较大，为3.74Å。如图5-47b所示，与基底整合吸附（Commensurate Adsorption）时，整

体组成为 C_6H_2，图中位于 "1" 位置的氢分子为：除了 "1" 的六元环之外，还承载在 "2" 和 "3" 的六元环上，是这样分配的，如果对其他位置的氢分子进行同样的分配，二维空间的全部就会被填满。氢 1 分子占有 3 个碳六元环，组成为 C_6H_2，乍一看似乎是不可思议的。"2" 和 "3" 的六元环的碳原子作为氢分子正下方的六元环的碳原子已经计数完毕，因此不会成为数量的追加因素。组成为 C_6H_2 时，氢的质量% 为 2.7%。石墨烯片不层叠而分散存在，如果其两面产生匹配吸附，则组成为 C_6H_4，质量% 为 5.3%。根据氢在石墨上二维凝聚时的中子线衍射实验，匹配的吸附层向密度为 1.126 倍的域相（Stripped Domain Phase）转移。这是物理吸附的上限，组成为 $C_6H_{4.50}$，质量密度为 5.9%。

图 5 -47c 表示氢气以原子状吸附时的情况，组成为 C_6H_6，氢的质量密度为 7.7%。如果要将碳材料作为储氢材料使用，则将氢解离为原子状是有利的。但是，氢气不会在碳材料上自然解离。用 Pt 或 Ni 等金属修饰表面，使氢在该金属上解离，将其扩散到碳材料上，使其落入势能的凹部使其吸附，这被称为溢出（外溢）。在碳六元环的情况下，碳原子的正上方是势能的凹部，但是凹部并不仅限于此。

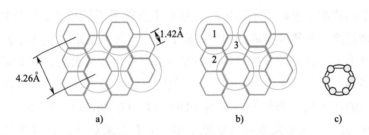

图 5 -47　在石墨烯上吸附的示意图

a）氮分子的吸附　b）氢分子的吸附　c）氢原子的吸附

自 1997 年以来碳纳米管和碳纳米纤维在 -196℃ 下异常吸附大量氢的报告相继出现，但现在，在未被金属修饰的材料中比表面积平均 1000m²/g 其质量密度为 2.34% 左右是当下的共识。另外，吸附热为根据实验结果估计为 6 ~ 8kJ/mol，作为物理吸附是典型值。如前所述，如果使用 1 分子氢的占有面积 15.75Å²，按照比表面积为 1000m²/g 的碳材料 1g 吸附 6.35×10^{21} 个氢分子来计算，氢的质量密度为 2.08%，如果进行上述的 1.126 倍的修正，则为 2.34%。由于碳六元环不是平面而是弯曲的，因此也显示出其特异的物理吸附能力，这样的理论计算也确实存在，但在实验中没有得到证实。另外，很多研究在 -196℃ 下进行的，这是因为如果使用容易得到的液氮对试剂进行冷却的话，温度就会达到 -196℃。

高比表面积材料可以在何种程度的低温下使用，例如在液化天然气的温度（-162℃）下是怎样的，这很可能会左右今后实用化的成败。

以美国能源部的项目为中心进行应用研究的 MOF 是一种由有机金属化合物制成具有规律的三维骨骼的多孔材料，也可以称为有机沸石。BASF 公司等以 kg 为单位大量生产。金属和配合体的组合几乎无限，可以根据意愿改变细孔直径和比表面积等。即使在 Al、Ni、Cu、Zn 等中心金属相对于氢处于隐藏的位置，或者处于能够吸附氢的位置（open metal site），氢吸附量也不会发生显著变化。这对于 MOF 不会产生外溢的说法是有利的。实际上，氢的吸附热为 7kJ/mol 左右，是物理吸附的典型值。虽然吸附热越大，达到最大氢吸附量的氢压越低，但吸附热并不会支配最大氢吸附量。

很多尝试将富勒烯、碳纳米管、活性炭等高比表面积材料和可以作为氢载体使用的化合物封闭在 MOF 的细孔中（nano - confinement）后发现了特异的吸附行为和吸氢/释放行为。例如，在被称为 MOF - 74 的骨架体所具有的相当圆直径 12 的一维通道中充入氨硼烷（NH_3BH_3）的复合体中，除了向真空的氢释放温度从 110℃降低到 80℃之外，氢气中不混入氨、硼烷、二硼烷等，氢的纯度提高。

通过金属修饰来吸收原子状氢的贡献的研究例子不胜枚举，但实际情况是，从实验和理论两方面研究得最好的单层碳纳米管，其氢吸附量与高比表面积的活性炭相比并不多。也有人认为局部曲率有利于原子状氢和表面碳的反应，但也有人认为石墨烯表面上几乎不会发生原子状氢的氢化。另外，也有理论认为，即使是具有曲率的纳米管，即使是平坦的 HOPG（Highly Oriented Pyrolitic Graphite），C - H 结合生成反应几乎发生在全部原子中。人们普遍认为，只有明确氢原子的贡献，才能开辟作为氢气储存材料的实用化道路。

5.4　氢气的运输

1. 长途海上运输

（1）氢的长途海上运输的意义

氢气是利用时没有二氧化碳排放的燃料，将来要求使用可再生能源作为它的一次能源。氢气不仅可以作为储存本地可再生能源的媒介使用，也可以成为世界上分布不均的可再生能源的国际性流通的媒介。

以阳光、风力等电力形式获得的输送可再生能源的手段首先是电力系统，其建设与将可再生能源的产地和消费地用线连接或以面覆盖是同义的。另一方面，船舶运输可以说是产地和消费地之间的点对点连接的运输方式，特别是在跨大陆的长途运输或以向日本这样的岛屿国家输送可再生能源为目的的情况下，实施可能性较大。

（2）氢的长距离海上运输方法

用于海上运输的船舶容积有限，为了有效运输氢气，提高体积能量密度是必不可少的。因此，与其说是氢的长途海上运输，其实可以说是 5.3 节中所提到的氢能源载体的长途海上运输。

从 2.4 节所列举的氢能载体中，列举出正在进行船舶运输研究的，以及有这种可能性的载体。在物质方面，虽然已经有船舶运输，但在能源资源运输方面，大型化和高效化等方面还有待解决。另外，除非另有说明，以下是目前行业的情况：

1）液化氢：川崎重工正在致力于研究开发和实证，以将澳大利亚褐煤制氢的船舶运输到日本的实用化为目标[70]。

2）无机氢化物：在 SIP（战略性创新计划）能源载体项目中，研究小组正在研究氨的长距离海上运输[71]。

3）有机氢化物：关于有机氢化物的一种甲苯 – 甲基环己烷（Tol – MCH），以千代田化工为中心的技术研究组合正在进行从文莱到日本的氢气船舶运输实证[72]。

4）碳氢化合物：虽然在使用过程中会产生 CO_2 排放，但由于可以利用现有的 LNG 和液态碳氢化合物运输基础设施，因此导入壁垒较低。

（3）氢的长途海上运输系统的构成实例

在此，以笔者在 2017 年发表的研究论文[73]为基础，介绍氢的长途海上输送系统的构成实例。另外，该论文是通过假定本文中介绍的设备构成的模型系统来进行对进口氢的成本进行评估的，因此，关于更详细的内容请参考论文。

笔者在成本评估时讨论的模型系统的结构如图 5 – 48 所示。这里正在进行利用液化氢、氨和 Tol – MCH 的氢的长途船舶运输的研究，都是将氢气转换成载体的形式装载到船上，通过海上运输后卸货，提取氢气，除去杂质后输送到需要的地方，但细节因载体的不同而不同。

1）从氢气制造到载体制造：在考虑氢的海上运输时，有必要研究一次能源与氢制造地、载体制造地、发货基地的关系。在模型系统内，从氢气制造地到载体制造地是通过管道进行输送的。

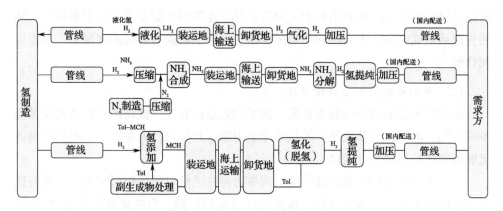

图 5-48 氢的长途海上运输模型系统构成图

2）使用液化氢的海上运输：在液化氢的海上运输中，首先将从制造地送来的氢用液化机液化，在此基础上进行暂时储存。在 5.3 节中提到，液化氢的储存需要高度隔热的储罐。液化氢通过具有隔热罐的液化氢油轮进行海上运输，与装卸地一样在卸货地临时储存后，经气化、加压后通过管道送出。液化氢在液化的过程中杂质被除去，因此不需要精制。

3）使用氨的海上运输：在使用氨的海上运输中，首先将通过分离氢气和空气制成的氮气导入氨合成装置。在氨合成过程中使用哈珀－博世法在 2017 年是很普遍的。气体氨通过压缩冷却被液化，暂时储存在液化氨储罐中，然后由氨气油轮进行海上运输。在卸货并暂时储存后，模型系统将通过催化反应分解氨提取氢气，经过提纯精制后输送给需要者。

以氨气为例，由于氨是剧毒物质，因此目前正在研究一种不从卸货地附近排出，省去分解过程，直接作为火力发电用燃料燃烧的方式。这种情况下不需要分解、精制过程。

4）使用 Tol－MCH 的海上运输：在甲苯中添加氢气，将甲基环己烷作为氢气载体进行海上运输时，氢气被引入加氢装置与甲苯化合。甲基环己烷在暂时储存后，通过化学油轮进行海上运输。卸货后暂时储存，在脱氢设备中分解为甲苯和氢气，氢气根据需要被提炼后输送出去。脱氢后的甲苯由运送甲基环己烷的船只送回制氢地，除去杂质后再次使用。该运输方式的特点是具有甲苯送返过程。另外，为了设备的适当运用，需要对甲苯进行初期负载。使用 Tol－MCH 进行海上运输的优点是可以使用处理液体碳氢化合物（碳化氢）的设备。

2. 陆上运输

氢的输送根据氢的制造方法、利用方法以及供给地与需求地的距离，有多种方法可供选择。虽然基于高压和液化的运输已经得到普及，但近年来还在研究使用有机氢化物等氢气载体的运输。

高压运输是很早以前就普及的技术。在少量使用的情况下，可以使用钢制容器（气罐）或捆绑气罐的车斗进行运输，而在大量使用的情况下，可以使用搭载了 20 个细长容器的氢气拖车进行运输（图 5 - 49）。一般以 19.6MPa 的压力充入。近年来，用于加氢站的采用 FRP 复合容器的 45MPa 型加氢拖车也投入使用。

a)　　　　　　　　　　　　　　　b)

图 5 - 49　高压氢输送方法[74]

a）氢气拖车　b）高压氢气拖车

用液化氢运输时，由液化氢工厂用专用货车运输（图 5 - 50）。日本国内主要的液化氢工厂有三个，从这三个工厂向全国输送液化氢（图 5 - 51）。由于液化需要能源投入，所以工厂不大量生产是不划算的。液化氢在 - 253℃ 的极低温下，为了防止热量侵入蒸发，采用双层隔热结构，也就是所谓的用保温瓶这样结构的容器进行运输。虽然多少会有热量侵入，但在通常的操作中，容器内压力不会上升到需要在运行中释放蒸发气体的程度。利用液化氢进行运输，一次可运送约为高压氢气拖车运输的 10 倍的量。因此，它的运输效率高，大量使用时多使用液化氢。

图 5 - 50　液化氢工厂与液化氢货车[74]

Hydro Edge 有限公司.
（大阪府堺市）

岩谷天然气有限公司千叶工厂
（千叶县市原市）

山口液氢有限公司（山口县周南市）

图 5 - 51　日本国内的液化氢工厂

像城市煤气一样通过管道输送氢气，欧美长期以来就在进行。长途管道网的构筑，长度达数千千米（图 5 - 52）。在日本，只是在集团公司内的邻近工厂之间进行。虽然在北九州市和山口县周南市进行了实际试验，但还没有正式普及。
关于管道运输的详细内容，请参照下文内容。

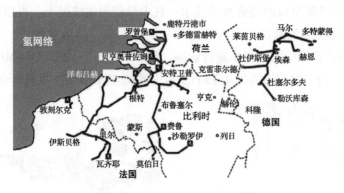

图 5 -52　欧洲氢管线的实例[75]

贮氢合金的体积氢密度与液化氢不相上下，均可以在低压下大量储存。但
是，目前贮氢合金的重量氢密度仅为1%～2%左右，重量非常重，因此不适合
运输。为了将其用作氢的输送方法，需要进行轻量的材料开发。

甲基环己烷这种有机氢化物可以在常温状态下运输，因此可以使用与汽油等
石油类同等的基础设施。另外，高压容器和隔热容器也不需要。但是，在使用场
所需要脱氢（制造氢气）的设备，并且还会产生残留物。近年来，在提高脱氢
技术和作为氢气供给系统的研究等方面取得了进展，作为将来大量氢气输送方法
之一备受期待。

此外，还在研究氨和甲酸的运输。这两种都可以在常温下运输，但由于被指
定为有毒气体和危险品，而且即使再少量也会对燃料电池元件产生不良影响，因
此需要谨慎操作。另外，这些作为氢载体到目前为止还没有被设想过，还需要相
关法规的支持。

氢的输送方法各有长短，可根据使用量、需要的纯度以及不同的用途来进行
选择。另外，由于氢是可燃物，海底隧道和长途隧道等场合对运输汽车的通行进
行限制。预计今后对氢气的需求将不断增加，因此在追求更高效、更低成本的运
输方法的同时，也需要放宽通行的相关限制。

3. 管道运输

在陆上输送大量氢气时，还可以使用管道。欧美已经铺设了大规模、长距离
的氢气输送管道和高压氢气管道。全球氢气管道的总长度约为5300km，管道口
径为100～300mm，一般在7MPa以下运行作业。不过，它们大部分都是为了作

为原料在工厂之间输送而设计的。在日本，虽然也在厂区内铺设了低压氢气管道，但除了厂区，实际应用情况并不理想（缺乏实际成果）。构筑向多数需求方配给提供氢气的网络是今后的课题。在 2014 年 6 月由资源能源署发布的氢燃料电池战略发展蓝图中提到，从 2030 年左右开始纯氢型燃料电池将普及，向该燃料电池供应的氢管道将有地区限定。目前，在日本数个地方正在进行实证工作。

据悉，输气管供气是从向煤气灯供气开始的。之后，燃气开始用于家庭用热需求，才正式普及。由于供应稳定、清洁、方便，加上相应热量的输送成本低廉，城市燃气管道得以发展。铺设管线需要初期投资，但超过一定的需求密度后，输送成本比其他能源变得便宜。这就是输气管道的优点。输汽管道的优点和缺点如下：

1）优点：①能量损耗少（据估算，相对于压缩氢气的 0.86，氢气管道为 0.91）；②不需要精炼提纯；③在日本国内工厂内取得了很多成绩；④能够提供稳定的供给。

2）缺点：①工厂用地以外缺乏实际业绩；②安装、设备的初期成本大；③通往偏远地区的运输困难。

也可以通过现有的城市燃气管道输送纯氢。城市燃气管道由钢管和聚乙烯管制成，在低于常温时 1MPa 的中低压下使用时，几乎不会发生氢脆现象。聚乙烯管的厚度也以 mm 为单位，几乎没有氢透过的危险。另外，阀门、接头（口）等也不会对氢气气密性产生影响。这些在 2005—2007 年实施的"氢气供给系统安全性技术调查事业"中得到了证实。

另外，氢在单位体积的标准下的高位发热量是甲烷的约 1/3，虽然担心输油管的热量输送流量会降低，但由于氢气重量轻，与管壁摩擦产生的压力损失小，可以实现与天然气基本相同的输送。天然气的主要成分甲烷和氢气的主要物理性质评价见表 5 – 11。

表 5 – 11　甲烷与氢的主要物理性质评价

项目	单位	氢	甲烷
分子量	—	2.0158	16.043
密度（常压，20℃）	kg/m³	0.0838	0.651
黏度（常压，20℃）	μPa·s	8.8	10.8
扩散系数（常压，20℃，空气中）	m²/s	0.61×10^{-4}	0.16×10^{-4}
高位发热量	MJ/Nm³	12.8	40.0

（续）

项目	单位	氢	甲烷
低位发热量	MJ/Nm³	10.8	35.9
燃烧范围	vol%	4～75	5～15
最小点火能量	mJ	0.02	0.28
燃烧速度	m/s	2.65	0.40
隔热火焰温度	℃	2105	1942

氢的燃烧范围很广，最小点火能量也很小，处理时需要注意。但是在管道中为了用气体进行输送，单位体积基准的能量密度很小，在管道中存在的氢中，由于能量非常小，所以在本质上是安全的。

5.5 氢气的利用

1. 化学工业原料（石油精炼）

在石油精炼中，在燃料制品等的制造中，大量的氢气被制造和利用。在石油炼制中，氢化炼制几乎是所有燃料制品制造的重要工艺（图5-53）。

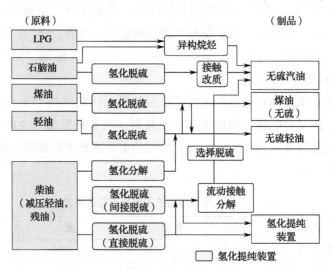

图5-53 水蒸气改性工艺流程

氢化脱硫是如下化学方程式所列将石油馏分中的有机硫化合物与脱硫催化剂催化改质，转换成碳氢化合物和硫化氢，从而去除硫的过程。

$$R - S - R' + 2H_2 \rightarrow R - H + R' - H + H_2S$$

硫化氢通过气液分离回收到气相侧，液相侧成为燃料基材。原料馏分越重质，硫化合物的分子量和结构就越复杂，因此分子骨架的转换和分解也就越必要，脱硫条件也就变得更加苛刻（高温、高压、长催化时间）。因此，越重质馏分的氢消耗量越大，煤油、轻油馏分脱硫的氢消耗量为 $10 \sim 60Nm^3/kL$，而重柴油脱硫可达 $100 \sim 250Nm^3/kL$。

氢化分解是将减压轻油等的重质馏分与氢化分解催化剂催化改质，在消耗氢气的同时进行分解，从而转换为轻油或石脑油馏分的过程。与热分解油相比，分解生成油是不饱和成分和硫含量较少的高品质轻质馏分。另外，剩下的油也正在进行氢化和分子结构的转换，因此也可用于润滑油基础油。

氢气来源分为两种，一种是作为目的产物制造氢气的氢气制造装置，另一种是在制造燃料的过程中制氢的催化改质装置。在氢气制造装置中，从 LPG 和石脑油中通过水蒸气改质法制造所需量的氢气。另一方面，催化改质装置从重质石脑油中提取制造高辛烷值汽油时产生的副产品氢气。在石油精炼中，将优先利用从催化改质装置得来的副产品氢气，以对应不足部分的形式启动氢气制造装置。

日本国内炼油厂的氢气平衡情况见表 5 - 12。制氢能力为 185 亿 Nm^3/h，而消耗量为 142 亿 Nm^3/h。氢气制造装置的能力为 100 亿 Nm^3/h，而实际运行情况估计为 57 亿 Nm^3/h，剩下的 43 亿 Nm^3/h 是氢气供给余力。预计这一产量相当于 590 万辆 FCV 的 1 年氢气使用量，显示出石油产业的氢供给潜力之大。

表 5 - 12　炼油厂的氢气产生量和氢气消耗量（2010 年）（亿 Nm^3）[77]

装置	氢产生量	
氢制造	100（实绩 57）	合计 185
接触改性	85	
装置	氢消耗量	
石脑油、煤油、轻油脱硫	52	合计 142
氢化分解	19	
重柴油脱硫（间接脱硫）	33	
重柴油脱硫（直接脱硫）	38	
氢制造余力		43

2. 化学工业原料（氨合成）

氨气合成化学方程式如下所示：

$$N_2 + 3H_2 \rightleftharpoons 2NH_3$$

在氨气制造中，水蒸气改质法是主流。原料氮气从空气中吸收，将氮气量调整为氢气的 1/3。另一方面，氢气是以天然气、石脑油、煤、石油焦炭、使用过的塑料等这些碳氢化合物为原料，采用部分氧化或水蒸气改质法制造氢气。

（1）以碳氢化合物为原料的氢气制造方法

水蒸气改质法是通过脱硫，使天然气中石脑油程度的轻质碳氢化合物在镍催化剂的存在情况下，与水蒸气在高温下反应，改质生成以氢气和一氧化碳为主要成分的气体。这被称为一次改质工序。一次改质炉的出口温度为 700～750℃。一次改质催化剂被充入多个反应管中，通过燃烧器将改质反应的吸热进行焙烧来促进改质反应。这样一次改质的煤气中还残留着原料碳氢化合物，所以通过供给空气使得碳氢化合物的一部分燃烧，利用燃烧的热进一步进行水蒸气改质。这道工序被称为二次改质工序。二次改质炉的催化层出口温度超过 1000℃，通过热量回收得到高压蒸汽。

（2）原料气体（煤气）的精制

通过水蒸气改质和部分氧化制造的原料气体中除了主要成分氢气之外，还含有一氧化碳、二氧化碳等。一氧化碳与水蒸气反应，转化为氢气和二氧化碳，在后续的工序中，二氧化碳被排出系统外。

1）一氧化碳的转化：一氧化碳在催化剂的存在下，在 200～500℃ 与水蒸气发生反应，使其转化为氢气和二氧化碳。该反应被称为 CO 转化反应：

$$CO + H_2O \rightleftharpoons CO_2 + H_2$$

2）二氧化碳的除去：由于二氧化碳在氨合成中不需要，所以通过脱碳酸工艺除去。除去二氧化碳的方法有使用热碳酸钾溶液、乙醇胺溶液等的化学吸收法和使用甲醇等的物理吸收法：

$$K_2CO_3 + CO_2 + H_2O \rightleftharpoons 2KHCO_3$$

该工序由在高压、低温下吸收二氧化碳的吸收塔和在高温、低压下释放二氧化碳的释放塔完成。散放使用蒸汽加热。另外，通过 PSA 和 TSA 进行的氢气精制一般为 5000m³/h 左右，对于需要超过 30000m³/h 氢气精制量的氨工厂，则采用化学吸收法。

3）最终精制工序：通过脱碳酸工序精制的气体中，残留着微量的一氧化碳和二氧化碳。这些在氨合成上是有害的物质，所以必须进行无害化处理。在催化剂存在的情况下，将其与主要成分氢气反应，使其转化为甲烷，使其无害化。这种反应被称为沼气化（方法）或甲烷化作用：

$$CO + 3H_2 \rightarrow CH_4 + H_2O$$

$$CO + 4H_2 \rightarrow CH_4 + 2H_2O$$

（3）氨气的合成

氨气的合成过程如图 5 - 54 所示，得到氢气和氮气（组成 3:1）的混合气，通过压缩机升压到合成压力，供给合成塔。合成催化剂以铁系为主要成分，压力为 80～300atm，温度为 400～500℃，得到的氨气经冷却后液化，作为液化氨从合成装置中抽出。

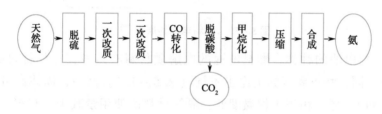

图 5 - 54　氨的合成过程

3. 固定用燃料电池

应对全球变暖，减少大气中的 CO_2 已成为长期课题，向氢气社会的过渡作为解决这一难题最有力的手段而备受期待。燃料电池与氢的相容性好，能够高效地将氢的能量转换为电能，作为构成氢气社会的关键元件，被定位为向氢气社会过渡的领头一步。

燃料电池在 19 世纪 30 年代由英国的格罗夫试验成功，20 世纪 60 年代开始应用于航天，20 世纪 90 年代应用于固定用途，另外，从 20 世纪 90 年代开始正式开发用于汽车和家庭，用途不断扩大发展至今。本节介绍固定用燃料电池的开发和普及情况。

（1）燃料电池的概要

1）燃料电池原理。燃料电池由燃料极和空气极夹着电解质的单元构成，通过在电解质中自由移动的离子，燃料和空气发生反应，从而获得电流。图 5 - 55 显示了以氢为燃料，质子为介质离子时的反应流程。为了获得发电容量，在多层上增加单元个数，因此称为单元堆叠。在现有发电机的技术应用中，通过燃烧将燃料的化学能转化为热能，再通过涡轮旋转的机械能转化为电能，进行了多段能量转换；与各种能量转换中产生的损耗相比，燃料电池以氢气等为燃料，可以从化学能源直接转换为电能，从本质上来说是一种高效率的结构。因为氢作为燃料，可以实现高发电效率，所以作为氢气社会的发电装置备受期待。

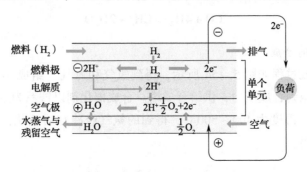

图 5 – 55　燃料电池的原理[78]

2）燃料电池的种类。燃料电池的电解质材料有多种，每种材料的燃料、工作温度不同，特点和目标用途也不同（表 5 – 13）。其中，固体高分子型燃料电池（PEFC 型）由于工作温度低、隔热材料的使用量减少，有望实现小型化、低成本化。与汽车一样，家用燃料电池的开发正在加速，并已投入实际应用。另外，固体氧化物型燃料电池（SOFC 型）的工作温度越来越低，在保持高效率的同时，实现了小型化和低成本化，这与近年来的家用和商用的开发和实用化密切相关。

表 5 – 13　燃料电池的种类

燃料电池种类		固体高分子型（PEFC）	固体氧化物型（SOFC）	磷酸型（PAFC）	熔融碳酸型（MCFC）
电解质		阳离子交换膜（氟化乙烯树脂）	陶瓷	磷酸	锂 + 碳酸钾 锂 + 碳酸钠
介质离子		H^+	O^{2-}	H^+	CO_3^{2-}
工作温度		80 ~ 120℃	600 ~ 1000℃	190 ~ 200℃	600 ~ 700℃
反应式	燃料极	$H_2 \rightarrow 2H^+ + 2e^-$	$O^{2-} + H_2$ $\rightarrow H_2O + 2e^-$	$H_2 \rightarrow 2H^+ + 2e^-$	$CO_3^{2-} + H_2$ $\rightarrow H_2O + CO_2 + 2e^-$
	空气极	$1/2\,O_2 + 2H^+ + 2e^-$ $\rightarrow H_2O$	$1/2O_2 + 2e^-$ $\rightarrow O^{2-}$	$1/2O_2 + 2H^+ + 2e^-$ $\rightarrow H_2O$	$1/2O_2 + CO_2 + 2e^-$ $\rightarrow CO_3^{2-}$
	全体	$H_2 + 1/2\,O_2 \rightarrow H_2O$			

（续）

燃料电池种类	固体高分子型 （PEFC）	固体氧化物型 （SOFC）	磷酸型 （PAFC）	熔融碳酸型 （MCFC）
主要用途	·家庭用 ·车载用 ·紧急用	·家庭用 ·商用 ·生产用	·商用 ·生产用 ·紧急用 （备用电源用）	·生产用 ·紧急用
发电效率（LHV）	33% ~44%	45% ~60%	40% ~48%	44% ~66%

3）燃料电池的政策动向。由东日本大地震引发的能源形势变化中，燃料电池因推进节能和确保能源安全的作用而被期待，2014 年 4 月被日本国务会议决定的能源基本计划中，燃料电池的普及被提及。在家用燃料电池方面，2030 年的普及数量目标为 530 万台，530 万台大约相当于国内家庭总数的一成。以这样的普及为目标，氢燃料电池战略协会在 2016 年 3 月修订了氢燃料电池战略路线图，将包含安装工程费在内的终端用户负担额的目标定为 2019 年 PEFC 型达到 80 万日元，2020 年 SOFC 型达到 100 万日元。这相当于终端用户需要 7 ~8 年才能收回投资费用。在实现上述经济自立之前，PEFC 型到 2018 年为止、SOFC 到 2020 年为止，国家将给予补贴。

另外，在商用和产业用方面，该发展蓝图中设定的目标是 2017 年将 SOFC 型产品推向市场。

（2）家用燃料电池（ENE·FARM）

ENE·FARM 是将发电同时产生的热量用于热水供应的家用燃料电池热电联产系统，从 2009 年开始在世界上率先上市销售。先是 PEFC 型开始上市销售，2011 年还增加了 SOFC 型。

1）燃料电池的构成。图 5 - 56 示出了 PEFC 型 ENE·FARM 的结构，并对其工作原理进行了说明。系统由发电单元、储水单元和备用热源机构成，发电单元由燃料处理单元、电池组、逆变器和热量回收装置组成。

供应给家庭的燃料是城市煤气（主要成分甲烷）和 LPG（主要成分丙烷），通过燃料处理装置将这些碳氢燃料转换成氢气。如图 5 - 57 所示，燃料处理装置由改质催化剂、转化催化剂和选择性氧化催化剂构成，高效地将氢气转换为氢气的同时，把在 PEFC 型电池组中阻碍反应的一氧化碳控制在规定数值以下。

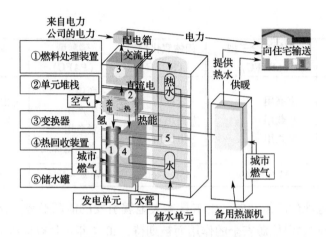

图 5 –56　ENE·FARM 的构成

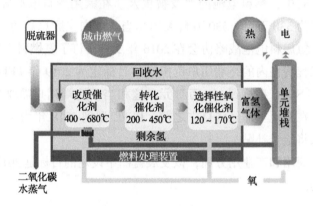

图 5 –57　燃料处理

改质反应（约650℃）（以甲烷为例）：

$$CH_4 + 2H_2O \rightarrow 4H_2 + CO_2 \qquad (5-34)$$

$$CH_4 + H_2O \rightarrow 3H_2 + CO \qquad (5-35)$$

转化反应（约250℃）：

$$CO + H_2O \rightarrow CO_2 + H_2 \qquad (5-36)$$

选择性氧化反应（约150℃）：

$$CO + 1/2O_2 \rightarrow CO_2 \qquad (5-37)$$

由燃料处理装置生成的改质气体（富氢气体）如上述反应，是含有二氧化碳的氢气。另外，反应式（5-37）使用的是空气，因此也含有氮，其构成如下：

H_2:70%，CO_2:20%，CH_4:3%，N_2:7%，CO:若干（10^{-6}量级）

甲烷、二氧化碳和氮气在 PEFC 型单元堆叠中不参与反应，不需要进一步的氢精炼提纯工艺。

2）改质反应。根据式（5-34）、式（5-35），该反应所需要的水是通过发电时的化学反应和之后的燃烧反应产生的水在系统内部循环使用的（称为水自立），水自立是系统设计的重要因素。另外，为了防止这些催化剂的劣化，在燃料处理装置的上游设置脱硫器，以去除燃料中含有的硫成分（杂质和燃料中添加的除臭剂）。

得到的富氢气体供给到电池组，与空气反应获得电。

燃烧电极：$\qquad H_2 \rightarrow 2H^+ + 2e^-$ $\qquad\qquad$（5-38）

空气电极：$\qquad 2H^+ + 1/2O_2 + 2e^- \rightarrow H_2O$ $\qquad$（5-39）

电池组不使用供给的全部氢气，为了发电的稳定化和单元的耐久性，保持燃料利用率为 70%～80%。从电池组排出的燃料尾气（阳极尾气）返回燃料处理装置，未反应的氢气和甲烷在燃料处理装置内燃烧，燃烧热用于吸热反应（即改质反应）的温度保持。从燃料处理装置排出的最终废气是二氧化碳和水蒸气。

另一方面，在 SOFX 型的情况下，添加氢后一氧化碳也会变成燃料。

燃烧电极：$\qquad O^{2-} + H_2 \rightarrow H_2O + 2e^-$ $\qquad\qquad$（5-40）

$\qquad\qquad\qquad O^{2-} + CO \rightarrow CO_2 + 2e^-$ $\qquad\qquad$（5-41）

空气电极：$\qquad 1/2O_2 + 2e^- \rightarrow O^{2-}$ $\qquad\qquad$（5-42）

不需要 PEFC 型中的转化反应、选择性氧化反应，燃料处理被简略化，另外电池堆的工作温度约为 700℃，与改质反应式（5-34）、式（5-35）相近，因此实现燃料处理和电池堆一体化（称为热模块，或者热盒）（图5-58）。

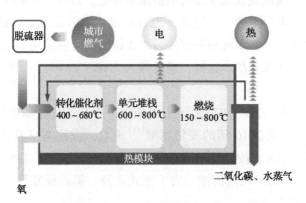

图 5-58　SOFC 热模块的构成

得到的电为直流电，通过逆变器转换为家庭使用的交流电（200V，50Hz/60 Hz），连接到家庭内的布线网（称为系统互联），与传统的电同样使用。随着一系列反应而产生的热量，通过热量回收装置加热自来水而被回收，并被储存在储水罐中。

设备规格见表 5－14。PEFC 型综合效率高，以热利用为优先，按照蓄热主导、发电辅助的运行策略，通过储水罐容量 140L 的蓄热停止发电，大概每天进行一次启动/停止。另一方面，SOFC 型发电效率高，以发电为优先，按照发电主导、蓄热辅助的运行策略，储水罐容量为 28L，蓄热后通过散热器散热，基本实现连续运行。

表 5－14　ENE·FARM 的规格

种类	PEFC 型	SOFC 型
发电功率（AC）	700W	700W
额定发电效率	38%～39%（LHV）	529%（LHV）
额定综合效率	95%（LHV）	87%（LHV）
发电机组尺寸	400mm×400mm×1750mm	780mm×330mm×1195mm
发电机组质量	65kg	106kg
气体种类	城市燃气 13A，LPG	城市燃气 13A，LPG
储水罐容量	140L（储水单元内）	28L（发电单元内）

ENE·FARM 不是满足家庭的所有用电需求，而是通过连接现有的系统来供电，和以前一样通过设置在家庭内的插座来用电。另外，发电输出功率随家庭负荷变动，采用了不恒定输出的设计（也有额定功率恒定运行的模式）。在热水利用方面，储水罐中的热水可根据家庭需求在厨房和浴室使用。使用备用热源机组合，也不用担心热水耗尽。这样，通过导入 ENE·FARM，就可以像以往生活一样使用电和热水。

3）导入业绩。ENE·FARM 上市以来，2017 年 5 月全国累计销量达到 20 万台（图 5－59）。从 2016 年的发货明细[81]来看，按种类来看，PEFC 占 60% 以上，SOFC 不足 40%；按燃料种类来看，城市燃气占 97%，LPG 占 3%。

4）为扩大普及采取的措施。为了正式普及，提高设置性、提高经济性、充实附加价值被列为课题。

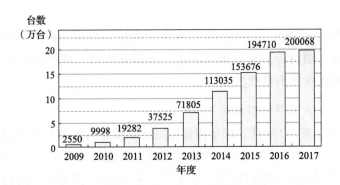

图 5-59　ENE·FARM 的普及台数

目前，ENE·FARM 以独立住宅为中心进行销售，从新建住宅开工件数中独栋住宅与集合住宅的比例来看，日本全国为 55%，东京都内 78% 为集合住宅（2016 年住宅开工统计）。对集合住宅的诉求成为普遍的课题。集合住宅与独栋住宅相比，每户住宅的外围部分较少，设置场所的限制严格，另外，在集合住宅中设置时，需要提高抗震性、抗风性，并准备多种排气方法。目前开始销售可安装在以往传统热水器的配管空间内的面向集合住宅的 ENE·FARM，希望今后通过进一步缩小安装空间来向集合住宅提出诉求。另外，即使在独栋住宅，也需要有与现有的热水供应设备和空调室外机同样的设置性。特别是在首都圈等城市地区，建筑物和用地边界的空间受限，目前正在谋求包括维护空间在内的设置空间的狭小化，以及能够轻易地避免窗户、污水、雨水等建筑物周边设施的设置灵活性的改善。

在提高经济性方面，除降低设备本体成本外，推进降低安装工程费以降低用户的总成本负担也非常重要。运输、搬运、基础工程、配管和排污处理相关的土木工程、布线工程的简化就是这一点。另外，SOFC 型已经开始了降低初始成本和提高运行优点的措施，包括在现有的热水器上只安装发电单元本体，并开始提供部分剩余电力的收购服务等。

在附加价值方面，以下介绍网络连接服务和弹性功能的方案。通过网络连接，可使用智能手机应用程序，从外出的地方获取能源消耗情况，并可远程控制浴室、地板采暖、发电等服务。另外，还可为施工、维护公司提供远程设备检查功能，通过 IoT 化，在提高用户满意度的同时，还可降低作业费用等成本。另外，作为弹性功能，还可选择性搭载停电时继续发电功能，停电时可通过专用插座供电。即使在 ENE·FARM 停止运转时出现停电，也可通过市面上销售的蓄电池或发电机等 AC100V 电源启动 ENE·FARM。今后还将继续完善这些功能，扩大普及范围。

家用燃料电池 ENE·FARM 自 2009 年开始销售以来，实现了世界上史无前例的普及数量，期待今后正式普及的进一步进化发展，在提高顾客满意度的同时，为提升环保性做出贡献。

（3）商用、产业用燃料电池

截止到 20 世纪 90 年代，固定用燃料电池主要是商用和产业用燃料电池的开发，PAFC 型、MCFC 型和 SOFC 型的开发也在推进，20 世纪 90 年代后期 PAFC 型 100kW 燃料电池已实现商用化。近年来，SOFC 型以多种方式进行商用和产业用的开发，包括应用于家庭用开发的单元堆栈，以及大规模输出功率达到与火力发电厂同等以上的高发电效率等。

与燃气发动机和燃气涡轮机相比，SOFC 型在小功率区域（数十千瓦以下）的发电效率更高，在环保性和经济性方面具有优势。另一方面，在大功率领域（数十千瓦以上），燃气发动机和燃气涡轮机的效率接近燃料电池，但通过将燃料电池与涡轮机等复合，发电效率将进一步提高，具有优势。

1）商用小型燃料电池。从氢燃料电池战略发展蓝图中被确定为市场投入时间的 2017 年开始，商用小型燃料电池开始销售并接受订单。表 5-15 列出了系统的规格。经过反复进行实证评价，在积累运行实绩的同时，确认实际使用的导入效果。也有将先前的家庭用的单元堆栈堆叠成系统的模型，其基本构成、原理与家用相同。

表 5-15　商用小型燃料电池规格

发电功率	3kW	4.2kW
额定发电效率	52%（LHV）	48%（LHV）
额定综合效率	90%（LHV）	90%（LHV）
尺寸	1150mm×675mm×1690mm	1880mm×810mm×1780mm
质量	375kg	780kg
气体种类	城市燃气 13A	城市燃气 13A

2）商用大型燃料电池[82]。为了提高大型燃料电池的发电效率，正在开发与燃气轮机配套的"混合动力系统"。

"混合动力系统"是 SOFC 和小型燃气轮机（MGT）的两阶段发电系统，其系统组成如图 5-60 所示。将作为燃料的城市燃气通过脱硫器导入 SOFC 模块，含有未反应燃料的尾气部分重回阳极循环，剩余部分通过 MGT 燃烧。空气通过

MGT 升压升温后导入 SOFC 模块，未反应部分在 MGT 中用于燃烧。SOFC 模块中未反应的燃料通过 MGT 用于发电，发电效率为 55%（LHV），是高效率的设计。它的目标规格见表 5-16。

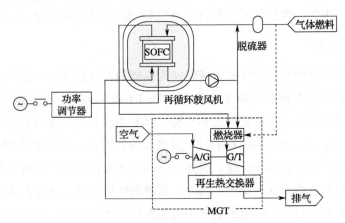

图 5-60　混合动力系统组成

表 5-16　混合动力系统的目标规格

项目	商品化时目标
AC 发电功率	250kW
AC 发电效率	55%（LHV）
综合效率（用温水排热）	55%（LHV）

该系统从 2012 年开始接受 NEDO 实证事业的资助，进行了发电实证以及商品化的课题研究。该级别产品通过全球首次长达 4100h 的长期耐久试验，确认性能不会劣化，并通过了设想因停电等原因导致系统异常的互锁。该验证数据被用于缓解 SOFC 的限制，合计输出功率小于 300kW、压力小于 1MPa 的 SOFC 被排除在日常监测对象之外。

之后，为了进一步实现省空间、高性能化，通过单元的小口径化来提高充电密度，正在推进能减少安装面积的新型机的开发，2015 年度开始在九州大学伊都校区投入使用（图 5-61）。

活用这些知识的商品机已从 2017 年 8 月开始接受订单。最后被定位为氢气社会

图 5-61　九州大学的 250kW SOFC 实证机外观

的领跑者的固定用燃料电池，将作为化石燃料的碳氢化合物转换为氢，实现高效率的发电，为提高环保性做出贡献。今后，将通过固定用燃料电池与太阳能发电等其他分散型能源资源合作的能源有效利用以及以纯氢为燃料的高效发电等的展开，在普及可再生能源的同时，燃料电池也有望得到进一步普及。

4. 燃料电池汽车

燃料电池是将燃料的化学能直接转换为电能的发电装置。用这种装置发出的电力行驶的电动汽车就是燃料电池汽车（Fuel Cell Vehicle，FCV）。燃料电池根据使用的燃料和电解质等可分为很多种类，FCV 主要采用固体高分子型燃料电池（Polymer Electrolyte Fuel Cell，PEFC）。其最大的原因是，汽车要求即使在 0℃ 以下的低温时也能快速启动和行驶，因此固体高分子型在低温下具有出色的快速启动和行驶性的特点符合这一要求。另外，其燃料使用纯氢。储存在高压罐中的氢气供给燃料电池，与气泵供给的空气中的氧发生电化学反应，产生电力。利用该电力带动电机旋转，并驱动车轮，实现 FCV 的行驶。由于是氢和氧的反应，生成的只是水，不会产生任何有害气体，同时也不会排放让地球变暖的元凶二氧化碳（CO_2），因此作为终极的零排放汽车备受期待。然而，即使运行中不会排出 CO_2，但是根据氢的制造方法的不同，在这个过程中会产生 CO_2，所以关于不排出 CO_2 的氢的制造和供给的研究开发，也随着面向 FCV 的正式普及的动向同步推进。另外，将氢充入 FCV 的加氢站的建设也是一大课题，正在逐步推进。

（1）燃料电池系统的概要

图 5-62 示出了 FCV 的燃料电池系统的典型配置示例。整个系统由向燃料电池供给氢气的氢气系统、供给空气的空气系统、与空气中的氧气和氢气进行电化学反应产生电力的燃料电池部分、对发电反应时产生的热量进行冷却的冷却系统组成。当然，与现有的汽车一样，使轮胎旋转的驱动部分、以方向盘为代表的操控部分以及使车辆停止的制动部分等系统也是必不可少的，但在此仅限对燃料电池的系统部分进行说明。作为燃料的氢气在氢气站被充入高压储氢罐（充满为70MPa）储存。这样的氢被减压阀等减压，以 2atm 左右供给燃料电池。氢的供给有通过压力调节器以恒定压力自动供给的方式和通过氢注入器控制喷射量供给的方式等。空气的供给由空气压缩机以比氢气的压力略高的压力注入燃料电池。在空气压缩机方面，各公司正在采用和研究涡轮式、滚动式、螺旋式等各种类型。

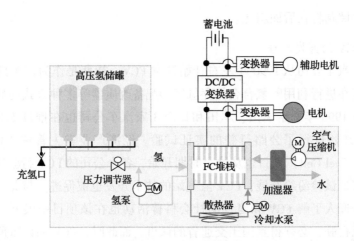

图 5 -62 FCV 系统构成

燃料电池在发电时，会产生热量，需要冷却。该冷却系统的结构与普通汽车基本相同，冷却水在燃料电池中循环并带走热量，其热量通过散热器释放。燃料电池的效率比发动机高，所以耗散的热量少，但与通过排气也耗散热量的发动机不同，燃料电池只能通过冷却水来耗散热量，因此散热器的尺寸比一般的发动机大。

（2）FCV 的特征

FCV 的最大特点是兼具卓越的环保性能和与传统发动机汽车同等的使用便利性。其主要特征如下：

①不排放二氧化碳等对环境有影响的排放物（必须控制氢气制造过程中的排放）。

②具有电动汽车特有的出色响应和低速行驶的强劲动力。

③拥有与传统汽车相同的使用性能。

④每充一次氢的续驶里程约 700km 以上。

⑤氢气的充入时间为 3min 左右。

⑥在 0℃ 以下启动、行驶性能优越。

⑦向外部供电能力大，灾害时可向家庭供电数日。

即使是环保性能优良的车辆，要想对全球范围内的环境改善做出贡献，大量普及是必要的条件，因此与传统汽车一样的使用便利性是非常重要的因素。另一方面，加氢站的配备也是为了确保与以往车辆一样使用方便，是重要的条件之一。目前还处于配备的初级阶段，今后有望继续推广。为了真正普及 FCV，还有很多其他的课题将在后面叙述。

(3) FCV 的开发过程

世界各汽车公司从 1990 年左右开始开发 FCV。初期是作为汽车的可行性研究，目前正在进行利用贮氢合金储存氢气和配备改质器等多种方式的研究。在日本国内，从 1990 年开始丰田、本田和日产 3 家汽车公司也在推进 FCV 的开发，从 2000 年开始进行了公路行驶的实证试验。经济产业省主管的 JHFC（Japan Hydrogen & Fuel Cell）项目也从这个时期开始，各个公司的 FCV 行驶实证试验和氢气站的实证试验纷纷开展，FCV 氢气站的技术开发也被促进。与此同时，为了让更多的普通人了解 FCV 和氢气的社会科普活动也在该项目中展开。要想让汽车在公路上行驶，必须得到国土交通省的认可，而此时，FCV 的认可所需要的各种标准还未完善，因此只能在国土交通省的特别认可下运用。从 2002 年开始，丰田和本田作为租赁车辆，在日美以政府机关、地方自治团体和能源公司等为中心，开始有限地提供 FCV。当时是在事前已经了解到不能在 0℃ 以下的环境停车等限制和可能会发生某种程度的故障等情况下运用的。另外，当时车辆的氢气储存方式已经以高压储氢罐为主流，但由于压力为 35MPa，充一次氢气的续驶里程仅为 300km 左右。此后，2005 年，随着国土交通省对 FCV 的各种标准进行完善，可与现有车辆一样取得型式认证，并通过车检，可连续使用好几年，与所谓的普通车辆一样。然而，实际车辆在技术上还远远达不到这一水平。这样的 FCV 的日本标准建设是在世界上率先进行的结果，之后全球标准的统一化都是以日本的这一标准为基础制定的，这也是日本在标准制定方面领先世界的重要原因。到了 2008 年，FCV 在性能上取得了飞跃性的进步。虽然只排出水，但其水在低于 0℃ 很容易冻结这一开发之初就被认为是最大难题的低温启动、行驶性能的课题得到了解决。另外，也将氢气的储存压力提高到 70MPa，通过对系统效率的改进，续驶里程已达到接近传统汽车的水平。之后，随着开发的进展，2011 年 3 家汽车公司和能源公司共 10 家公司发表联合声明称，将于 2015 年以 4 大城市圈为中心，开始 FCV 量产车的市场导入，同时推进加氢站的建设。此后，2014 年 12 月，丰田汽车推出了 MIRAI，2016 年 3 月本田技研工业推出了 Clarity，均为在世界率先上市销售。

(4) 丰田 MIRAI 的介绍

该车的主要系统的搭载如图 5 - 63 所示。其特点是，通过采用燃料电池单元的催化合金和电解质膜的薄膜化等，大幅提高性能，体积功率密度达到了

3.1kW/L，并且还实现了取消空气类加湿器的功能。作为小型化轻量化的结果，可在地板下安装燃料电池底座（FC 堆栈）。另外，通过采用升压变换器，通过减少单元个数来提高可靠性，并通过使用电机等批量生产的高电压部件来降低成本。

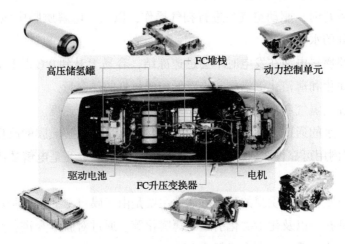

高压储氢罐　　FC堆栈　　动力控制单元

驱动电池　　FC升压变换器　　电机

图 5 – 63　丰田 MIRAI 主要系统搭载

（5）本田 Clarity 的介绍

该车的主要系统搭载如图 5 – 64 所示。在传统汽车的发动机装载位置的前机舱内装载着燃料电池组。通过 1 个系统冷却燃料电池 2 个单元的结构等，实现了小型轻量化，与 MIRAI 相同，其功率密度达到了 3.1kW/L。

燃料电池堆栈　驱动电机　　锂离子电池　　70MPa储氢罐

图 5 – 64　本田 Clarity 主要系统搭载

（6）主要技术课题的解决案例

在 FCV 上市之前，已经解决了许多问题，下面将特别介绍重点——确保低温启动、行驶性能和耐用可靠性的案例。

1）解决低温启动和行驶性能。燃料电池发电时生成的水在 0℃ 以下结冰，难以继续发电，这一课题从开发初期开始就被作为本质性的问题来解决。燃料电池中的电解质膜所含的水不是单纯的水形态，由于被膜吸收，所以不会冻结。发电生成的水在0℃以下冻结，使得空气和氢气的通道闭塞，导致发电无法继续。因此，可以结合以下对策来解决问题：

①FCV停止时，驱动空气泵进行扫气操作，以减少电解质膜中残留的水量，并将通道等处的水吹走。

②为了使燃料电池在发电时不会迅速冻结，容易上升到0℃以上的温度，通过组件的金属化和薄箔化等措施，来降低构成材料的热容量。

③精密控制氢气和空气量，加快燃料电池的温度上升速度。

④不易积水的通道设计和能增加膜中包含的水量的电解质膜的改良等。

2）确保耐用可靠性。FCV燃料电池的耐用可靠性主要是电解质膜和催化剂的关键。

①电解质膜：电解质膜的耐久可靠性主要是由于膜自身的机械强度和组装引起的破洞和针孔，以及化学劣化引起的薄膜化等。通过对膜本身进行加固，以及抑制副反应生成物质的配合来确保耐久性。

②催化剂：对于催化剂来说，随着劣化而导致的输出性能的降低是一个大问题。引起它的原因是多种多样的，比如，FCV停止和重新启动时，由于长时间放置去向氢气通道一侧的空气通过电解质膜侵入，产生异常电位，导致承载催化剂基材碳减少腐蚀现象、长时间使用引起的催化剂铂的絮凝反应表面积减少，以及加减速运转引起铂本身的膜中泄漏等。对此，除了改良催化剂材料本身的合金化和结构外，还通过尽可能排除其原因的系统结构设计和运行控制等综合对策，确保燃料电池在使用过程中无更换的长寿命。

(7) 扩大FCV普及的课题和展望

虽然FCV已经开始上市销售，但在扩大普及方面还存在很多课题，以下介绍主要课题和解决的动向。

1）通过燃料电池技术革新降低成本。一辆FCV的价格为700万日元以上，相当昂贵，如何降低与传统发动机汽车的价格相匹配的成本是普及FCV的一大课题。为此，需要对左右燃料电池性能的电解质膜和催化剂等进行划时代的技术革新。这些举措，不仅是针对乘用车，还将扩大到货车、客车等商用车及其他应用，期待形成良性循环。对此，不仅是汽车公司，包括大学、研究机构在内的多方也在进行研究开发，但这还是一个新领域，还需要扩大研究范围。

2）加氢站的建设。FCV 必须要与之匹配建设新的加氢站这一基础设施。截至 2017 年，以 4 大都市圈为中心的加氢站为 100 个左右，今后加氢站的增加和包括地方在内的大规模建设也是一大课题。不仅是作为设置加氢站主体的能源行业，汽车行业也一起成立新公司进行建设的计划也正在进行中。

3）无 CO_2 氢气的供给。作为新型二次能源的氢的供给，特别是不产生 CO_2 的氢气制造和供给体制的构筑是 FCV 普及的大前提。目前正在进行利用可再生能源制造氢气的技术、运输时的氢气载体以及从国外获取无 CO_2 氢气的研究和实证，其进展令人期待。

5. 其他交通工具

（1）船舶

未来的氢气船舶将分为运送氢气的运输船和以氢气为燃料的船。这相当于 LNG 运输船和天然气燃料船。天然气燃料船以环境限制严格的欧洲（主要是挪威）为中心，逐渐向外航船大型化发展。

氢气船舶作为天然气燃料船的新一代船型被寄予厚望，将采用以氢气为燃料的燃料电池推进。与内燃机推进船舶相比，因为其振动、噪声低，运动性能高，因此环保性和舒适性都很好。

从 21 世纪初开始，很多机构以欧洲为中心进行了氢船的实证试验[85]。以下是德国和日本的试验船的例子，以及美国在大型化方面的试验结果。

德国从 2008 年开始在易北河上运行可容纳 100 人的氢气船舶"Zero Emission"号[86]。其船体全长约 25m，宽约 5m，航行速度为 15km/h。船上配备了 100kW 燃料电池和 35MPa 储氢瓶（储存量 50kg）。氢气由建在河岸上的氢气供应设备供应。

在日本，东京海洋大学的氢试验船"Raicho N"从 2017 年 10 月开始进行了试航[87]。该船全长约 12.6m，宽 3.5m，配备 7kW 燃料电池和 145kW·h 蓄电池。

在美国，桑迪亚国家实验室与美国海岸警卫队、美国船级协会等机构合作，实施了在旧金山湾内航行的可载 150 人的燃料电池高速渡轮的试验[88]。图 5-65 展示了船的概念图。氢燃料以液氢的形式储存在甲板上设置的储氢罐中（储存量 1200kg），比压缩气体储存罐容量大。该船配备了 41 台（其中 1 台备用）容量 120kW 的燃料电池，功率为 4.8 MW 时，最高航速可达约 65km/h。在较广的负载范围内，燃料电池的能源效率比内燃机高，船舶的机动性也较好。图 5-66 所示出了燃料电池和内燃机的负载比例（相对于额定的比例）和效率（相对于低发热量 LHV 的动力比例）的关系。燃料电池在部分负载 25% 的情况下，最大效率为 53%。

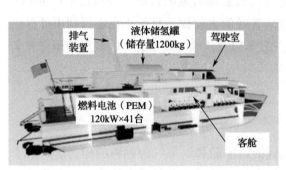

图 5－65　燃料电池高速渡轮概念图[83]

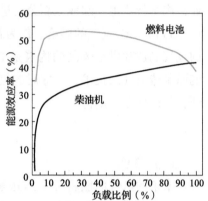

图 5－66　燃料电池和柴油机的负荷与效率间的关系[88]

今后，由于环境限制的加强，预计氢燃料船的实用化进程将会加快，但为船舶提供氢燃料（压缩氢气、液态氢）的设备建设也将成为近期的课题。

（2）叉车

叉车主要分为由内燃机驱动的发动机车辆和由电机驱动的电动车辆。最近在全球新车市场中，电动叉车所占的比例达到约 60%，其特点是电动化程度相比汽车大幅提高。

电动叉车在运行中不排放 CO_2，与发动机叉车相比，环保性能出色，具有低噪声、低振动的特点，但与此同时作为动力来源的铅蓄电池的充电时间约为 6 ~ 8h，长时间连续运行时，会发生由于与备份电池的交换工作等带来的停运时间。

燃料电池（FC）叉车兼具电动叉车的环保性能和发动机叉车的工作效率。以现有的电动叉车为基础车辆，配备可拆卸的封装型"FC 单元"（图 5－67），作为代替铅蓄电池的动力源。燃料的高压氢气的压力为 35MPa，与 FCV（70MPa）不同。

与汽油车辆相比，Well－to－Wheel（油井到车轮）的 CO_2 排放量约能减半（图 5－68），通过使用绿色再生氢能源可进一步降低。

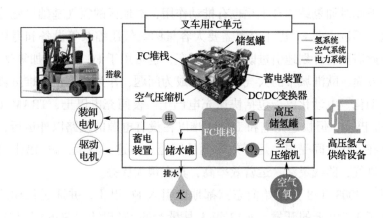

图 5 - 67　叉车用 FC 单元（提供：丰田自动织机）

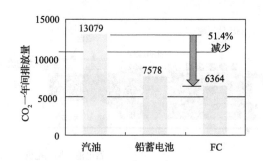

图 5 - 68　Well-to-Wheel CO_2 排放量比较

在有多辆叉车长时间运行的工厂、物流仓库、市场、机场等场景，通过使用 FC 叉车，可以大幅降低环境负荷，获得工作效率改善的效果。在北美，以大规模物流中心为主，从 2008 年左右开始导入，累计达到 2 万台以上。另一方面，日本从 2016 年 11 月开始销售，截至 2018 年 10 月，约有 100 台正在运行。

（3）公共汽车

燃料电池公共汽车在下文中简称为"FC 巴士"。

1）FC 巴士的意义。燃料电池系统的应用和氢气的使用是广泛地被居民所感受和使用的对象，而燃料电池系统主要被用作公共交通工具。因此，让更多的人理解氢气社会的意义，也将在相关领域起到一定的促进作用。

2）FC 巴士的开发概要。公共汽车分为线路巴士、小型巴士、观光巴士等，它们的使用方法各有不同。其中，线路巴士主要在城市和郊区的固定区域使用，每天的行驶距离大致在 200km 以下。因此，可以以有限数量的氢气站为据点，运行多辆巴士。另外，根据行驶条件的不同，一辆 FC 巴士可稳定消耗约 45 辆轿车的氢气，因此对加氢站的自主化也有推动作用，对地区的氢气基础设施建设也将做出贡献。不过，向 FC 巴士充氢需要大容量的氢气压缩泵等设备和专用的充填程序，因此需要有计划地引进既可用于轿车，也可用于 FC 巴士的加氢站。

另一方面，欧洲城市的大气环境恶化成为问题，作为对策正在推进城市交通工具的电动化。电动化巴士包括快速充电巴士、夜间充电巴士、TRAM（有轨电车）和 FC 巴士，但快速充电和 TRAM 难以在设有电源的线路以外运行，夜间充电巴士存在工作时间受限、运行效率低的问题。在这一点上，FC 巴士可在短时间内充入氢气，路线灵活、运营效率高，具有很大优势。

丰田从 2003 年 8 月开始向东京都地区引入 FC 巴士，并通过长期的实证试验，推进了 FC 巴士的开发。2018 年 3 月量产的 FC 巴士"SORA"如图 5 - 69 所示。

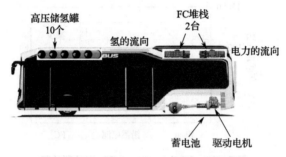

车辆	车名	SORA
	全长/全宽/全高	10525mm/2490mm/3350mm
	定员（坐席+立席+乘务员）	79(22+56+1)人
FC堆栈	名称（种类）	丰田（FC堆栈） （固体高分子型）
	最高输出功率	114kW×2
高压储氢罐	个数	10个（70MPa）
	储罐内容积	600L
电源供给系统	最高输出功率	90kW
	供给电量	235kW·h

图 5 - 69　丰田 FC 巴士的概要和构造

该 FC 巴士搭载了丰田燃料电池轿车 MIRAI 使用的 2 台 FC 堆栈（Toyota Fuel Cell System，TFCS）通过变压器组合而成的系统。与开发客车专用系统相比，使用批量生产效果更佳的车载系统，可以进一步降低成本。不过，目前车用燃料电池系统的成本仍较高，目前正在推进降低成本的技术开发。

FC 巴士的 CO_2、CO、NO_x、PM 等排放为零，车外噪声比规定值低近 10dB，听到的声音大小只有原来的一半。利用该产品无污染、低噪声的特性，在室内设置公交场站，提高了乘坐便利性，便于打造购物中心，有望创造新的价值。

另外，虽然也研究了将电动汽车作为灾害时的紧急电源利用，但是搭载了大量比蓄电池能量密度更高的氢的 FC 巴士具有大容量的外部供电功能，如果氢气完全加满的话，在体育馆等避难所大概的消耗约为 50kW·h/天，一次性可以提供 4.5 天的电力供给（图 5-70）。

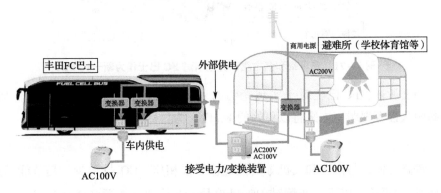

图 5-70　丰田 FC 巴士的外部供电

3）FC 巴士的展望。在日本，国土交通省将 FC 巴士定位为新一代城市环境解决方案的一部分，以下一代汽车战略[89]为基础，到 2030 年，FC 巴士的普及数量为 1227 辆（占城市公交车总量的 2.08%），预估一年的销售数量为 182 辆（占城市公交车总量的 3.00%）[90]。另外，丰田 FC 巴士被认定为 2016 年度地区交通绿色化事业，在政府部门支持下作为营业用车被导入市场。

环境省以新一代汽车型号数、销售数量和能源效率推算为基础，预测到 2030 年的 CO_2 排放削减效果，正在研究货车和客车到 2030 年的新一代汽车种类的保有数量和销售数量目标。另外，为了推广燃料电池客车，该省已长年支持实证试验，在实现推广目标的同时，还准备向地方自治团体提供支持[90]。

FC 巴士正被深受大气污染困扰的欧洲和中国积极推进，其具体情况将在第 8 章进行介绍。

4）未来地区移动性和 FC 巴士。通过在干线公路（主干道）上运行自动驾驶巴士，可以获得与有轨电车（Light Rail Transit）同等的运输效率，还可以直接乘坐支线，无需换乘就可以到达最终目的地。此外，通过组合搭配干净、安静的 FC 巴士，可构建环保且基础设施成本低于 LRT 的新一代 BRT（Bus Rapid

Transit）（图 5 −71）。

按照公交优先车道的时刻表运行

车内的换乘指南

基于PTPS的信号优先流畅运行

车体与站台间的间隙很小

轮椅与婴儿车均可轻松上下车

图 5 −71　东京都和名古屋市计划引进 FC 巴士作为新一代 BRT

如上所述，FC 巴士对于实现光明的未来至关重要，但还存在着降低成本、提高耐久性等课题。未来将以更好的 FC 巴士为目标，进行锐意开发。

（4）火车

铁路方面，与汽车和飞机等其他运输手段相比，CO_2 排放少，是节能高效的移动/运输系统，以进一步削减 CO_2 排放量、节能化、能源多样化为目标，正在进行燃料电池铁道车辆的开发。在日本国内，铁路综合技术研究所于 2006 年实施试验车辆在所内试验线上行驶。在国外，美国有轨电车制造商 TIG/m 公司除了让配备有小功率燃料电池作为增程器系统的有轨电车在阿鲁巴和迪拜行驶外，还包括让法国阿尔斯通公司的燃料电池车辆、中国中车公司的有轨电车实施试运行，力争实现商业运营。

燃料电池铁路车辆大多是利用以氢为燃料的发电装置燃料电池和制动时的再生电力以及储存燃料电池发电所得电力的蓄电池来驱动的混合动力车。以下以铁路综合技术研究所开发的燃料电池铁路试验车辆为例进行介绍。

图 5 −72 为燃料电池试验车的外观，图 5 −73 示出了其系统构成的概要。燃料电池使用在常温下可启动的固体高分子型燃料电池（图 5 −74），蓄电池使用锂离子电池。燃料电池和蓄电池分别连接有 DC/DC 变换器，连接在燃料电池上的 DC/DC 变换器控制燃料电池的输出功率，连接在蓄电池上的 DC/DC 变换器控制蓄电池的充放电功率。此外，为了储存燃料氢气，还配备了储氢罐，采用碳纤维增强铝罐的复合容器（Type3），以最高压力 35MPa 来储存氢气（图 5 −75）。

图 5 −72　燃料电池试验车辆

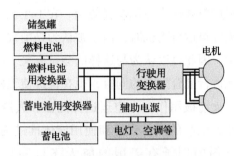

图 5 −73　燃料电池车辆的系统构成概要

图 5 −74　固体高分子型燃料电池的外观

图 5 −75　储氢罐的外观

　　另外，这个车辆开发经费的一部分来自于国土交通省的铁路技术开发资助款。

6. 在航空和航天中的利用

　　在航空航天领域，氢气被用于燃料、电力储存、二氧化碳还原去除等多个方面。在此，将介绍氢能在航空器和火箭等方面的应用，作为人造卫星和探测器的电力资源的应用，以及在载人航天探测中发挥的作用。

　　(1) 输送技术中的氢利用

　　氢在航空领域有着悠久的历史。飞艇利用氢的低密度特性，通过浮力来提高高度，巴西在高空气球上一直使用氢气。1937 年，作为初期的喷气发动机，氢气被用作燃料，之后也一直在研究把液态氢作为燃料使用的飞机[91 −92]。

　　近年来，出于对环境问题的考虑，也在讨论对于航空器的二氧化碳排放量的限制，各国都正在研究以氢为燃料的航空器。国际航空运输协会（International Air Transport Association，IATA）正在制定减少飞机排放二氧化碳的路线图[93]，提倡到 2050 年将飞机排放的二氧化碳量减半。但是，以目前的情况看这个目标是不可能实现的，拥有航空器产业的国家也正在进行各种尝试。

　　比如德国航空航天中心（DLR）正在研究将来自碳酸气体的碳氢化合物制作

合成燃料并作为飞机燃料使用。在 IATA 制定的路线图中，使用来自碳酸气体的合成燃料运行飞机时，由于被认为是削减了作为原料使用的相当于碳酸气体的排放量，因此可以认为与这样的尝试有关。另外，在日本，在应用燃气轮机和燃料电池进行混合发电的同时，也在推进使飞机进行电力飞行的研究[94]。

　　火箭被用作向太空运送探测器和人造卫星的手段。火箭分为用高氯酸氧化剂燃烧铝粉的固体火箭和使用液体推进剂的液体火箭。以液体氢和液体氧作为推进剂的例子有美国的航天飞机和日本的 H – ⅡA 火箭、H – ⅡB 火箭等[95 – 96]。表 5 – 17 列出了日本航天航空研究开发机构（JAXA）的 H – ⅡA 火箭和 H – ⅡB 火箭的概要，图 5 – 76 所示为火箭的发射情况。

表 5 – 17　H – ⅡA 火箭与 H – ⅡB 火箭的比较

型式		H – ⅡA 火箭标准型	H – ⅡB 火箭
外观			
全长		53m	57m
质量（不包括有效载荷质量）		289t	531t
SRB – A 安装数量		2	4
发射能力	GTO 轨道	3.7t	约8t
	HTV 轨道	—	16.5t

图 5 – 76　H – ⅡA 火箭的发射情况（来自 JAXA 主页）

使用固体燃料的火箭，一旦点火后很难停止燃烧或重新启动。而使用液体推进剂的火箭则可以通过控制燃料和氧化剂的供给，停止燃烧或重新启动。另外，与固体火箭相比，使用液体推进剂发射时的冲击和振动减小。另一方面，使用液氢作为燃料时，在火箭发射延期的情况下，必须先排出燃料，在发射日再次注入燃料，这是其运用上的特点。

（2）作为电力技术的氢的利用

在太空开发开始活跃的 20 世纪 60 年代，太空开发的主要目的是人类进入太空。在美国，特别是以学习将人类送到月球上的技术为目标，尝试了基于双子星宇宙飞船的载人航天飞行。其中开发的重点技术是燃料电池。表 5 - 18 列出了在太空中有使用实绩的燃料电池的基本规格[97-103]。此后，双子星飞船使用固体高分子型燃料电池，阿波罗宇宙飞船上使用将熔融盐应用于电解质的碱性燃料电池（AFC），并且在其后的空间航天器中[102]开发出了可以在较低温度范围内使用的AFC，以供运用[103]。图 5 - 77 展示了为双子星和阿波罗宇宙飞船开发的燃料电池。

表 5 - 18 航天用燃料电池系统的基本规格

搭载航天器	双子星宇宙飞船	阿波罗宇宙飞船	航天飞机
形式	固体高分子	碱性	碱性
搭载台数	2 台	3 台	3 台
输出功率（每台）	1kW, 23.3 ~ 26.5V, 37mA/cm² @1kW	0.6 ~ 1.4kW, 27 ~ 31V, 97mA/cm² @0.9kW	2 ~ 12kW, 27.5 ~ 32.5V, 162mA/cm² @7kW
构成（每台）	32 单元串联，3 并联（分离可能）	31 单元串联	32 单元串联，3 并联
质量（每台）	约 31kg	约 110kg	约 127kg
概略尺寸	长 66cm，直径 33cm	高 112cm，直径 57cm	长 114cm，宽 38cm，高 36cm
工作温度/压力	24 ~ 50℃，1 ~ 2atm	250℃，3 ~ 4atm	80 ~ 100℃，4atm

（续）

搭载航天器	双子星宇宙飞船	阿波罗宇宙飞船	航天飞机
（燃料/氧化剂）储存系统的构成 储氢罐与储氧罐	超临界压、极低温（1组）200kW·h 储氢罐：23kg；直径74cm；充填10kg；重33kg 储氧罐：27kg；直径58cm；充填82kg；重109kg 总重：142kg	超临界压、极低温（初期搭载2组）290kW·h 储氢罐：36kg；直径81cm；充填14kg；重50kg 储氧罐：41kg；直径67cm；充填153kg（含环境用）；重194kg 总重：244kg	超临界压、极低温（搭载2~5组）840kW·h 储氢罐：102kg；直径130cm；充填42kg；重144kg 储氧罐：98kg；直径100cm；充填354kg（含环境用）；重452kg 总计：596kg（765kg）（内含配管与安装部件）

图5-77　与双子星（左）和阿波罗（右）飞船搭载的同类型燃料电池

如今，在航空航天任务日益多样化的情况下，人们正在尝试将 PEFC 应用到民用领域，并且正在进行将 PEFC 与水电解单元组合的再生型燃料电池（RFC）的研究。日本航天航空研究开发机构（JAXA）进行实施了高空飞艇的飞行模拟环境试验，使用了 1kW 级再生型燃料电池（RFC）的试制，以及 PEFC 高空气球的平流层飞行试验，取得了高空环境下的实证数据。今后正式开展月球探测时，使用 PEFC 和 RFC 的电源设计被认为是必要的[100]。

目前正在研究燃料电池与水电解技术相结合的电能技术应用，但多数情况下，燃料电池的用途多为发电装置。实际应用于航天器的例子有双子座宇宙飞船、阿波罗宇宙飞船以及航天飞机，任务时间为数天至两周左右。另一方面，许多人造卫星为了实现更长期的太空停留，还需要蓄电池。

在太空开发的早期，作为蓄电池使用的是氧化银－锌电池[97]。其优点是重量可轻至与今天的锂离子蓄电池相同的程度，但可充放电次数仅为 10 次左右，不适合长期停留在太空中的任务。之后，可充放电次数远高于氧化银－锌电池的密闭式镍镉（Ni－Cd）电池得到普及（图 5 – 78）。为了减轻镍镉电池的重量，又开发出了以高压氢气为负极活性物质的高压气态镍氢（Ni－H_2）电池[104]。

图 5 – 79 示出了 Ni－H_2 电池的例子。正极使用了在镍网状物中浸有氢氧化镍的物质；在负极上配置了由氟类树脂结合的铂类催化剂。在日本的技术试验卫星"ETS－Ⅵ"上进行实验后，主要用于以通信技术试验卫星为代表的静止卫星，在美国也用于哈勃太空望远镜和国际空间站等。

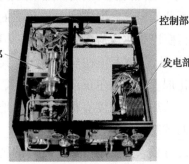

图 5 – 78　JAXA 的 100W 级封闭环境用燃料电池试制机　　　图 5 – 79　人造卫星用 35A·h 高压气态镍氢电池

另外，为了构建更小型的电池，还开发出了使用贮氢合金的航天用镍氢（Ni－MH）电池[105]。Ni－H_2 电池占了比较大的体积，而使用贮氢合金的电池体积减小，装载性提高，广泛应用于日本首次的火星探测任务 PLANET－B、红外天文卫星 ASTRO－F、卫星间光通信试验卫星 OICETS 等。如今，在太空开发和太空探测中，锂离子蓄电池已成为主流，而这些蓄电池所支撑的航天任务更是不可小觑。

（3）扩大太空探索中氢的利用

在太空开发和探测中，氢气被用于从运输工具到电力储存等多种用途。在人类进一步进入太空的今天，氢在维持生命和宇宙飞船内的环境方面发挥的作用越来越大。在载人航天活动中，氧气和水是必需的。过去是把氧气装在储罐中从地球运输，但现在通过电解水在太空中制造氧气。

把水电解后生成氧气和氢气。另外，人吸入氧气排出二氧化碳。为了维持生命，适当去除二氧化碳是必要的，现在已经采用了将二氧化碳吸附在沸石上，然后适当丢弃的方法。

以这种作为生命活动废弃物的二氧化碳和作为生成氧气时的副生成物的氢气为原料，在钌等催化剂的存在下发生发热反应，就可以生成水和甲烷。这被称为萨巴蒂尔反应，一般在300℃以上的温度环境下进行：

$$CO_2 + 4H_2 \rightarrow CH_4 + 2H_2O$$

$$\Delta H = 253kJ/mol \tag{5-43}$$

NASA 正在进行利用国际空间站（ISS）制造氧气、去除二氧化碳和萨巴蒂尔反应相结合的技术实证，但难题是需要高温环境。在 NASA 的实证试验中，萨巴蒂尔反应槽的设计是维持接近600℃的温度，这可能是为了抑制副反应碳的生成[106]。

由于这种萨巴蒂尔反应是发热反应，因此暴露在高温下，二氧化碳的转化率会降低。从热力学角度来看，在低温下进行萨巴蒂尔反应的效率更高，但由于不存在低温下具有活性的催化剂，因此难以实现。JAXA 正在与富山大学共同研究开发在低温环境下实现萨巴蒂尔反应的催化剂。萨巴蒂尔反应常常需要氢气。从氢气的制造到二氧化碳的还原的连续进行，从热力学角度有很多有利的地方，融合了水电解和萨巴蒂尔反应的一体化模型的试制试验正在进行中。

在考虑人类向太阳系进军的情况下，进行载人探测的可能性较高的星球是火星。火星被认为是在诞生后的 10 亿年内成为现在这样的红色星球。其原因是失去磁场的火星表面被注入紫外线和放射线，水被分解，氢气被散失到宇宙中，剩下的氧气氧化了铁和铝。众所周知，火星的大气压只有地球的 1/10 左右，作为大气主要成分是二氧化碳的星球而为人所知。特别是在极地，有以干冰为主要成分的冰。笔者认为，我们今天正在推进的二氧化碳氢气还原技术，是利用二氧化碳资源将来开发火星的铺垫[107]。

反过来说，对于今天地球所面临的环境问题，人们期待着建立利用氢气的社会。考虑到火星因氢的散失而变成今天的模样的经过，考虑到在行星规模的资源枯竭的情况下，防止氢的散失是一个很大的课题。虽然萨巴蒂尔反应技术是为了载人探测进行必要开发的，但是与氢社会构筑这一基于地球环境的命题相关联，作为以更高的高度且更可靠的实际利用为目标的技术，需要进行早期的技术研究。

在地球环境保护和行星载人探测的关系中，作为对人类社会做出贡献的技术，笔者认为氢气利用的作用是多样的，而且是极其重要的。

第6章
氢气与安全以及
社会接受度

欧洲的火灾培训项目 "HyRESPONSE"

6.1　氢气与安全

1. 基本的思考方法

氢气与常用的作为燃料的汽油、甲烷（城市煤气的主要成分）以及丙烷一样，都是可燃性气体。这些气体的特性见表6-1。从安全性的角度来看，氢气主要具有以下三个特性：①燃烧范围广，易燃（4%～75%）；②由于非常轻，扩散也很快（扩散系数高），因此很难在原地停留，一旦泄漏到外部，就容易很快达到燃烧范围以下；③在高压下，会引起金属材料的脆化现象。

氢气和其他燃料一样，只要在理解其特性的基础上采取正确的使用方法，就可以安全使用。由于氢气非常轻，即使万一泄漏，也很快会达到燃烧下限以下，引燃危险性很低。另外，由于不容易在周围或地面附近积聚，即使着火也不会蔓延而燃烧殆尽。一般来说，燃料、空气、火源三者同时存在则会有燃烧和爆炸的危险，而氢气燃烧和爆炸是在密闭空间中大量泄漏，并在其中存在火源的情况下发生的。

综上所述，使用氢的安全措施的基本思路有以下4点：①不漏氢；②若有泄漏，应尽早检测，防止扩大；③即使氢气泄漏也不积存；④不要使泄漏的氢气点燃。

基于这些方面，正在进行安全措施和相关技术的开发。

表6-1　气体的特性[1]

	氢	甲烷	丙烷	汽油
扩散系数（空气中，1atm，20℃）/（cm²/s）	0.61	0.16	0.12	0.05（气态）
最小着火能量/mJ	0.02	0.29	0.26	0.24
燃烧范围 下限～上限（vol%）	4～75	5～15	2～10	1～8
最大燃烧速度/（cm/s）	346	43	47	42
使金属材料脆化	有	无	无	无

扩展阅读

氢气事故的案例

【兴登堡号事故】

1937 年 5 月 6 日，兴登堡号飞艇在美国新泽西州雷克赫斯特海军机场发生爆炸起火事故，造成 35 名机组人员和乘客以及 1 名地面工作人员死亡。据悉，飞艇在着陆前发生爆炸，仅数十秒就被烧毁。由于事故发生时氢气燃烧引起爆炸，因此在悬浮气体中使用氢气是危险的。但是从氢气的性质来看，只要氢气没有与氧气迅速混合，或者没有急剧加热和静电等引起火灾的原因，氢气爆炸应该不会发生。这里的问题是组成兴登堡号飞艇的结构材料，并不是在其外皮上涂上蒙布漆的棉布，而是使用了氧化铁和铝混合而成的铝热剂涂料。毋庸置疑，一旦发生铝热反应，温度就会急剧上升。经查明，是该外皮摩擦产生火花，引燃了氢气。

【福岛第一核电站内氢气爆炸】

2011 年 3 月 11 日，以三陆冲海底为中心发生了里氏 9.0 级的东日本大地震，随之而来的大海啸造成福岛第一核电站严重受损，导致了放射性物质泄漏等重大事故。除了放射性物质泄漏，核电站发生氢气爆炸也引发了重大事故。核反应堆内制氢的原因有核燃料棒及其组成成分、高温状态以及水蒸气。首先，冷却水无法进入核反应堆，导致核反应堆容器内温度上升，水位下降，燃料暴露在外，其次，熔化的核燃料由于其自身散发的热量，达到了比金属的熔点还要高的温度。保护燃料的包覆管的材料是锆合金（含有百分之几的锡等），众所周知，在高温状态下锆合金表现出高还原性。冷却水和水蒸气催化高温（700℃以上）的锆合金，水和锆发生反应生成氢气。当然，温度越高，氢的生成速度就越快。

$$Zr + 2H_2O \rightarrow ZrO_2 + 2H_2$$

氢气与从外部为了冷却而注入的水中产生的氧或者与随着核反应堆内的压力降低而从裂纹等流入的氧等混合，进而核反应堆的收纳容器内的蒸气压变高，超过密闭材料的耐压界限，从收纳容器中与水蒸气等一起泄漏到建筑物中，由此，通过与空气混合引起爆炸。这次福岛核电站的一系列氢气引起的爆炸事故，是由于不能冷却的反应堆内的温度上升、产生高温的水蒸气、构成燃料包覆管的锆这一系列氢气产生的条件叠加所造成的。并且，由于容器内整体的温度上升，容易与氧气混合成为爆炸气体这一条件是主要原因。

2. 法律法规

在适用于氢气的法律法规中,《高压气体安全法》起着核心作用。该项法律为了防止高压气体造成的灾害,在限制高压气体的制造、储存、销售、移动等其他的处置和消费以及容器的制造和处置的同时,通过促进私营企业及高压气体安全协会在保障高压气体安全方面的自主活动,以期达到确保公共安全的目的。

在这一法律中,高压气体的定义见表 6 - 2,在现在的氢气利用中,高压氢气被视为压缩气体,液态氢气被视为液化气体,因此适用的场合越来越多。《高压气体安全法》规定了制造、储存、消费、移动高压气体的人,根据所经营的高压气体的种类、供应设备的制造能力、高压气体的储存量等,在安全上应采取的措施。另外,在业务实施时,根据其内容,每个机构都需要得到各级政府的许可。表 6 - 3 列出了经营(从事)高压气体的经营者的种类和是否需要许可、申报。由于氢气不属于第一种气体,所以制造商在生产规模达到 $100m^3$/天以上时需要获得许可,不足 $100m^3$/天时需要申报。在储存场所中,$1000m^3$ 以上的需要许可,$300m^3$ 以上不满 $1000m^3$ 的需要申报。另外,储存能力在 $300m^3$ 以上的压缩氢气,消费者需要申报。

表 6 - 2   高压气体的定义[2-3]

气体的状态	压力
压缩气体	在常用温度下达到 1MPa 以上的气体,实际上达到 1MPa 以上的气体在 35℃ 时压力为 1MPa 以上的
压缩乙炔气体	在常用温度下达到 0.2MPa 以上的气体,实际上达到 0.2MPa 以上的气体 在 15℃ 时,压力大于 0.2MPa
液化气	在常用温度下达到 0.2MPa 以上的气体,实际上达到 0.2MPa 以上的气体 当压力为 0.2MPa 时,温度为 35℃ 以下
其他	在 35℃ 下压力超过 0Pa 的液化气 液化氰化氢,液化溴甲酯,液化氧化乙烯

表 6-3　经营高压气体的经营者的种类和是否需要许可、申报[1]

经营者的种类	条件	许可/申报
第一类制造者	以下高压气体制造商 第一类气体的生产规模≥300m³/天	许可
第二类制造者	从事高压气体制造的人 （第一类制造商以外）	申报
第一类仓库	储存以下量高压气体的场所 第一类气体储存量≥3000m³ 第一类气体以外的储存量≥1000m³ 第一类气体和其他气体的总和（略）	许可
第二类仓库	合计储存量≥300m³	申报
其他仓库	0.15m³≤合计储藏量＜300m³	不要
特定高压气体消费者	特定高压气体消费者 压缩氢气≥300m³ 压缩天然气≥300kg 液化氧≥3000kg 液化石油气≥3000kg 其他（略）	申报
其他消费者	可燃性和有毒气体以及氧高压气体的消费	不要

在高压气体安全法中，在制造、储藏、销售、消费、废弃等环节（方面），作为安全上的限制，规定了根据法令等所制定的技术基准、灾害发生防止和安保活动相关规定的整顿、对从业人员的安保教育、安保检查的实施、与安保相关的负责人及统筹人员等的选任等。

关于氢的安全，除了高压气体安全法以外，还有消防法、建筑基准法、城市规划法、石油联合企业灾害防治法、道路法以及劳动安全卫生法等相关法律（表6-4）。

表 6-4　高压气体安全法以外的与氢气安全相关的主要法律

法律	内容
消防法	· 氢气制造设施（≤30Nm³/天），氢气储存场所（≤300m³）与危险品设施之间的安全距离的设定

(续)

法律	内容
建筑基准法	·根据用途地区的建筑物规范 ·每个用途地区的最大储存量的限制
城市规划法	·城市街道调整区域设置标准
石油联合企业灾害防治法	·大量消耗氢气时，根据处理量分为第 1 类和第 2 类 ·灾害防治标准的规定
道路法 道路运输车辆法 道路交通法	·限制车辆通行 ·车辆总重量等的限制 ·可燃性气体运输的安全标准
船舶安全法	·船舶海上运输的限制（指定为高压气体）
港口规则法	·港口装卸作业等的规定（其他危险品、高压气体指定）
劳动安全卫生法	·选定作业负责人 ·作为第 1 类压力容器、第 2 类压力容器的限制

6.2 基础技术和安全技术

1. 材料和氢脆性

在构建与氢气相关的设备时，需要各种技术和材料。本文将介绍其中的材料、氢气检测技术以及计量技术。

关于与氢气相关的设备等所使用的材料，在考虑氢气分子量小、扩散速度快的同时，必须构筑不会泄漏的设备。其中，对于大量使用的金属材料，氢脆性（氢脆化）就显得尤为重要。氢脆性是指在氢气环境下，金属材料具有的屈服应力、抗拉强度等强度特性或断裂伸长、收缩等延展性降低的现象。到目前为止，氢脆性的表现机理尚未完全阐明，但已经明确了各种金属材料的氢相容性可分为以下三大类[3]：①在弹性区域破裂，氢脆化较大的材料；②因氢脆化的影响而使伸长、收缩等延展性降低，但在一定条件下仍具有使用可能性的材料；③在限定的使用条件范围内，氢脆化影响较小的材料。

为了增加燃料电池汽车和加氢站等使用的材料的选项，推进低成本化，正在谋求确立能够正确评价氢脆化影响的高压氢气中的材料试验方法和使用该方法的材料试验数据的积累，以及以材料试验数据为基础的基准/规格的国际协调。

关于材料试验，如图 6-1 所示的装置，氢气可在高压（最高 140MPa）、宽温度范围（-80~90℃）的条件下，进行低畸变速度拉伸试验、疲劳寿命试验、疲劳强度进展试验、破坏韧性试验等。日本积极参与标准、规格的国际协调，有望促进燃料电池汽车和加氢站的普及，增强汽车相关产业和公共基础设施相关产业的国际竞争力。

图 6-1　氢气相容性测试法制作用材料测试装置

2. 氢气检验技术

(1) 传感器

在各种检测氢气泄漏的技术中，氢气传感器发挥着重要的作用，它能够准确测量空气中的氢气。从工作原理来看，市面上销售的氢气传感器分为半导体式、催化燃烧式和气体热传导式三种（表 6-5）。

表 6-5　氢气传感器的种类[4]

类型	工作原理	检测（误差）	特征	问题点
半导体式	金属氧化物半导体的电阻变化	$1~5000\times10^{-6}$（100×10^{-6}）	通过表面处理可赋予气体选择	气体选择性低，高浓度饱和输出的直线性不好，恢复得慢
催化燃烧式	吸收催化剂发热量的发热体的电阻变化	$0.1\%~4\%$（0.2%）	几乎不受周围温度和湿度的影响，预警精度高	不适合低浓度检测
气体热传导式	根据气体种类的热传导率的差异	$1\%~100\%$（1%）	基本上所有的气体都可以检测到	误差大，需注意零点调整

半导体式是以金属氧化物半导体表面吸附可燃性气体而引起的导电度变化为信号的。催化燃烧式是最常用于可燃性气体检测的气体传感器。由于催化剂燃烧的原理，气体浓度和输出信号是线性的，具有良好的寿命和稳定性，因此得到了广泛的应用。但是，由于检测元件的温度变化，在低浓度下的灵敏度不高，主要在 1000×10^{-6} 到百分之几的检测浓度范围内使用。气体热传导式是利用对象气体

和标准气体的热传导率差的传感器，可检测从 1% 左右到 100% 的高浓度氢气。此外，使用固体电解质的电化学传感器、使用 Pd 的传感器、热电式传感器等的开发和利用也在进行中。

（2）可视化

城市煤气等碳氢化合物气体燃烧时，由于成分中的碳燃烧后发出可见光，所以用肉眼就能看到其火焰。另一方面，由于氢火焰几乎不发出可见光，所以在太阳光下，肉眼只能看到几乎透明的样子。因此，作为安全装置，设置了检测氢火焰发出的紫外线和红外线并发出警报的火焰检测器，在发出警报时，可采用现场巡逻的方式，即利用扫帚等可燃物确认火焰的方法，以及喷盐水雾以观测火焰颜色（钠发光）的方法。这些方法需要在接近火焰的情况下进行操作，因此需要实现远距离的火焰可视化。

在氢火焰的发光光谱中发现的 305 ~ 320nm 的紫外线峰值是氢燃烧引起的 OH 基的发光，由于从火焰中心区域会发出强烈的辐射，因此可通过影像捕捉这种紫外线就可以实现可视化。另外，氢气燃烧产生的高温水蒸气，由于催化改质火焰周边的空气结露，发出与其温度相对应的辐射热，因此开发了通过检测紫外线和该热线进行可视化的装置。

另外，还开发了基于拉曼散射光的氢气可视化装置。

3. 计量技术

氢气的计量技术是加氢站、氢气管道等基础设施和系统的社会导入不可或缺的技术。加氢站已经实现了商业运营，随着将来的氢气城市构想等的实现，以及氢的有效利用范围的扩大，适当正确的氢气计量变得更为重要。

有效的氢气计量技术之一是使用流量计。根据测量方式和测量原理，多种多样的流量计已被开发和实用化，其中具有代表性的氢气用流量计的测量原理和特征见表 6 - 6。

表 6 - 6　代表性氢气流量计的测量原理和特征

测定方式	测定原理	优点	缺点
旋涡式	旋涡产生频率与流速成正比	可用于各种流体	容易受到流场的影响
超声波式	超声波传播时间差与流速成正比	响应性好，测距范围广	不适合极低温流体和脉动流，低密度流体，灵敏度低

（续）

测定方式	测定原理	优点	缺点
科里奥利式	根据科里奥利力的相位差测定质量流速	可以直接测量质量流速	容易受到振动的影响，惯性力小灵敏度差，不适合零点漂移
热式	根据加热管道的温度分布测量质量流量	不受压力变化的影响，测距范围广，低成本	不适合脉动流，取决于流体的热物性
容积式	与转子的旋转数成比例	不易受上游的影响，再现性好	非稳态流的测定很难，压力损失大，可动部有泄漏的危险
临界喷嘴式	利用咽喉部的临界状态	在临界状态下，质量流量仅由上游流动条件决定高精度	压力损失大，空间狭小

　　旋涡式流量计是一种利用在流体中放置物体时，物体的后方会产生旋涡（卡尔曼旋涡），该旋涡的产生频率与流速成正比的流量计（卡尔曼旋涡式）。优点是，在保持旋涡释放的规律性和再现性的流量范围内，不依赖流体的种类，可用于低温状态、蒸气、液体等；缺点是为了产生稳定的旋涡，需要整流器，在低流速下旋涡产生不稳定，在机械振动和流体有脉动的情况下，不适合混相流体等。

　　超声波式流量计是利用安装在流体的上游侧和下游侧的超声波传感器交替收发超声波，流体运动方向和与流体运动相反方向的超声波的传播时间差与超声波路径上的平均流速成正比的流量计（传播时间差法）。优点是没有机械的可动部分，响应性好，以及压力损失小、量程范围广等；缺点是在极低温流体或流体有脉动的情况下，在低密度流体如氢的情况下灵敏度较差。

　　科里奥利式流量计是使管线在与轴垂直相交的方向振动，当流体在管线内部流动时，通过与其质量流量相对应的科里奥利力的作用，在管线的上游侧和下游侧产生振动的相位差，通过检测出该相位差来测定质量流量的流量计。优点是可以直接测定质量流量，不选择流体的种类；缺点是容易受到外部振动的影响，小质量流量或低密度流体的情况下惯性力小，因此不适合零点漂移等。

　　热式流量计是利用温度传感器检测被加热的管线的温度分布，并根据温差测量在管道内流动的质量流量的流量计。优点是不受压力变化的影响，适合小流量的测量，以及测量范围广、成本低等；缺点是当流体有脉动的情况时有限制，流量特性取决于流体的恒压比热和热传导率，因此取决于流体的种类等。

容积式流量计是通过测量具有一定容积的转子在单位时间的转速来计算体积流量的。优点是不易受流量计上游侧流场的影响，再现性好等；缺点是难以测定非稳态流动，压力损失大，有机械的可动部（转子），有泄漏的危险等。

临界喷嘴式流量计是压差式流量计的一种，通过在喷口的流速为声速的状态，即通过在临界状态下使用，可以进行高精度的流量测量。其优点是，在临界状态下，不考虑喷口部下游的流体条件，只根据上游的流体条件来决定质量流量；缺点是为了确保临界状态，压力损失变大，测距能力狭窄等。

综上所述，不同的流量计各有长短，可根据要计量的氢的状态、流量范围、压力、温度等情况，使用不同的氢气用流量计。

加氢站通过氢气分配器向燃料电池汽车填充高压氢气。氢气分配器的作用是为了防止燃料箱内温度上升，可在约 3min 内将通过预冷器冷却至 -40℃ 的高压氢气充入，分配器集成了支持高压氢气的科里奥利式流量计。在加氢站可充入 82MPa 氢气的情况下，氢气分配器不仅要具有填充机的性能，还要具有作为交易计量工具的计量精度和可靠性。

在这样的背景下，对氢气分配器的计量性能评价技术进行了研究，目前已开发出重量法计量精度检查装置（图 6-2）和主仪表法计量精度检查装置（图 6-3）。使用这些检测装置的氢气分配器的计量性能评价精度目前在世界上处于领先地位，评价实绩也出类拔萃。

图 6-2　重量法计量精度检查装置（Tatsuno 开发）

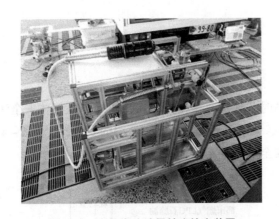

图 6 - 3　主仪表法计量精度检查装置

（岩谷产业、产业技术综合研究所共同开发）

　　在氢气分配器的计量性能评价技术方面，规范化、标准化也很重要。上述的使用重量法计量精度检查装置的氢分配器计量性能测试在商用加氢站的投入运营及燃料电池汽车的正式销售之前开展，2014 年 12 月，燃料电池实用化协议会发布了作为行业准则的"燃料电池汽车用氢的计量管理准则"，其根据最新动向一直在修订。另外，2016 年 5 月，为了进一步加速加氢站技术研究开发，同时确保氢燃料交易的合理计量，参考上述指南和类似的国内外规格，日本工业标准"JIS B8576：氢燃料计量系统——汽车填充用"被制定。基于该标准，日本提议国际法定计量组织的国际建议文件"OIML R139：Compressed gaseous fuel measuring systems for vehicles"于 2018 年 10 月进行了修订。

　　关于液化氢的计量技术，目前只有货车计量（地磅计量），即直接测定运送液化氢的货车的重量。为了扩大液化氢的供应及利用，以构建用于输送大量氢气的供应链为目的，从未来的商业交易角度来看，必须尽快确立液化氢的计量技术。最大的难题是没有现成的流量计。在液化天然气的计量上，使用的是科里奥利式流量计，与液化天然气的温度为 - 162℃不同，液化氢必须在更低的 - 253℃的极低温状态下进行计量；密度也比液化天然气低 1/6。虽然已经开发出了液化氢用科里奥利流量计，但目前还没有完善用于性能评价和精度验证的技术开发和测试设备。

　　另外，在开发液化氢计量技术的同时，还应将其制定为国际标准，但目前负责氢气相关标准开发的 ISO/TC197 还没有工作组。在液化氢利用方面，处于世界领先地位的日本，迫切需要标准制定的相关活动。

6.3 安全利用

1. 加氢站

在设置加氢站时，必须遵守相关法规，如《高压气体安全法》《消防法》以及《建筑基准法》，该法令保证了设置和运用的安全性。图6-4示出了加氢站的安全对策。关于安全的基本方针有以下四个[5]。

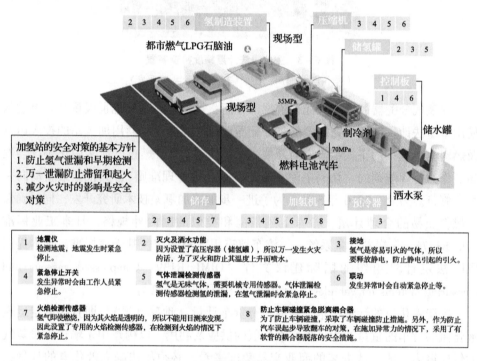

图6-4　加氢站的安全对策

1）防止泄漏。通过气体泄漏检测器检测氢气泄漏，并在检测到氢气泄漏时自动停止设备。

2）防止滞留。设计建筑物的换气和顶盖倾斜等容易扩散氢气的结构。

3）防止着火。防止静电，通过确保与危险品的法定距离来防火。

4）防止对周围的影响。确保高压燃气设备与用地边界之间的法定距离，防止设置障壁（隔断）对周围造成影响。

另一方面，为实现加氢站的自主普及，要求降低维修成本，并在确保安全的前提下，对相关规定进行修改。

　　同时，与加氢站的灵活整备、运用相关的开发，包括高耐久性的软管的开发（从以往的 100 次更换到 650 次可使用）和充氢用喷嘴的轻量化（通过缓和喷嘴的安全系数，重量约减半），氢脆化的机械装置阐明以及事故、故障案例数据库的构建等正在进行中[6]。

2. 燃料电池汽车

　　燃料电池汽车方面，将以下项目作为氢气安全的基本考虑[4]：

　　1）不泄漏氢气。使用足够可靠的容器和管道来防止氢的渗透和泄漏。作为碰撞时的泄漏对策，进行气体容器的配置、气体管道的配置、强度、耐变形设计。另外，确保高压气体容器充分的可靠性，并且配备有主止回阀和填充止回阀，在万一发生泄漏时可防止氢气排放。

　　2）检测后停止。发生氢气泄漏时，通过传感器进行检测，关闭主止回阀，防止氢气泄漏。

　　3）不储存泄漏的氢气。氢气系统全部配置在车厢外，万一发生氢气泄漏也使其扩散至车外。

　　4）不放置火源。离氢气管道等 200mm 以内不设置火源。

　　5）稀释氢气。在清除氢气系统中的氮气时，将一起排出的氢气用排气管等稀释后排出到外界空气中。

　　对于燃料电池汽车的车辆和储氢罐，根据道路运输车辆法以及高压气体安全法规定了安全措施（图 6-5）。其中，关于高压氢系统，于 2005 年，35MPa 压缩氢汽车燃料装置用容器相关技术标准（JARI S001）和压缩氢汽车燃料装置用附件的技术标准（JARI S002），以及 2013 年的 70MPa 压缩氢汽车燃料装置用容器的技术标准（KHKS0128）均被制定。

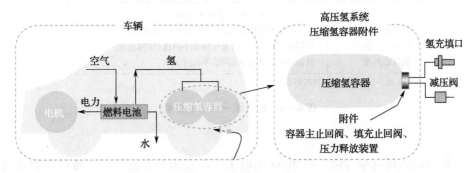

图 6-5　与燃料电池汽车相关的法律

燃料电池汽车的相关标准也正在进行修改，在 2015 年 5 月的标准改革推进会议上提出的答复中，关于燃料电池汽车用高压氢容器的特别充填手续的简化和车载用高压氢容器开发时不需要许可等问题开始讨论[7]。另外，在搭载高压气体容器的燃料电池汽车等车辆中，由于高压气体容器和车辆的管辖分别为经济产业省和国土交通省，因此关于事务手续的方式，从经营者的负担等方面开始讨论。

另一方面，关于世界统一标准，在 2007 年联合国欧洲经济委员会汽车标准协调世界论坛上，日本、德国、美国作为共同议长提出"氢燃料电池汽车的安全相关的世界统一标准方案（Hydrogen fuel cell vehicle global technical regulations：HFCV - GRT)"的讨论被认可，2013 年被采纳。如图 6 - 6 所示，主要标准内容有防止氢气泄漏、防止触电、碰撞安全性、储氢罐强度等。另外，基于 ISO 标准，TC197 项目以"能源利用为目的的氢的生产、储存、运输、测量以及利用相关的系统、装置的相关标准化的推进"为目的被设立，相关活动正在进行中。

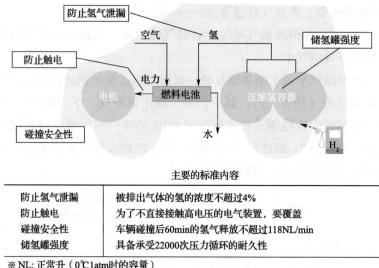

主要的标准内容

防止氢气泄漏	被排出气体的氢的浓度不超过4%
防止触电	为了不直接接触高电压的电气装置，要覆盖
碰撞安全性	车辆碰撞后60min的氢气释放不超过118NL/min
储氢罐强度	具备承受22000次压力循环的耐久性

※ NL: 正常升（0℃1atm时的容量）

图 6 - 6　世界统一标准的概要

3. 家用燃料电池

在家用燃料电池方面，自 2000 年以来，在技术开发的同时，推进了以法规修订、完善认证制度和标准化为主要内容的三大活动。

（1）法规修订

图 6-7 示出了法规修订前、后的情况。在法规修订之前，根据现有的电气事业法，首先需要申报安全规定，选拔电气主管技术人员，以及设置用来进行燃料电池内部的可燃性气体置换（净化）的氮气瓶等。另外，消防法中还没有对燃料电池进行法规上的定位，需要确保与建筑物之间的安全距离（3m）以及申报安装等。对此，通过 NEDO "固体高分子型燃料电池系统普及基础建设事业"或者 NEDO "氢气社会共同构筑基础建设事业"修改得以推进。其结果是，与家用燃料电池的设置和管理相关的一般用户的负担与热水器一样降低。

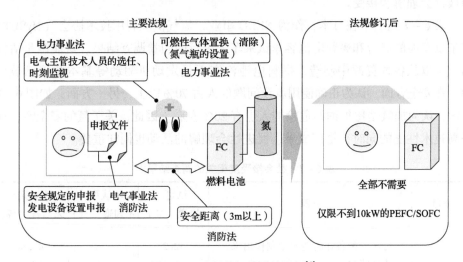

图 6-7　法规修订前后的示例[4]

（2）完善认证制度

日本电机工业会（JEMA）于 2004 年发布了规范家用燃料电池本体的材料、结构、安全性评价等检查基准的 "家用燃料电池的技术标准及检查方法（认证基准）"，并且，在 2008 年实现了 SOFC 与电力事业法相关规定的修改，发布了追加的 SOFC 认证基准。

（3）标准化

首先，业界完善了关于 PEFC 的自主安全基准，2008 年发布了关于安全要求和性能测试方法等 8 项 JIS 标准。另外，在 2011 年发布了关于 SOFC 的安全要求和性能测试方法等的 JIS 标准。为了确保产品出厂后的安全，2009 年 JEMA 发布 "小型固体高分子型燃料电池系统的设置、安装维护检查方针"（JEM 规格），日本气体设备检查协会发布了制定小型燃料电池设置基准的 "气体设备的设置标准及实务指南"。硬件建设、运营方面的标准化也正在进行。

另一方面,燃料电池领域的国际标准化是由 IEC(国际电工委员会)燃料电池技术委员会(IEC/TC105)推进的。

6.4 社会接受度

1. 日本

为了将利用氢能的技术引入社会,必须具备社会接受度(public acceptance),即被社会理解和接受。

表 6 – 7 列出了在日本,作为 NEDO 事业,氢气供应利用技术协会(HySUT)在东京车展的展台和燃料电池客车试乘车上进行的问卷调查结果。氢能源是清洁的,可以从各种资源中制造,燃料电池汽车不是发动机驱动等基本常识已被认知。在安全方面,认为正确使用就没问题的人占 70% 以上,另一方面,如图 6 – 8 所示,认为加氢站比加油站危险的人也有 20% 左右。因此,关于氢的安全性,在提高技术性能的同时,推广成果、促进社会理解的活动也同样重要。

表 6 – 7　社会接受度相关的调查结果[1]

项目	问题	认可/知道(%)	不认可/不知道(%)	不确定/无回答(%)
氢能源	可从各种各样的能源中制作出来	52.2		47.8
	清洁能源	76.8	6.1	17.1
	比汽油更危险	22.4	44.7	32.9
	只要正确对待就没有问题	73.6	4.9	21.5
燃料电池汽车	知道	90.7		9.3
	使用氢能源的电动汽车	69.0		31.0
	长途行驶时感到不安	41.3		58.7
	可以用与汽油车相同的时间进行填充(3~5min)	20.0		80.0
加氢站	知道	70.4		29.6
	比加油站更危险	20.0	39.0	41.0
	有各种各样的安全对策	53.4	6.5	40.1
	反对在我的家或公司附近建造	24.9	44.2	30.9

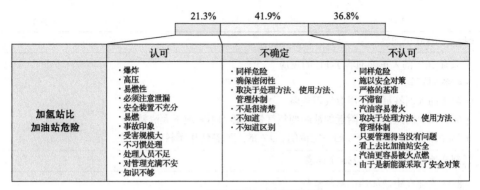

图 6 - 8　社会接受度调查结果[5]

在氢燃料电池领域，FCCJ（燃料电池实用化推进协议会）、HySUT、HESS（氢能源协会）以及 FCDIC（燃料电池开发信息中心）等机构也在积极开展促进理解的活动。另外，从 2004 年开始举办、到 2018 年举办第 14 届的 FC EXPO（国际氢燃料电池展）上，也有很多来自国外的展示，在商业匹配等方面发挥了很大的作用。

2015 年开始开设氢能源导览系统，为了促进一般人的理解，对氢能源技术、氢气的意义和愿景、燃料电池汽车、加氢站以及自治团体的措施等使用了动画和文字进行说明、介绍。另外东京都于 2016 年开设了"东京氢气工厂"，这是一个能够一边观看、触摸、体验氢气社会的未来图景，一边可以快乐地学习的综合性学习设施。

2. 美国和德国[8]

关于社会接受性的调查，美国 DOE 在 2003—2005 年进行了氢气基本路线调查（hydrogen baseline survey），其目的是了解市民、学生和政府官员及企业对氢的认识。结果显示，目前普通市民和学生对氢气及燃料电池的理解以及安全性的认识都不高（表 6 - 8）。

表 6 - 8　DOE 的氢气基本路线调查结果

普通市民：889 个回答
·只有 19% 的人正确回答了 FC 的反应
·37% 的人回答氢气有毒
·41% 的人回答每天使用氢气很危险
·超过 50% 的人对附近加油站的氢气销售感到不安或不太清楚
·40% 以上不知道氢气比空气轻
·在燃料选择方面，安全最重要，其次是成本和环境，简便性的重要性较低

（续）

学生：1000 个回答
·只有 16% 的人正确回答了 FC 的反应
·40% 回答氢气有毒
·45% 的人回答每天使用氢气很危险
·60% 以上的人回答对附近加油站的氢气销售感到不安或不太清楚
·2% 的人接收了关于 FC 的一定说明，9% 的人回答使用燃料电池组件

联邦和地方政府官员：236 个回答
·88% 欢迎在附近加油站销售氢气
·90% 的联邦政府官员回答研讨会有益

企业：99 个回答
·9% 的企业正在使用氢燃料电池
·8% 计划将来使用氢燃料电池

另外，德国正在实施关于市民对氢气看法的全国性调查"HyTrust"。此外，德国氢燃料电池组织（NOW）为了进一步推动提高对氢气移动性和氢能源的社会接受度，实施了 HyTrust 的后继调查 HyTrust Plus。

图 6 - 9 显示了 HyTrust Plus 于 2013 年 1 月以 1012 人规模实施的调查结果。关于氢气车辆的推广及安全性，获得了相当高比例的赞同。另一方面也可以看出，

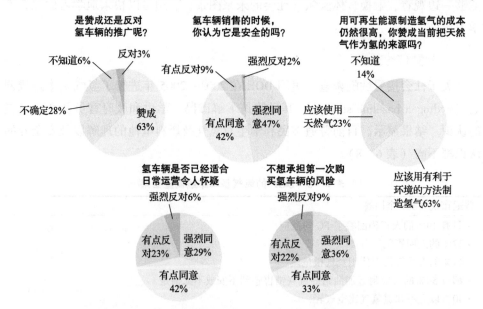

图 6 - 9　HyTrust Plus 的调查结果（2013 年 1 月调查，样本 1012）

为了今后的导入，还需要进一步的发展。另外，在对气候变化问题高度关注的情况下，使用可再生能源制造氢气的意见也越来越多。

3. 国际性的活动[8]

国际氢气安全会议（International Conference on Hydrogen Safety，ICHS）自2005 年以来每隔一年召开一次，是关于氢气安全技术、氢气的限制、基准、标准以及氢的社会接受度的国际会议。当初，基于欧盟第 6 次框架工作项目（FP6）旗下的子项目"NoE HySafe（Network of Excellence HySafe）"实施的国际会议，项目结束后也为了继续氢气安全的研究交流，国际 NPO "International Association HySafe（IA HySafe）"成立，ICHS 每隔一年举办一次。2015 年 10 月，ICHS 首次在日本横滨市举行（主办单位 Technova）。会议前，举办了面向中学生的氢气教育日"体验热门的氢能源吧！"等活动，这些为了提高社会接受度的措施也都在实施。

另外，国际氢燃料电池合作组织（International Partnership for Hydrogen and Fuel Cells in the Economy，IPHE）成立于 2003 年，是政策方面的国际合作组织，包括日本在内共有 18 个国家和地区加入。IPHE 的运营会议每年举行两次，由成员国轮流举办，并借此机会在举办地的大学举办教育及户外活动"H2igher Educational Round"。在这里，主要国家的代表将向大学生介绍 FC 与氢气相关的政策和措施，并与学生进行直接交流。

6.5　教育与培训

1. 欧洲

2008 年成立的燃料电池和氢气共同实施机构（Fuel Cells and Hydrogen Joint Undertaking，FCH JU）正在开展 FC/氢气相关的教育、启蒙和培训项目（表6 -9）。

表 6 -9　FCH JU 的 FC/氢气相关教育、启蒙和培训项目

项目	内容
HyRESPONSE FCV	面向消防队员开展的关于 FCV 和加氢站系统的培训项目
KnowHy	FC/氢技术学习计划的开发与实施
Hyacinth	在从示范到市场化的阶段，氢的社会接受度的分析与改进工具的开发（以 7 个国家为案例进行研究）
HY4ALL	氢气信息开发战略的讨论与实施，网络建设

其中，HyRESPONSE 是 2013 年 6 月—2016 年 5 月实施的消防训练项目。消防训练设施（实际技能设施）设置在位于法国埃克斯普罗旺斯的 ENSOSP 的设施内（图 6 - 10）。HyRESPONSE 的特点是，除了包括在场地设施开展的实际技能之外，还在 PC 上进行模拟复杂事故状况的虚拟训练。

此外，KnowHy 是针对 2014 年 9 月至 2018 年 2 月实施的技术人员（学生）的培训项目。KnowHy 开发的在线教材（图 6 - 11）包括时长 40h 的核心模块（基本）和 5 个领域（FCV 及叉车、氢气制造、微型 FC、热电联产用 FC、发电用小型 FC）教材，提供了英语、德语、法语、荷兰语、西班牙语、葡萄牙语等多种语言版本。

图 6 - 10 HyRESPONSE 消防训练设备　　　　　图 6 - 11 KnowHy 的 HP

2. 美国

2004 年，能源部（DOE）在位于华盛顿州里士满的实施危险品应对及消防训练的设施 HAMMER 培训中心设置了氢气消防训练设施，可以进行关于 FCV 火灾和高压氢气罐泄漏的训练。DOE 开发了车辆实际尺寸模型，并与加州燃料电池合作伙伴（California Fuel Cell Partnership，CaFCP）合作，在各地开展消防训练。

另外，DOE 还于 2007 年与 CaFCP、太平洋西北国家研究所（PNNL）合作，开发了在线课程 "The Introduction to Hydrogen Safety for First Responders"，并进行了改进（图 6 - 12），以便全美各地也能学习消防手段。此外，DOE 还于 2014 年委托 CaFCP 和 PNNL 开发了使用演示软件的课程 "全美氢燃料电池紧急应对训练课程（National Hydrogen and Fuel Cell Emergency Response Training Template）"（图 6 - 13）。

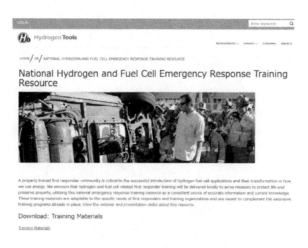

图 6 – 12　DOE 的消防训练课程

图 6 – 13　全美氢燃料电池紧急应对训练课程

第 7 章
氢能源系统
与社会

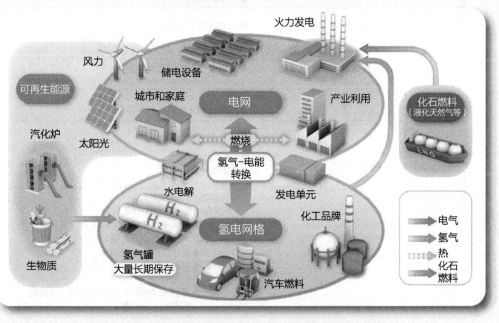

氢在电网与氢电网之间的关联（HyGrid研究会提供）

7.1 日本氢能源的引入前景

2014年6月，日本发布了氢能源的引入，然后于2016年3月发布了修订版的氢燃料电池战略路线图[1]，路线图中描绘了氢能源的引入前景[2]。在本路线图中，将氢能源社会定义为"在日常生活和工业活动中使用氢能的社会"，考虑到克服技术问题和确保经济效率所需的时间，氢能源社会的实现将经历三个阶段。之后，2017年12月发布了氢能源的基本战略[2]。通过整理文献［1］和文献［2］，得到图7-1所示的日本氢能源社会的时间轴。

		2010	2020	东京奥运会上向世界传播氢能的潜力	2030	2040年乃至将来
	家庭用燃料电池	◆2009家用燃料电池投放市场 ◆20年左右单独的普及			◆ENE·FARM家庭燃料电池520万台	
氢利用的领域	FCV	◆2015年燃料电池汽车投放市场 ◆2020年左右燃料电池汽车达到4万辆，氢价等于或低于混合动力汽车的燃料成本 ◆2025左右达到20万辆燃料电池汽车，在零点区域引进燃料电池汽车，价格竞争力相当于同级别的混合动力车 ◆FCV80万辆				
	FC公交车	◆FC公交车100辆			◆FC公交车1200辆	
	叉车	◆1万台FC叉车			◆500台FC叉车	
	发电	◆氢气混合燃烧发电开始使用			◆发电业务全面引入氢能发电	
氢供给的领域	加氢站	◆160个 ◆320个			◆20年代后半期加氢站产业独立化	
	氢供给	◆0.4万t ◆20年代中期引进氢气的价格30日元/Nm³（工厂交付） ◆有机氢化物进口商品化 ◆液化氢进口商业化 ◆2030年左右每年从海外进口约30万t，未使用能源产生氢气 ◆国内可再生能源生产氢气的开始 ◆2040年左右国内外全面化无二氧化碳产生的氢气的制造、运输、储存 ◆氢气价格20日元/Nm³ ◆与现有能源相当的竞争力，包含环境价值 ◆氢引入500万～1000万t的程度（发电容量15～30GW）				

图7-1 日本氢能源社会的时间轴[1-2]

在促进已实际使用的燃料电池和交通运输业中使用氢能源的第一阶段中[1]，设定了到 2020 年普及 140 万台家用燃料电池和 2030 年实现 530 万台的目标。据报道，与节能效果相比较，家用燃料电池购买者的经济负担可以在 2020 后的 7 ~ 8 年燃料电池的使用后抵销。根据燃料电池的节能效果，预计家用燃料电池将在 2020 年左右商业化普及。另外，对于预计将在建筑物和工厂中使用的商业和工业用燃料电池，目标是在 2017 年将固体氧化物燃料电池推向市场。截至 2017 年 12 月，商业用的固体氧化物燃料电池（Solid Oxide Fuel Cell，SOFC）已投放市场，并且工业用的固体氧化物燃料电池也正在开发和实验中。

关于运输行业中氢能源的使用，目标是到 2016 年底将燃料电池公共汽车和叉车推向市场，然后丰田从 2016 年开始销售燃料电池叉车。氢能源不仅要使用在汽车中，还要使用在包括船舶和火车等在内的整个运输部门中。

到 2020 年燃料电池汽车的普及目标为 4 万辆，到 2025 年约为 20 万辆，到 2030 年约为 80 万辆。2025 年左右，为吸引更多用户，推出用于重点区域的燃料电池汽车，并在价格上与同类混合动力汽车具有竞争优势。

燃料电池汽车的加氢站建设目标为到 2016 年在四大主要都市圈建设 100 个，到 2020 年扩建到 160 个，到 2025 年达到约 320 个。截至 2018 年，全国有 99 个加氢站正在运营或计划筹建中。关于经济效益，目标是到 21 世纪 20 年代后半期实现氢能源补给站的产业独立化。还制定了到 2020 年，建设可再生能源的小型制氢站约 100 个的目标。面向运输部分的氢能源价格将设定为与当前混合动力汽车的燃料成本相同或更低的水平，为实现氢能源自给自足，将在特定区域大量使用燃料汽车和建设氢能源基础设施，通过提高开工率来降低成本。

第二阶段中，为引入氢能发电而建立大规模的氢能源供应系统，预计 2020 年左右开始引入用于私人发电的氢能发电，2030 年左右开始将氢能发电引入发电业务。为了满足发电业务中对氢气的需求，可以预见，到 2030 年左右利用海外未利用的能源生产氢气，并将形成一条涉及氢气生产、运输和存储的供应链。从确保业务可行性的角度来看，氢气的成本很重要，对于 20 年代后半期的工厂交付成本而言，氢气的目标价格约为 30 日元/Nm^3。如果从海外采购氢气的话，那就要处理好产生氢气的副产品、产生天然气的原油以及煤炭等未使用的资源，提供用于商业用途的氢能源需要廉价且稳定。第三阶段将实现无二氧化碳的排放，但是现阶段，考虑环保的同时优先考虑建立大规模的氢能源供应链。氢气的运输和存储方面，目前正在研究的有机氧化物和液化氢被设定为现阶段的氢气载体。

到第三阶段2040年左右，要抑制从制造到使用的整个供应链中的二氧化碳排放，建立无二氧化碳的氢气供应系统。为此，期望建立一种廉价、稳定且环境负荷低的制氢技术。

这样，日本设想的氢能社会就以家用燃料电池、燃料电池汽车（主要是乘用车）以及商业发电为主。随着这些技术的引入和氢能利用范围的扩大，工业用燃料电池和乘用车之外的交通出行中的氢能源利用也有望增加。

7.2　美国氢能源的引入前景

目前虽然美国政府方面尚未发布引入氢能源的目标，但是由能源部燃料电池技术办公室负责的"燃料电池技术多年研究、开发和示范计划"正在进行中，可以从中了解美国的氢利用情况。

引入氢能源的效果包括减少温室气体、降低油耗、促进可再生能源、使用设备的效率提高、多种主要能源的利用、空气污染的改善、高可靠性和系统稳定性的贡献、多种用途的使用、安静以及促进经济增长等。为此，计划从战略上确定技术、经济、制度的任务，并努力完成计划。

设定将氢能源短期内用于分布式电源（包括备用电源），如叉车、便携式电源等；中期内用于家用热电联产、辅助电源、商用车辆等；长期内用于乘用车。根据该报告，设想了一个氢能系统，在该系统中，由各种一次能源产生的氢和其他燃料将被提供给各种类型的燃料电池，然后用于各种用途。

图7-2显示了美国向氢经济（氢经济表示为氢能源社会）转型的国家愿景，介绍了美国向氢能源社会过渡的概况。该文件已有十几年的历史了，在这段时期内，由于技术进步和外部环境的变化，似乎存在一些不切实际的部分，但作为描述包括时间范围在内的长期氢能引入的资料是很值得思考的。其中提到氢能源的制造，2020年左右通过煤气化，利用可再生能源和核能的水电解以及利用反应堆热量的热化学方法来生产氢能，2030年及以后设定为生物的光催化来生产氢能。预计在2020年引入分布式制氢设备，到2030年后大规模分散的氢能源基地将形成互联互通。能源部最近的年度会议已经设定了三个部署阶段：先是天然气、煤炭、废物垃圾、生物质，然后使用电能的水电解，之后是核能、太阳光能和太阳热，似乎正在根据技术的进展而相应的改动。在氢气的运输方面吧，现有的技术包括管道、货车、铁路和轮船。在利用率方面，预计将在2010年至2020年之间引入各种的燃料电池，并在此后通过批量生产使其成熟。目前，氢能源主

要用于炼油厂、航天飞机等，已经扩展到了固定电源、公共汽车和政府车辆；2020 年以后使用到商用车辆、热电联产和乘用车；2030 年以后设定将使用到发电等公共事业。

		2000	2010	2020	2030	2040
	政策框架	·安全保障 ·气候变动 ·氢气安全	触手可及/可接受性	→	公众对氢作为 能源载体的信心	
制氢行业板块	制造工艺	天然气/生物质		煤气化核电燃料和水电解核 电热化学分解水	光生物生产光催化	
	输送	·管道 ·货车、铁路、轮船		现场分布式设备	集中式和分布式 集成网络	
	储存技术	高压气罐 （气体、液体）		固体 （氢化物）→	成熟的大规模生产技术固体 （碳、玻璃纤维）	
	变换技术	燃烧技术	·燃料电池 ·先进燃烧技术 } 成熟的量产技术			
	最终消费市场	·燃料重整 ·航天飞机 ·便携式电源	·固定式分布式电源 ·公交车 ·政府、市政车辆	·商用车 ·分布式热电联产 ·私家车的引入	·发电	

图 7 - 2　向氢能源社会过渡的概要[4]

图 7 - 3 为 H_2 @ scale 的示意图。H_2 @ scale 是一种"概念"，它代表着各种国内资源所产生的氢气对提高能源安全性，创新技术和国内工业的增长所产生的广泛潜在影响。据说随着来自可再生能源的电量的增加，电力系统中的供需平衡变得难以控制。一些水电解设备不到 1s 的时间内做出响应，因此当可再生能源的

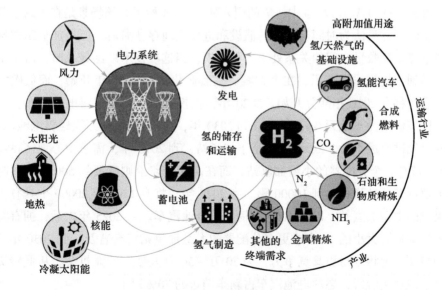

图 7 - 3　H_2 @ scale 的示意图[6]

输出可能过剩时，水电解设备的输出会增加，反之，输出会减少。这样通过将水电解设备产生的氢气作为能源应用和化学工业等各个行业氢能源的利用相结合，可以期望系统保持稳定性和使用国内能源来改善能源的安全性。这就是所谓的利用剩余电力生产和利用氢气的系统，被认为具有与天然气发电（或假设多种用途的 X 发电）相同的概念，但是天然气发电在可再生能源中不稳定；$H_2@scale$ 概念中，国内资源的稳定能源（核能、地热能等）与水电解的结合也在讨论范围之内。

美国的氢能源使用，正从分布式电源（包括备用电源）、叉车和便携式电源之类的应用中扩展开来，从长远来看，燃料电池汽车有望全面普及。关于氢能源，目的是通过国内生产能源来提高能源的安全性（从狭义上讲，是减少进口原油），可以说，其特点是没有通过进口资源生产氢气以及没有进口氢气。

7.3　欧洲各国氢能源的引入前景

能源供求的现实是多种多样的，包括欧盟（EU）成员国和非成员国，一些国家（例如挪威）出口大量能源，而其他国家（例如德国）则进口。在这里，HyWays 是一项主要在欧盟研发计划 FP6 中进行的路线图研究，并与合作伙伴一起为当前的研发计划 HORIZON 2020 开发燃料电池和氢气技术。可通过 FCH2JU 相关文件了解研究和开发的详细内容。

首先，在 HyWays 场景中，氢的引入如图 7-4 所示。该场景是在大约十几年前绘制的，并且认为时间与当前的假设和进展之间存在滞后，但是加氢站数量与燃料电池车辆数量之间的关系处于这种规模，当这项技术广泛普及时，对于掌握氢气的利用规模非常有用。在该方案中，商业化将在 2015 年开始，而低碳资源的氢生产将在 2020 年部分开始。2020 年，将投放 250 万辆燃料电池汽车，目标氢气供应成本为 4 欧元/kg；然后，到 2030 年，将投放 2500 万辆燃料电池汽车，目标氢气供应成本为 3 欧元/kg。至于加氢站，到 2015 年，需求中心地区将需要400 个带有一个分配器的小型加氢站，而在高速公路上则需要约 500 个，届时燃料电池汽车的数量将达到 10000 辆。到 2025 年，将有 13000～20000 个具有 4 台加氢机的中型加氢站，以及 1000 万辆燃料电池汽车。在 2025 年之后，拥有与现有加油站相同大小的 10 个或更多分配器的大型加氢站将会普及。到 2030 年，氢气和燃料电池将变得更具竞争力，为 20 万～30 万人创造就业机会。从低碳资源向制氢的过渡阶段，燃料电池汽车占新车销售的 20% 以上。

	2010	2015	2020	2030	2050
阶段	商业化之前的技术改进和市场准备 以降低成本为重点的技术开发	商业化的开始	〈HFP Snapshot 2020〉 ◇第一个影响的具体化 ·新制氢的一部分是低碳资源 ·改善本地空气污染 ·FCV占新车销量5%以上	〈HyWays Snapshot2030〉 ◇氢燃料电池具有竞争力 ·创造就业，维持现有就业（有效增加就业20万~30万人） ·转向供应氢气 ·FCV目标是新车销量的20%以上	氢燃料电池主导技术影响力强 ·80%的LDV和公共汽车使用不排放二氧化碳的氢气 ·将私家车的二氧化碳排放量减少80% ·氢气用于无电网和偏远岛屿地区的固定需求
目标	到2015年，LHP将推出数千辆汽车 ·PPP"灯塔"项目 ·将研发预算增加至每年8000万欧元 ·大型示范项目的预算支持		车辆 250万辆 成本 氢：4€/kg 燃料电池：100€/kW 储罐：10€/kW·h	车辆 250万辆 成本 氢：3€/kg 燃料电池：50€/kW 储罐：5€/kW·h	
所需的政策支持	需求政策支持 ·创建初始市场支持 ·绩效监测框架的实施 ·投资设备的长期保修 ·教育和培训计划 ·法规/标准的一致性	氢的支持框架 ·到2015年在成员国开发 ·推广支持（例如每年减税180亿欧元） ·政府购买 ·氢基础设施战略发展规划与实施		从氢支持逐步过渡到对可持续性的普遍支持	可持续性的普遍支持
	2010	2015	2020	2030	2050

图 7 - 4　HyWays 引入氢气的路线图[7]

随着燃料电池汽车的普及，到 2050 年，有可能将交通运输行业的二氧化碳排放量减少 50%。到 2050 年，运输行业的石油消耗将减少 40%，到 2050 年，将为 80% 的乘用车和公共汽车提供不排放二氧化碳的氢气。对于固定应用，固定燃料电池将被引入偏远地区和岛屿系统。

在 FCH2JU 的 2014—2020 年工作计划中，交通运输行业的研究目标是除了乘用车和加氢站外，还为叉车、铁路、轮船和航空用燃料电池提供高效率和长寿命的燃料电池。旨在降低成本的制造技术有望被广泛使用。其中，对于船舶而言，假定了用于锚定小型船舶和大型船舶的推进力，而对于航空，则主要假定了辅助电源（APU），而不是用于推进的动力。

在能源领域，正在研究利用可再生能源和低碳资源生产和利用氢。计划进行水电解设备的研究和开发，其目的是通过利用可再生能源产生的氢气以及将氢气或甲烷混合到天然气管道网络中来进行能量存储。另外，燃料电池热电联产的研究和开发是利用这些氢的技术，此外，还对不使用热量发电的单基因燃料电池进行了研究。与氢的输送和安全有关的项目也在进行之中。

关于最近的加氢站的普及，德国和英国分别以 H₂ Mobility 项目和 H₂ Mobility UK 项目进行了加氢站示范，表 7 – 1 列出了相关的数据。在 H₂ Mobility 中，加氢站将在第一阶段集中安装在特定大城市的中心区，在第二阶段将安装在连接主要城市的高速公路上，并在第三阶段扩展到中小型城市。除上述两个示范项目外，欧洲 H2ME（Hydrogen Mobility Europe）项目，基于与法国和北欧地区的合作，共有 10 个国家拥有燃料电池汽车和加氢站示范项目。该计划总投资 6800 万欧元，其中包括来自欧盟的 3200 万欧元，到 2020 年之前运营 200 辆燃料电池汽车和 125 辆增程式汽车，并建设 29 个新的加氢站[9]。

表 7 – 1　在德国和英国安装的加氢站数量[10]

德国		英国	
2015 年	100	2015—2019 年	65
2020 年	400	2020—2024 年	330
2030 年	1000	2025—2030 年	1150

这样，欧盟所设想的氢能利用用途，主要集中在燃料电池汽车和可再生能源的储能和运输领域。

7.4　不同国家/地区氢能源引入情况对比

在 7.1 ~ 7.3 节中，根据相关政策文件，考察了不同国家/地区计划引入氢气的时间和用途，本节将这些情况进行对比。表 7 – 2 列出了在日本、美国、欧洲以及中国引入氢气的时间和应用的比较。每个国家和地区的氢利用目的几乎相同，优先事项的主要目的是减少二氧化碳，在美国，除了气候变化外，改善该地区的空气污染也是使用燃料电池汽车的重要作用。

表 7 – 2　不同国家/地区的氢气引入时间和应用比较

	目的	时期	引入领域
日本	二氧化碳减排 能源安全 工业发展、经济增长	分三个阶段推出	以家用燃料电池、汽车、大型发电为主，氢气也从国外进口

（续）

	目的	时期	引入领域
美国	大气污染对策 二氧化碳减排，大气污染对策 工业发展、经济增长	研发、初始市场、市场拓展和基础设施开发、市场基础设施成熟度	基于从小的领域扩展到运输领域，开始考虑在各个领域使用本地制造的氢。
欧洲	可持续低碳能源 交通系统 工业发展（确保就业） 能源安全	燃料电池汽车从 2015 年开始商业化，然后逐渐普及	交通运输（汽车、铁路、船舶、航空等）、储能
中国	能源安全、空气污染控制、与可再生能源的合作、大规模存储、化学品使用、二氧化碳减排等各种用途	2020—2030 年大规模商业化 2030—2050 年，将在能源结构中占据重要地位	运输行业

关于能源安全，日本试图通过使所用的资源和进口目的地多样化来改善能源安全，因为可以从各种资源中产生氢气。美国正试图通过利用国内资源来减少能源（特别是来自中东的原油）的进口。

在应用方面，日本正在推广家用燃料电池和汽车等接近普通消费者的产品（比工业和商业领域的产品数量更大）。而美国则正在推广工业领域的产品，促进叉车、分布式电源、应急电源和其他经济高效的领域的发展，与此同时，正在努力降低加氢站和燃料电池的成本。在欧洲，可以说除汽车外，在铁路、船舶、航空等交通运输领域也广泛采用氢能。

表 7-3 列出了各国/地区用于氢生产、运输/储存和利用的技术方案进行定性比较的结果。在氢能利用初期，化石燃料制氢和石油化工副产氢的比例较高，随着对氢气的需求增加，将逐步转向使用现有技术生产氢气。如前文所述，美国制氢仅限于使用自己的资源，而欧洲则侧重于使用可再生能源进行制氢。在氢的运输/存储技术中，通过高压气体或液化氢在该地区进行运输对于各个国家/地区来说都是通用的。日本正在积极研究利用液化氢和有机氢化物进行跨国运输的问题。在各个国家/地区，运输领域的燃料电池汽车和工业/消费领域的热电联产在各个国家/地区都很普遍，尽管引入的预期时间略有不同。在美国，用于应急电源和叉车的技术处于领先。在欧洲，正在积极开展电力天然气示范活动。日本的特征是使用进口氢气进行商业发电。中国主要的领域是燃料电池汽车。

表7-3　各国/地区的氢气生产、运输/储存和利用的技术方案比较

	制氢	氢气运输/储存	利用
日本	最初,在使用来自化石燃料的氢气的同时,将转向可再生能源等不含二氧化碳的氢气。不限制一次能源的研究和开发	除高压氢运输外,还计划利用液化氢、有机氢化物等能源载体进行跨国运输	将氢气用于运输、热电联产、大规模发电等,也用于可再生能源的储存
美国	利用国内天然气资源、可再生能源电解水,CCS 煤气化、生物质气化、核电、光触媒	短期目标是高压氢运输,中期是液化氢,长期是管道运输,其他技术方案也在考虑之中	有多种用途,例如用于运输(汽车、叉车)和固定用途的应急电源,还有氢气储能方案
欧洲	来自可再生能源的水电解、热化学法、光触媒等	FCH 2 JU 专注于高压气体和液化氢的运输,也提到了管道和能源载体的运输	通过运输和热电联产利用氢气,还有氢气产电储存的设想
中国	煤气化、再生能源(风力发电的余电)、副产品(焦炭生产、电解等)	高压氢气	燃料电池汽车

7.5　国际能源署对氢能源引入的分析

国际能源署(IEA)于 2015 年 8 月发布了"氢气和燃料电池技术路线图11"。该路线图的目的是显示各种能源利用部门中氢气利用的潜力和局限性。该路线图的范围包括燃料电池汽车、家用燃料电池、炼钢、化学工业和可再生能源的储能,以及氢气运输和氢生产。图 7-5 显示了当前和未来能源系统的概念图,该图显示氢能促进了低碳能源的引入,并将氢能网络集成到电力和热能网络中,从而增加了能源系统的灵活性。此外,尽管当前的系统高度依赖化石燃料,并且其网络有限,但它也表明,将来氢气可能会从各种原材料中生产出来,并用于工业、消费和运输中的各种目的。

在 2DS High-H_2(这是实现 2℃ 目标场景的派生场景)方案中,到 2050年,设定燃料电池汽车将占美国、欧洲四个主要国家和日本乘用车的 20% ~ 30%。这种大型燃料电池汽车的广泛使用将贡献交通运输行业从 6DS 到 2DS 所需的二氧化碳减排量的 14%。

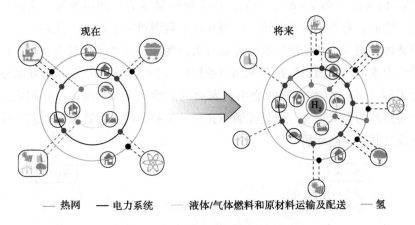

现在　　　　　　　　　　　　　将来

—— 热网　　—— 电力系统　　—— 液体/气体燃料和原材料运输及配送　　—— 氢

图 7 – 5　当前和未来能源系统的概念图[11]

为了输送氢气，将大量生产的氢气通过液化氢气运送到需求量大的城市，再通过管道输送到大城市的氢气分配基地，并从那里建立到大城市和邻近城市的分配网络。还可以设想，每个城市都将安装小型分布式制氢设备。

到 2050 年，日本、美国和欧洲通过采用碳捕捉及储存和煤炭气化技术的天然气蒸汽重整来生产大部分氢气，其余的将通过生物质气化和低成本的可再生能源发电来生产。

当将氢气用于能源存储时，有两种使用方式：每周到每月的季节性存储和套利交易，即使用廉价的电力制造氢气，并在繁忙的时间产生和出售氢气。

至于氢气的其他用途，在 2DS 方案中，在炼铁过程中使用氢气，以及在化学工业（如氨和甲醇）和精炼厂（如精炼厂的脱硫和加氢裂化）中使用氢气可减少二氧化碳的影响。

7.6　氢能源社会的类型

1. 全球氢能源供应链

未来的氢能社会将是多种多样的，但它将在地理范围内分为全球氢能源供应链、城市氢能源利用以及用于当地消费的本地生产。在本节中将会描述其特征。这些类型的划分并不是非常严格，有些利用形式具有多种特征，而有些则不属于这些类型。

第一个是全球氢能源供应链。它在能源供应国生产大量氢气，并将其转化为液化氢、有机氢化物和氨等能源载体，并在全球范围内进行长途运输，类似于当前的 LNG 供应链（图 7 - 6）。当然，由于氢传输是为了利用能量，最好尽可能地使用。然而，有些地区的可再生能源和化石资源难以运输，因此附近没有大规模的消费区。例如，在某些地区，埋藏有大量褐煤，这些褐煤仅用于生产区域中低效的热力发电，因为整年在西风强烈的地区（如阿根廷的巴塔哥尼亚和澳大利亚的维多利亚州），干燥的褐煤会引起着火的危险。另一方面，一些国家，例如日本，对能源的需求很高，但是能源不充足。氢载体的洲际运输正在研究中，以消除供需之间的空间矛盾。

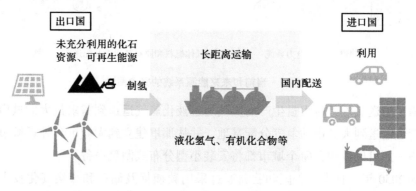

图 7 - 6 全球氢能源供应链概念图

这种洲际能源运输研究项目包括 20 世纪 90 年代的 EQHHPP[12]、WE-NET[13]和 2010 年的可再生能源洲际运输技术调查[14]。近年来，液化氢和有机氢化物的跨国运输示范项目已经开始。关于液化氢，HyStra（川崎重工、岩谷产业、电力开发株式会社、壳牌日本公司合作）建造了液化氢运输船、液化氢基地等，以 2020 年为目标从澳大利亚到日本的液化氢长距离运输示范项目正在进行中。

关于有机氢化物，AHEAD（千代田公司、三菱公司、三井物产株式会社、NYK 合作）将文莱的甲醇工厂的副产物氢通过集装箱船添加到甲苯中，再将产生的甲基环己烷脱氢，以 2020 年为目标实施示范项目。

2. 城市氢能源的利用

未来氢能社会的第二个方面是城市氢能源利用（图 7 - 7）。在人口密度高和能源需求高的城市，各种能源供应、存储和需求设备都连接到区域能源管理系统（EMS），氢气生产和利用设备也将被并入智慧城市，在这些城市中，能源供应和需求受到控制，以实现二氧化碳减排、电力和热交换，以及将能源成本降至最低。

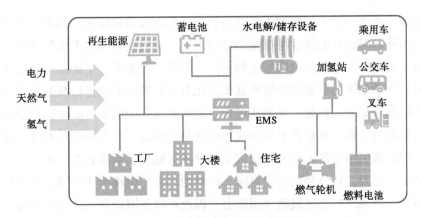

图 7 - 7　城市氢能源利用的概念图

　　尽管通过太阳能发电在城市内部提供一些电力，但是大部分能量（例如电力、天然气和氢气）是从城市外部提供的。需求集中在大楼、工厂和住宅的电和热，乘用车、公共汽车和叉车等移动物体的燃料以及电力。国内生产或从国外进口的氢气被提供给加氢站，燃气轮机和燃料电池热电联产。另外，作为需求响应之一，可以考虑在水电解设备中生产和储存氢。这样的氢气可以供应到附近的氢气需求目的地，例如氢气站，可以在电价高的时候用于发电。

　　通常，城市地区的能源需求密度高，区域外的能源运输不太可能发生，因此运输距离相对较短。

3. 乡村及偏远地区氢能源的利用　（自产自销）

　　未来的第三种类型是在人口密度低且能源需求相对较低的地区使用可再生能源生产和使用氢气的情况。其运输通常是短距离的，且主要在该地区使用，在某些情况下，使用适合其特性的能量载体进行存储，可以考虑应用于人口密度低，环境复杂的偏远岛屿等远离城市的地区（图 7 - 8）。

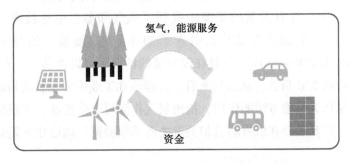

图 7 - 8　本地生产氢气在本地消费的概念图

例如，考虑一个未连接到供电网络的偏远岛屿或偏远地区，通常这些区域中的电力由柴油发电机提供。考虑到燃油的成本、运输成本和发电机的效率，电力成本被认为高于大陆和与电网相连的地区。另外，当由可再生能源产生氢并进行发电时，整个系统的能量转换效率低于由化石燃料发电的能量转换效率，因此电力成本趋向于更高。但是，如果从可再生能源和氢气中供电的成本比目前相对较高的电价便宜，那么从经济上讲，这种引入是合理的。由于不是从系统外部提供燃料，因此即使由于恶劣的天气或灾难而使该区域处于隔离状态，也有可能继续提供能量。另外，从外部购买燃料时，燃料的对价主要流出该区域，而在该系统的环境中，该系统归该区域的公司所有，因此可以使用留在该区域的资金。它具有增加和流通的潜力。

东芝的 H_2One 是一家将可再生能源的氢气生产/存储，与燃料电池和能源管理系统集成在一起的设施。它在夏季从多余的光伏发电中生产和存储氢气，在冬季进行发电，可满足一间酒店的年电力需求[16]。这是一个侧重于氢的长期储能功能的案例。

此外，在由能源研究所进行的以偏远岛屿为模型的可再生能源和氢（电力转化为天然气）的组合中，发现重油参考系统具有经济上合理的条件[17]。由于储能功能不仅限于氢，因此有必要创建一种可以具备便捷性、经济性和环保性的系统，该系统可以与使用文献［18］中所述的蓄电池媲美。

7.7　全球的能源利用

1. 国际能源署发布 ETP 2017

在本节中，将根据每个机构的分析结果描述在使用能源时引入的氢气的规模和用途。国际能源署（IEA）每年发布的"能源技术展望（ETP）"（2014年以前隔年发布一次）在有关氢的章节中提到了氢气和燃料电池技术，尤其是在2012年版中[19]。在2012年版中，引入了2DS（2°C场景）的两个衍生场景2DS – High H_2 和2DS – NoH_2，并且在没有氢的情况下可以评估出，直到2050年才能实现所谓的2°C目标，从长远来看，在运输和工业中实现脱碳是困难的。其中还提到了氢作为储能方法的作用，指出氢气作为可再生能源，大规模地使用是很有必要的，以及需要在所有利益相关者之间采取协调行动以建立氢相关的基础设施。

在ETP2017中[20]，提到了氢气被用作跨国运输的燃料（氢气和合成燃料），燃料电池用于建筑能源、城市供热、储能介质，以及轻型车辆（乘用车等）和重型车辆（重型货车等）的燃料。但是，预计轻型车辆中氢气的使用量将比电动汽车等少，并且电力和潜在的氢气被用于轻型车辆和公共交通中。货车则使用生物燃料和氢气，但由于技术不确定性高，因此存在多种可能性。在工业领域，如果可以使用低碳制氢方法，则制氢是氨气/甲醇生产过程中能量强度的很大一部分，因此整个生产过程的能量强度可能会降低。

尽管提到了燃料电池汽车的续驶里程与目前的内燃机汽车的续驶里程相当，并且预计成本将大大降低，但是氢气很难普及有以下两个原因：

①使用源自廉价可再生能源的电力会降低水电解设备的容量因子。

②与其他储能技术（例如抽水蓄能发电）相比，能量转换效率低，导致成本增加。

尽管大规模制氢可以廉价地生产氢气，但是与分散式小规模制氢运输和输送相比，它需要更多的投资，尤其是在对氢气的需求不能涵盖所有苛刻技术的情况下。据说，这将延迟氢燃料电池汽车的普及，由于规模经济，将延迟燃料电池和氢存储设备的成本降低。

因此，关于氢能的潜力，特别是对于大幅减少二氧化碳排放的潜力，已被评估为一项长期技术选择，并具有很高的期望值。这与国际能源署的其他报告是一致的。

2. 世界能源基地——亚洲

日本能源经济研究所发布的"IEEJ 展望"在 2016 年的内容是有关超长期能源和经济的报告。通过这个报告，可了解 2016 年的氢气生产和利用规模，以及与氢气相关的详细分析。

在本报告中，有一些参考案例，它们是能源和环境政策从过去到现在的延伸，还有一些技术进步案例，这些案例在世界范围内最大限度地引进了减少二氧化碳的技术，并引进了诸如氢能和核能等技术，对氢能和核能发电高低的案例进行了评估。

在本报告中提到，如果全球范围内雄心勃勃地削减二氧化碳排放，并且如果在某些需求地区不能完全使用碳捕捉和储存技术，那么除了可再生能源、碳捕捉和储存以及核电之外，进口氢气发电可以发挥重要的作用。为此，在这里将氢能发电、燃料电池热电联产和燃料电池汽车设定为氢能利用技术。

2030 年之后，燃煤和天然气发电将被氢气发电取代，氢气的供应成本将降低。与此同时，燃料电池汽车的引入将在全球范围内取得进展。在氢气大范围使用的情况下，到 2050 年，氢气发电将占发电量的 13%，大约每 8 辆新车销售中就有 1 辆是燃料电池汽车，全球消耗 3.2 万亿 Nm^3 的氢。到 2050 年，氢气消耗的 90% 将由碳捕捉和储存限制地区的发电企业使用。氢的主要出口国是中东/北非地区，以及澳大利亚和俄罗斯等（图 7 – 9）。

即使在氢气利用率较低的情况下，到 2050 年，全球对氢气的需求也将达到 9400 亿 Nm^3，并且全世界 5% 的电力将由氢能发电产生。

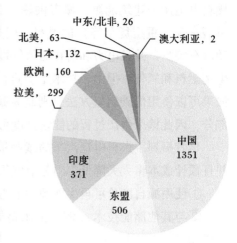

图 7 – 9　按国家/地区划分的氢消耗量细分
（单位：$10^9 Nm^3$）

在大范围和小范围使用氢气的两种情况下，据估计，约 90% 的氢气需求来自亚洲，而 40% 以上来自中国。

在大范围使用氢气的情况下，氢气发电和燃料电池车辆使用氢将导致 3.6Gt 的二氧化碳减排，这是 2050 年规划减排量的 50%。

尽管氢气的经济性差，但是没有其他选择，并且指出氢气及其利用技术可以用作相对经济的低碳技术。除中东外，北美和澳大利亚也是有希望的候选出口国，据评估，这将导致能源供应国的多元化。

3. 综合评估模型 GRAPE 分析

GRAPE 是由能源经济研究所开发的超长期综合评估模型，由能源、经济、气候变化、环境影响和土地利用等模块组成[22]。该模型的能源分析模块将世界划分为 15 个区域，处理每个区域的能源系统，包括区域之间的能源贸易，并且在资源数量和二氧化碳排放的约束下，整个系统的能源供需系统是一种从成本角度进行优化的模型。我们改进了该模型，以便从 2020 年开始在全球范围内生产和使用不排放二氧化碳的氢气，并在 2050 年之前分析了氢气的供需状况[23]。图 7 – 10 显示了全球氢气需求量以及每种主要能源产生的氢气量的评估结果。它将在 2020 年在全球范围内使用，并且大部分将在运输行业消费。到 2050 年，它将用于热电联产和大规模发电，其结果是，它将在全球约 8 亿 t 原油当量中使用。用碳捕捉和储存对低品位煤进行气化生产的氢气不到一半，其次是风能和水力发电的水电解。

图 7 – 11 显示了在敏感性分析情况下日本氢气需求的变化，其中日本的能源供求条件发生了变化。敏感性分析的情况是，在日本没有碳捕捉和储存的情况下，氢气的 CIF 价格比基本情况高出 10 日元/Nm³（氢气价格高），而核能发电量为核能发电维护提供了 15% 的电力。直到 2030 年，所有情况下的氢需求量几乎都相同，但是 2035 年之后，在无碳捕捉和储存的情况下氢气需求量最高，到 2050 年，氢气需求量为 8000 万 t 原油当量，约为基本情况的 1.4 倍。这主要是由于碳捕捉和储存在发电领域不可用，因此用大规模的氢能发电代替了火力发电。在高价氢的情况下，直到 2045 年氢气的需求都很少，但到 2050 年几乎不变。这是由于在整个发达国家中引入氢气是为了与 1990 年相比将二氧化碳减少 80%。在核电维持的情况下，对氢气的需求在 2050 年是最低的，这是因为相较于大规模氢能发电，核能发电的成本更低，所以发电企业不再大规模利用氢气发电。在灵敏度分析的范围内，可以看出，在发电企业大规模引入氢气发电对氢气需求量有很大的影响。

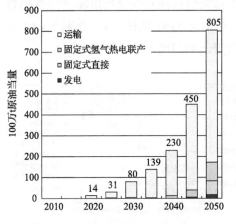

图 7 – 10　全球氢需求（能源利用）

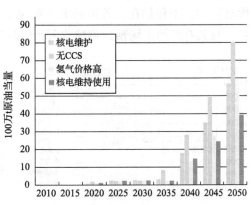

图 7 – 11　日本的氢需求量（能源利用量）

4. 日本氢能源相关产业的规模

根据"氢/燃料电池战略路线图"，与氢相关的市场在 2030 年和 2050 年的估计结果分别约为 1 万亿日元和 8 万亿日元[1]。

此外，自 2011 年以来，能源科学技术研究所就一直在举办无二氧化碳氢气研究小组[24]。2016 年无二氧化碳氢扩散情景研究报告显示了日本研究院在研究组中进行的设备市场规模的展望[25]。

　　氢的用途分为工业用途和燃料用途，每种用途包括氢气消耗和设备销售（有些仅用于氢气消耗）。氢气使用市场包括燃料电池叉车、燃料电池货车、燃料电池公共汽车、燃料电池乘用车、热力发电、火箭燃料和工业应用。工业应用包括金属、光纤、半导体、石油精炼和氨生产。相关设备市场包括家用固定式燃料电池、商业和工业用燃料电池、燃料电池叉车、燃料电池货车、燃料电池公共汽车、燃料电池乘用车辆以及火力发电。氢能发电设备销售市场的使用寿命为40年，折旧成本相当于市场价。2030年以后，计划将开始安装氢气设施，将替代液化天然气。计划每年液化天然气设备更新量的三分之一将由氢能发电设备代替。

　　图7-12显示了根据研究结果为每种应用设定氢气价格来计算出的市场规模。到2050年，氢气市场和设备市场的总市场规模将达到4.2万亿日元。细分的氢使用市场为1.5万亿日元，其中约60%用于制氢。从2016年到2020年，氢气使用市场规模暂时略有下降，这是氢气价格下降的结果。相关设备市场为2.7万亿日元，乘用车、公共汽车和货车的比例约为80%，这与氢气使用市场不同。与氢气生产、运输和供应相关的设备的销售市场包括在氢气使用市场（氢气销售价格）中，不包括在设备市场中（截至2050年为4350亿日元）。如图7-12所示，与氢有关的市场预计将随着所用氢的数量增加而增长。

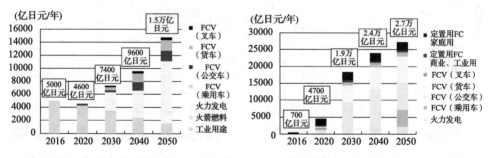

图7-12　氢使用市场（左）和氢相关设备市场（右）

7.8　可再生能源与氢能源

　　如7.6节所述，氢气弥合了能源供需之间的时空鸿沟，从而使可再生能源可以在以前无法使用的能源系统中使用。这是因为氢气具有能够经由燃料电池在水的电解和电力之间进行转换的性质。另外，可以说氢能是电能的补充，因为它可以比电能存储更长的时间。

图 7 – 13 显示了按时间和空间组织的可再生能源氢气供应链的分类。每个供应链的位置都是定性的。例如，将氢气或合成甲烷注入国际天然气网络在技术上是可能的。图 7 – 13 中的横轴是距离，并且越靠右就越重视氢作为输送介质的功能。另外，纵轴是时间，越高则其作为氢的存储介质的功能越受关注。由于氢是一种物质，与电不同，它不能在短时间内长距离输送，因此，在长距离和短时间的区域没有用处。

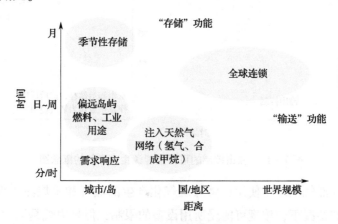

图 7 – 13　使用可再生能源氢按运输距离和储存时间分类

季节性存储是一种侧重于氢能存储功能的分类。以 IEA 为例[15]，放电量为 500 MW，持续时间为 120h。这种抽水蓄能发电系统在经济上要优于压缩空气储能（CAES）。

在没有与加拿大纽芬兰南部电网相连的拉美亚群岛的偏远岛屿上，为了减少燃油和增加可再生能源，存在用风力发电的剩余电力制造氢气并用以驱动柴油发动机发电的案例。

在燃料利用方面，使用可再生能源的氢气可以用作运输行业的燃料，也可以在工业用途中用于炼油厂的脱硫和加氢裂化，化石燃料通常在甲醇和氨的生产中用于制氢，并且由于该部分在整个生产过程中能量损失高，通过使用可再生能源生产氢气，可能会降低过程本身的碳含量。围绕这一特性，西门子和世界第二大氨生产商 YARA 提出了利用可再生能源生产氨的提议[26 - 27]。

需求响应是一种机制，可通过在每个时段设置不同价格并向在高峰需求期间不使用电的消费者支付补偿，来减少高峰需求时的用电并确保稳定的电力供应。当使用氢气时，通常认为会产生需求，尤其是在需求较低的时候。图 7 – 14 显示了使用输出控制的可再生能源生产氢气的概念，以此作为使用氢气进行能量存储的示例。如果天气好于预期，并且并网的光伏发电或风力发电的产量增加，则应综合考虑需求预测和并网其他发电机的状况，可以采取诸如抑制太阳能发电和风力发电的输出的措施。此时，通过增加水电解器的输出，输出受到抑制的可再生能源可以转化为氢气，并在其他时间和地点使用。

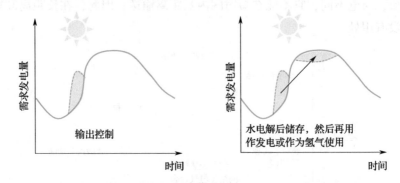

图7-14 输出控制的可再生能源生产氢气的概念图

为了在天然气网络中使用，将煤炭气化产生的氢气和甲烷注入天然气网络。在使用氢气的情况下，浓度可能受所用设备的限制，但是甲烷是天然气的主要成分，可以在发热量和燃烧特性允许的范围内混合。

如7.6节所述，全球氢供应链在全球范围内运输和存储可再生能源使用的氢。尽管运输距离长，但是从经济效率的观点出发，有必要增加链条的容量因子，并且考虑到运输时间和供应的稳定性，认为存储期不应超过一个月。

这样，由于氢气的存储/运输功能以及需求部门通过使用此系统的综合功能，可以促进和增加系统中可再生能源的使用。

7.9 氢能源社会的研究

氢的使用可以对能源安全、气候变化和经济产生多种影响。与电力和石油产品相比，当前用作能源的氢气数量很少。当使用氢作为主要能源时，诸如燃料电池和氢供应基础设施之类的设备当前存在的技术和非技术问题就会凸显出来。经济产业省的"氢/燃料电池战略路线图"和美国能源部的"多年计划"明确了氢气的问题，并试图克服这些问题，以促进氢气/燃料电池的引入和推广。

在氢/燃料电池战略路线图[1]中，提取了每个阶段的问题并描述了相应的对策。第一阶段通过提高家用燃料电池的经济效率，扩大家用燃料电池的目标用户，将固定式燃料电池扩展到海外，扩大商业和工业用燃料电池的普及，并利用纯氢型固定式燃料电池。运输领域的问题包括进一步降低燃料电池系统的成本，改善燃料电池汽车的基本性能（耐用性、产品线），向海外扩展，提高对燃料电池汽车的认识和了解；在燃料电池的应用领域，包括有竞争力的氢气价格设定以及氢站的战略发展。

第二阶段列出了氢气发电燃气轮机的体制和技术环境，以及从海外供应氢气的体制和技术环境。

第三阶段包括使用氢气国家的 CCS、技术开发和可再生能源制氢示范，以及中长期技术开发。

美国能源部的多年计划[3]列出了以下技术、经济和体制问题：

①降低燃料电池成本并提高耐用性，使燃料电池成为可以与现有技术竞争的技术。

②扩大燃料电池的运行条件。例如，不同温度、湿度环境下固定式燃料电池的性能改进。

③低碳资源减少氢气生产和运输的成本。

④轻巧、低成本的氢气存储系统，可在室内移动。

⑤降低燃料电池制造技术成本。

⑥氢燃料电池技术在实际环境下，在完全集成的系统中的运行。

⑦研发和扩大氢燃料电池技术产能的高投资风险。

⑧当运输行业对氢的需求很小时，氢气运输基础设施发展的高投资风险。

⑨有必要制定和调整其他法规和标准，以确保技术安全和保险合规性。

⑩对氢和燃料电池技术的了解。

⑪高昂的推广成本，例如场地、许可证、安装和财务等，阻碍了燃料电池在初始市场中的普及。

这些内容被归类为技术、经济和体制，作为氢气/燃料电池技术自身向氢社会过渡的内部问题，总结于表 7 - 4。除内部问题外，表中还列出了外部环境的因素。像其他能源技术一样，氢和燃料电池可以说是提供热量和电力以满足诸如运输和热水供应等人类服务需求的技术。考虑到外部环境，在经济效率和环境友好性方面，对于氢能和燃料电池技术的引进和推广，在提供服务需求方面比竞争技术具有相对优势。

表 7 - 4　氢/燃料电池技术推广的内部问题和外部环境因素

	内部问题	外部环境因素
技术	提高成本竞争力：降低初始成本、降低运行成本、延长寿命等 提高便利性：增加产品种类和促进理解	竞争技术突破：可再生能源、充电电池、核电、CCS
经济	引进支援措施（补贴、减税等）、引进时间（锁定）	能源资源价格
制度	法规/标准化，提高便利性	气候变化措施（二氧化碳法规）

首先，在内部问题中，就技术而言，可以提高成本竞争力。尽管成本会影响经济性，但由于改进方法是技术性的，因此这里将其归为技术。具体来说，由于新技术的设计和采用、生产技术的改进，还有技术发展导致的可变成本减少以及由于使用寿命更长而导致的固定成本的减少，初始成本有所减少。为了提高便利性，推动产品多样化，以扩大用户基础并促进其广泛使用。加强了解技术，可能会导致广泛使用。在经济方面，引进支持措施将是主要重点。主要在广泛使用的早期阶段，使用补贴和减税措施来减轻用户负担，以及减轻制造商和基础设施公司的投资风险。进一步引入的时间也很重要，如果引入时间延迟，并且构建了适合竞争技术的基础架构，那么从那里转换的成本将会很高，这可能成为其广泛使用的障碍。

缺乏对新技术的监管和标准化会导致高成本，并阻碍其广泛使用。从制度的角度来看，还可以提高便利性。例如，在汽车方面，可以说在国外电动汽车被允许使用公交专用道也是提高交通便利性的一个例子。

其次，在外部环境中，技术因素是竞争技术的技术进步。低碳技术包括可再生能源、核电和碳捕捉和储存。二次电池可用于能源存储和运输领域，会抑制氢气和燃料电池在该领域的扩散。此外，能源价格的变动会影响作为二次能源的氢的成本。除了氢以外，其他低碳化技术也很常见，但作为应对气候变化的措施，对二氧化碳排放的管制程度也影响了技术的传播。氢/燃料电池技术本身不能直接影响外部环境，但是可以通过改善自身状况，在一定程度上响应外部环境的变化。

这样，存在必须克服的内部问题和受影响的外部环境，并且不能保证大规模普及氢能源。通过政策支持下的技术发展，有必要向社会表明，氢气和燃料电池技术是有助于解决社会问题的强大技术选择。

扩展阅读

诺斯克重水制造厂

在第二次世界大战中处于欧洲战线的挪威，一场关于"氢"的战斗在展开。这一系列的战斗也被拍成电影，作为与德国核武器发展有关的情节。在 1932 年，证实存在一种氢原子的原子量是正常氢原子的 2 倍，该化合物和氧原子的化合物称为重水。位于挪威南部维莫尔克的诺斯克重水制造厂是当时世界上最大的，长期以来一直保持其一流的重水生产设施的地位。

氘的同位素丰度比约为 0.015%，并且水中含有氘。由于同位素效应，轻水与重水之间的反应速率存在差异，因此可以通过将水电解装置进行多级浓缩来浓缩重水。

人们预期重水将彻底改变生物学和有机化学，并很快成为引起公众关注的主题。但是，这种兴趣几年来一直比较平淡。1940 年德国占领挪威后，情况完全改变，德国在战争期间开始集中精力发展核武器。重水对发展核武器至关重要，而维莫尔克实际上是唯一能够提供重水的设施。

在战争期间，盟军进行了几次行动，以停止重水生产，曾尝试从空中发起攻击未成功。该工厂位于狭窄的山谷中，被高山所包围，这阻碍了精确轰炸。第一次袭击是使用滑翔机进行的，导致 41 名盟军士兵丧生。

后来挪威特工进行了一次破坏活动，称为"维莫尔克行动"，以摧毁重水生产厂，最终于 1943 年 2 月 27 日成功摧毁了该工厂。爆炸没有人受伤，炸毁了重水制造厂中的水电解设施。

然而，在几周之内，重水制造厂被重建并恢复了生产。1943 年 11 月 16 日，美国 140 架轰炸机轰炸了维莫尔克的一家发电厂。损害不仅限于工厂，炸弹还击中了一个新建的疏散坑，炸死了 21 名挪威人，他们大多数是妇女和儿童。此外，这次轰炸不仅破坏了工厂，而且房

图 7-15　炸弹袭击的工厂

（来自 Norsk Hydro 主页）

223

屋也遭到破坏。

此后，占领军决定不能继续在维莫尔克的重水制造厂生产重水，并确认将设备从维莫尔克运往德国工厂。运输路线中最脆弱的部分是运输船。附着在船上的炸药爆炸，海德鲁号运输船沉没。这杀死了 4 名德国人和 14 名挪威人。挪威的诺斯克重水制造厂之战于 1944 年 2 月 20 日结束。

第 8 章
氢能源相关的政策

韩国现代新型燃料电池汽车"NEXO"

日本氢能源研究的官方组织

1.氢/燃料电池战略路线图

经济产业省于 2014 年 6 月发布了"氢/燃料电池战略路线图",并于 2016 年 3 月发布了其修订版。该路线图设想了向氢能源社会转变的三个阶段：第一阶段（从现在到 21 世纪 20 年代），第二阶段（21 世纪 20 年代后半期到 30 年代）和第三阶段（到 2040 年左右）（图 8 − 1）。

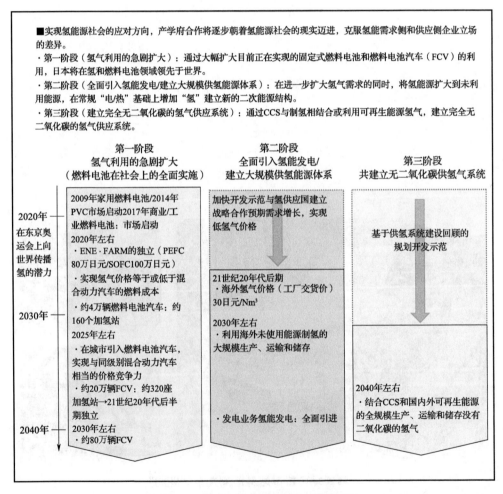

■实现氢能源社会的应对方向，产学府合作将逐步朝着氢能源社会的现实迈进，克服氢能需求侧和供应侧企业立场的差异。
·第一阶段（氢气利用的急剧扩大）：通过大幅扩大目前正在实现的固定式燃料电池和燃料电池汽车（FCV）的利用，日本将在氢和燃料电池领域领先于世界。
·第二阶段（全面引入氢能发电/建立大规模供氢能源体系）：在进一步扩大氢气需求的同时，将氢能源扩大到未利用能源，在常规"电/热"基础上增加"氢"建立新的二次能源结构。
·第三阶段（建立完全无二氧化碳的氢气供应系统）：通过CCS与制氢相结合或利用可再生能源氢气，建立完全无二氧化碳的氢气供应系统。

第一阶段 氢气利用的急剧扩大 （燃料电池在社会上的全面实施）	第二阶段 全面引入氢能发电/ 建立大规模供氢能源体系	第三阶段 共建立无二氧化碳供氢气系统

2020年在东京奥运会上向世界传播氢的潜力

2030年

2040年

2009年家用燃料电池/2014年PVC市场启动2017年商业/工业燃料电池：市场启动
2020年左右
·ENE·FARM的独立（PEFC 80万日元/SOFC100万日元）
·实现氢气价格等于或低于混合动力汽车的燃料成本
·约4万辆燃料电池汽车：约160个加氢站
2025年左右
·在城市引入燃料电池汽车，实现与同级别混合动力汽车相当的价格竞争力
·约20万辆FCV：约320座加氢站~21世纪20年代后半期独立
2030年左右
·约80万辆FCV

加快开发示范与氢供应国建立战略合作预期需求增长，实现低氢气价格

21世纪20年代后期
·海外氢气价格（工厂交货价）30日元/Nm³

2030年左右
·利用海外未使用能源制氢的大规模生产、运输和储存

·发电业务氢能发电：全面引进

基于供氢系统建设回顾的规划开发示范

2040年左右
·结合CCS和国内外可再生能源的全规模生产、运输和储存没有二氧化碳的氢气

图 8 − 1　氢/燃料电池战略路线图概览

在第一阶段设定的目标为"大幅度扩大氢的利用"，见表 8-1。

表 8-1　氢/燃料电池战略路线图的第一阶段目标

领域	目标
固定式燃料电池	2020 年左右独立推广 · PEFC 型：80 万元（2019 年） · SOFC 型：100 万元（2021 年）
FCV	· 2020 年：4 万辆 · 2025 年：20 万辆 · 2030 年：80 万辆 · 2025 年左右在城市区域推广 FCV
加氢站	· 2020 年：约 160 个 · 2025 年：320 个 · 2030 年：标准供应能力加氢站约 900 个 · 2025 年以后实现加氢站业务独立

在第二阶段中，旨在"全面引入氢气发电并建立大规模氢气供应系统"，通过为发电业务等全面引入氢气发电来进一步扩大氢气的需求，以及海外能源衍生的氢供应链将实现全面运营，并建立新的二次能源结构。

在第三阶段中，以"建立无二氧化碳的氢气供应系统"为目标，将通过利用碳捕捉和储存（Carbon Capture and Storage，CCS）技术应用于制氢和利用可再生能源的制氢来建立一个完整的无二氧化碳的氢气供应系统。

2. 氢能源基本战略

日本政府关于包括氢能的可再生能源的部长会议于 2017 年 12 月发布了"氢能源基本战略"。

"氢能源基本战略"显示了到 2050 年的氢能愿景（目标），还说明了到 2030 年的行动计划，这是氢能源社会实现的里程碑（图 8-2）。值得关注的是氢气成本已经降低到与常规能源（汽油、液化天然气等）一样的程度，更加明确指出日本未来的氢能将是"无二氧化碳的"，这将引领世界（表 8-2）。

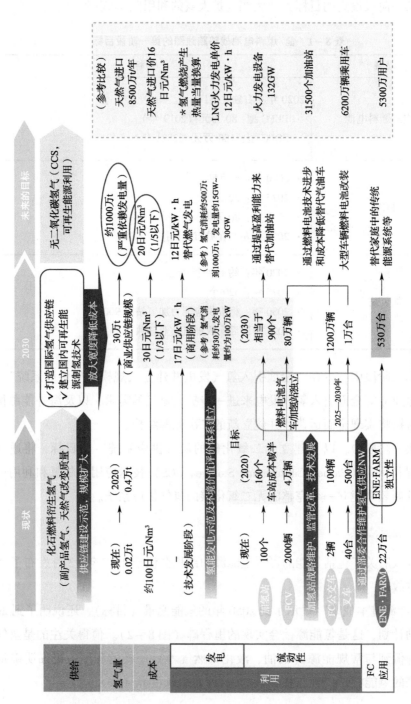

图8-2 氢能源基本策略方案

表 8 - 2　氢能基本战略概述

序号	内容
1	实现氢气的低成本利用（以 2030 年 30 日元/Nm^3 左右为目标，未来以 20 日元/Nm^3 左右为目标）
2	国际氢气供应链的发展
3	扩大国内可再生能源引进和区域振兴 ·扩大使用来自国内可再生能源的氢气（水电解系统：建立预测到 2020 年 50000 日元/kW 的技术） ·地方资源利用与区域振兴
4	电力领域的使用（氢气发电将在 2030 年左右实现商业化，目标是 17 日元/kW·h）
5	在移动中使用 ·FCV：2020 年约 4 万辆→2025 年约 20 万辆→2030 年约 80 万辆 ·加氢站：2020 年 160 个→2025 年 320 个→21 世纪 20 年代后半期独立 ·FC 公交车：2020 年约 100 辆→2030 年约 1200 辆 ·FC 叉车：2020 年约 500 台→2030 年约 10000 台
6	工业过程中氢气利用和燃烧利用的可能性
7	燃料电池技术的利用（PEFC ENE·FARM 2020 年左右 80 万日元，SOFC ENE·FARM100 万日元，2030 年后扩大纯氢燃料电池热电联产的引进）
8	创新技术的运用（着眼于 2050 年的创新技术开发）
9	国际化扩张（引领标准化和国际标准化）
10	促进公众理解、区域合作

3. 战略创新创造计划（SIP）中的"能源载体"概述

政府实施的"战略创新创造计划（SIP）"基于"科学技术创新综合战略"（2013 年）和"日本振兴战略"（2013 年），旨在实现科学技术创新，该计划于 2014 年建立。政府科学、技术和创新委员会作为负责部门，正在推广 10 个课题，例如"自动驾驶系统"和"下一代电力电子设备"。日本科学技术振兴机构（JST）正在推广关于氢能的"能源载体"主题。"能源载体"的研发计划（图 8 - 3），将通过研究和开发，以期在 2020 年之前实现与汽油同等成本的燃料电池汽车的氢能供应，并在 2030 年之前实现与天然气发电相当的氢气发电成本，计划将在东京奥运会和残奥会上进行推广从而促进实现氢能社会。

接受项目评估后，"能源载体"的研发项目每年都会发生变化。关于氢气的研究和开发的权重相对较高，并且除了使用氢气作为氢载体研究外，还进行了直接使用氨作为能量的研究。

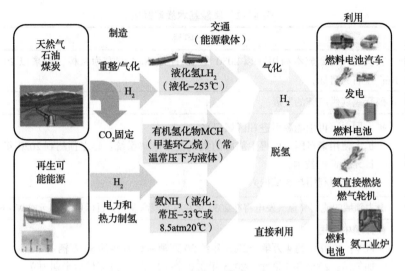

图 8 – 3 "能源载体"概述

JST 于 2017 年 7 月启动了"绿色氨联盟",大约有 20 家公司和 3 个公共研究机构参与其中,并且未来将促进氨气产业链作为无二氧化碳燃料的实际应用和商业化,从而形成氨气价值链产业链的策略。

4. 区域可再生能源氢能源补给站的引进项目

日本环境省自 2015 年起一直在实施区域可再生能源加氢站引进项目,这是一项补贴项目,旨在促进引进使用可再生能源的小型加氢站。在这个项目中,主要向与太阳能发电相结合的小型加氢站提供援助(补贴率 3/4,上限 1.2 亿日元)。利用该补贴,总共引进了由本田汽车公司和岩谷公司制造的 16 个智能加氢站(SHS)。该示范项目详见表 8 – 3。

表 8 – 3 区域合作/低碳氢技术示范项目

代表公司	示范区 (合作地方政府)	氢的来源	供应链概览
丰田汽车	神奈川县横滨市 (部分川崎市)	风力	风力发电产生的氢气由一个简单的移动式加氢设施运输,并由当地仓库和工厂的 FC 叉车使用
液化空气	北海道加东区 鹿葵町	沼气	从牲畜粪便中提取的沼气生产的氢气使用氢气瓶运输,并用于该地区的固定燃料电池
德山	山口县周南市 下关市	未使用的 副产品氢气	烧碱厂产生的未使用的副产品氢气被回收,通过液化、压缩等方式运输,用于固定式燃料电池和燃料电池汽车等

（续）

代表公司	示范区 （合作地方政府）	氢的来源	供应链概览
昭和电工	神奈川县昭和电工川崎市	废旧塑料	从废塑料中提取的氢气通过管道输送，用于固定式燃料电池等
日立	宫城县富宫市	太阳光	来自光伏发电的氢气通过贮氢合金和宫城消费者合作社的分销网络运输，并用于安装在合作店和一般家庭的固定式燃料电池

从 2017 年起，还将对 FC 叉车用的氢气站（补贴率 3/4，上限 2 亿日元）进行补贴，并于同年采用了一个案例（铃木商建）。

从 2018 年起，加氢站的维护和检查成本（补贴率 2/3）、FC 公交车（补贴额是车价的 1/3）和 FC 叉车（补贴率为普通发动机车辆和燃料的引进成本与电瓶车的差额的 1/2）也由补贴支付。

5. 区域合作/低碳氢技术示范项目

该项目是一个由地方政府和私人公司合作，以展示使用可再生能源和未使用能源的氢供应链的项目，2015 年采用了 4 项示范，2017 年采用了 1 项示范。该项目的 SHS 安装实例见表 8 - 4。

表 8 - 4　区域可再生能源加氢站引进项目中的 SHS 安装实例

设置地点	设置者	可再生能源电源类型
德岛县德岛市	德岛县	太阳光
宫城县仙台市	宫城县	太阳光
埼玉县埼玉市	三井住友金融租赁	太阳光
熊本县熊本市	熊本县	太阳光
兵库县神户市	神户市	太阳光、风力
三重县铃鹿市	本田汽车有限公司	太阳光
鸟取县鸟取市	三井住友金融租赁	太阳光
京都府京都市	京都府	太阳光
福岛县郡山市	三井住友金融租赁	太阳光
横滨市神奈川县	神奈川县	太阳光、生物质
冈山县仓敷市	仓敷市	太阳光

（续）

设置地点	设置者	可再生能源电源类型
三重县铃鹿市	铃鹿市	太阳光
茨城县佐岛郡堺町	堺町	太阳光
青森县上北区奥入濑町	三泽市太阳能维修事业合作社	太阳光
冲绳县宫古岛市	宫古机场航站楼	太阳光
福岛县南相马市	相马天然气控股公司	太阳光

8.2 日本氢能源政策的修订

1. 监管审查大纲

《高压气体安全法》和《建筑基准法》没有基于使用氢作为车辆燃料和以此为目的安装的基础设施设备。因此，通常可能需要过多的设备来确保安全，并且可能无法建立标准，有必要进行相关的法规审查。

自 2010 年以来，日本政府一直在审查有关氢气基础设施和燃料电池汽车法规（表 8 –5）。

表 8 –5　有关氢基础设施和燃料电池汽车的监管审查摘要

发表	监管审查	项目数	
		氢基础设施相关	FCV 相关
2010 年 10 月	经济产业省"加氢站启动规则复检时间表"	16 项目	—
2013 年 6 月	内阁府《2013 年监管改革实施方案》	12 项目	13 项目
2015 年 6 月	内阁府《2015 年监管改革实施方案》	18 项目	—
2016 年 6 月	内阁府《2016 年监管改革实施方案》	1 项目	—
2017 年 6 月	内阁府《2017 年监管改革实施方案》	18 项目	19 项目

2. 经济产业省 "规章复查时间表"

2010 年 12 月，经济产业省宣布国土交通省将审查 2015 年开始展开的燃料电池汽车和加氢站所需的项目，宣布与消防厅共同制定"重新开始燃料电池汽车和加氢站普及的时间表"。到 2013 年，与氢基础设施相关的 16 项监管审查项目已基本完成。

3. 监管改革实施计划

日本政府认为监管改革对于经济振兴必不可少，于 2013 年 1 月成立了"监管改革委员会"（现为"监管改革促进委员会"）作为政府的咨询机构，以对经济振兴起到立竿见影的作用和决定优先执行对经济振兴具有立竿见影的监管改革。自 2013 年起，除了 2014 年，每年由全体会议制定的监管改革实施计划均包括氢能基础设施和燃料电池汽车相关的法规。

监管改革委员会做出决定，正在跟踪进展情况，并已采用和审查了 2013 年 6 月的《2013 年监管改革实施计划》中描述的所有 25 个项目。2015 年 6 月的《2015 年监管改革实施计划》中描述的 18 个项目中，大多数已被采用和审查。在 2017 年 6 月的《2017 年监管改革实施计划》中，为了让审查的每个项目均在公共场所与监管机构，推进部门，企业/行业和专家等相关方面的监督下，经济产业省于 2017 年 8 月成立了"氢和燃料电池汽车法规研究小组"。该小组正在采取必要措施，在 2017 年相继检查了 37 个项目。

8.3　日本民间的氢能源组织

1. 氢能源理事会

氢能源理事会是由 13 家全球公司在氢能源领域发起的一项倡议，于 2017 年 1 月启动。截至 2018 年 12 月，共有 53 家公司参加（表 8 - 6）。

表 8 - 6　氢能源理事会的成员（ * 是创始成员）

领导会员	
3M	本田汽车有限公司
Airbus	Hyundai Motor *
Air Liquide *	岩谷公司
Air Products	Johnson Matthey
Alstom *	建兴能源
Anglo American *	川崎重工
Audi	KOGAS
BMW GROUP *	Plastic Omnium
China Energy	Royal Dutch Shell *
Cummins	Sinopec

（续）

领导会员	
Daimler *	The Bosch Group
EDF	The Linde Group *
ENGIE *	thyssenkrupp
Equinor	Total *
Faurecia	丰田汽车
General Motors	Weichai
Great Wall Motor	
支持会员	
AFC Energy	三菱重工
Ballard	三井
Faber Industries	NEL Hydrogen
First Element Fuel（True Zero）	Plug Power
Gore	Re – Fire Technology
Hexagon Composites	Royal Vopak
Hydrogenics	Southern California Gas
丸红	三井住友银行
McPhy	住友商事
三菱重工	丰田通商

氢能源理事会于 2017 年 10 月发布了 2050 年的"氢能源市场扩大"路线图。根据该路线图，到 2050 年，可再生能源产生的氢气和不含二氧化碳的氢气约占总能耗的 1/5，每年可减少二氧化碳排放约 60 亿 t（表 8 - 7）。

表 8 - 7　"氢能源市场扩大"路线图的概要

氢的大量引入	· 到 2050 年扩展到 78EJ（目前为 8EJ） · 到 2050 年可占总能耗的 1/5 左右 · 每年可减少约 60 亿 t 二氧化碳排放量
经济效果	· 创造价值 2.5 万亿美元的商机 · 创造超过 3000 万个工作岗位
所需投资金额	· 每年需要 20 亿~250 亿美元（到 2030 年累计达到 2800 亿美元）

2. 日本氢移动站网络组织

日本氢移动站网络组织（缩写为 JHyM）成立于 2018 年 2 月，旨在在日本开发加氢站（表 8-8）。据说这将有助于降低成本和提高加氢站的有效运行，包括对加氢站进行战略性维护。特别是对于加氢站，该组织制定了自己的"加氢站维护计划"，并计划在四年内建设 80 个加氢站。

表 8-8　日本氢移动站网络组织成员

汽车制造商	丰田汽车 日产汽车 本田汽车
基础设施运营商	建兴能源 出光兴产 岩谷公司 东京煤气 东邦燃气 日本液化空气 根本通商 清流动力能源
金融投资者等	丰田通商 日本政策投资银行 JA 三井租赁 Sompo 日本日本兴亚 三井住友融资租赁 NEC 资本解决方案 未来创生基金 （运营商：SPARX 集团）

8.4　美国的氢能源组织

1. 美国氢能政策

美国的氢能和燃料电池汽车政策以能源部（DOE）为中心。其主管部门是能源效率和可再生能源办公室（EERE），并与能源部下属的研究机构实施了合作、技术开发、示范、教育支持、安全、基准、标准等广泛计划。

尽管奥巴马政府开始将重点放在电动汽车和插电式混合动力上，但美国能源部继续实施氢能和与燃料电池相关的计划，以开发燃料电池汽车。

然而，根据特朗普政府于 2017 年 3 月宣布的 2018 财年预算计划，可再生能源和蓄电池的预算将全面削减 50% ~ 80%，在氢能和燃料电池汽车领域，2017 年的实际结果是从 1 亿美元减少到 4500 万美元，降幅为 55%。此后，由于美国国会的争取，2018 年的预算最终获得了与 2017 年相同的水平，但是在政府领导下扩大氢能关系的发展将变得更加困难。联邦政府不为加氢站、燃料电池汽车和固定燃料电池（家庭和企业用途）提供普及补贴。为了在雷曼兄弟（Lehman）危机后振兴经济，从 2009 年开始对燃料电池提供备用电源和燃料电池叉车的补贴，但现在已取消。

2. 加州政策

在美国，燃料电池汽车的推广和氢能基础设施的发展中心是加利福尼亚。国家实施所谓的零排放汽车（Zero Emission Vehicle，ZEV）法规，大中型汽车制造商将从 2018 年起逐步采用零排放（电动和燃料电池）和插电式混合动力。重要的是，对零排放汽车的积分，给予燃料电池汽车的积分比电动汽车多，根据零排放里程获得多辆车的积分，但燃料电池最多可获得 4 倍积分。

加州还向加氢站提供支持，并推动电动和燃料电池汽车的普及。2013 年 9 月，州长布朗宣布将在该州建立多达 100 个加氢站，每年将投资 2000 万美元。2018 年 1 月，加州宣布了一项政策，到 2025 年将加氢站的数量增加到 200 个，以适应 500 万辆零排放汽车的普及。

2018 年 8 月，加州燃料电池合作伙伴计划（该计划是在州内推广 FCV 和加氢站的公私合作伙伴关系）宣布了"加利福尼亚燃料电池革命"，到 2030 年将拥有 100 万辆燃料电池汽车以及 1000 个加氢站。

除加州外，到 2025 年，9 个州（康涅狄格、缅因、马里兰、马萨诸塞、新泽西、纽约、俄勒冈、罗德岛和佛蒙特）的新车销量的 22% 将是电动和燃料电池汽车。此外，除缅因和新泽西以外的其他州已经相互签署了合作备忘录，旨在到 2025 年普及 330 万辆的电动和燃料电池汽车。该备忘录指出"将评估和实施用于燃料电池汽车商业化的部署策略和基础设施开发"，表明将继续进行氢能基础设施开发。

在这种情况下，美国东北部的基础设施开发已经开始，主要在纽约、康涅狄格和马萨诸塞，到目前为止，已决定安装 15 个加氢站。

3. 美国的燃料电池汽车和加氢站的普及

截至 2018 年 12 月，在美国（主要在加利福尼亚州）已经有 5600 辆燃料电池汽车（表 8-9）。此外，加利福尼亚州已经开设了 36 个加氢站，还有正在建设中的 13 个和正在计划中的 5 个（图 8-4）。

表 8-9　美国燃料电池汽车和加氢站的现状和目标

	2018 年	2020 年	2030 年
PCV	5600 辆	13400 辆	100 万辆
加氢站	36 个（建设中和计划中共 18 个）	约 80 个	1000 个

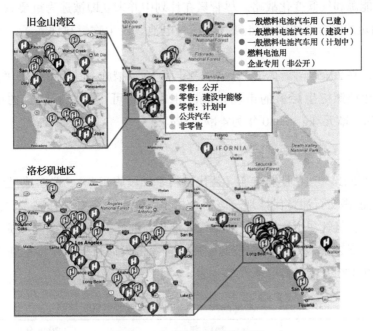

图 8-4　加利福尼亚州加氢站

8.5　欧盟的氢能源组织

1. 欧盟政策

截至 2018 年 6 月，已有 28 个国家成为欧盟（EU）成员。欧盟制定了 2020 年、2030 年和 2050 年的温室气体减排目标（表 8-10）。特别是来自可再生能源的氢有望减少温室气体排放，这是欧盟支持氢能源项目的政策原因。

表 8 – 10　欧盟的温室气体减排目标

2020 年	温室气体减少 20% 再生能源比例 20% 能源效率提高 20%
2030 年	温室气体减少 40% 再生能源比例 27% 能源效率提高 27%
2050 年	温室气体减少 80% ~95%

2007 年，欧盟制定了"欧洲战略能源技术计划"（SET 计划），将其作为欧洲共同的能源和气候变化战略。尽管氢在计划中并未立即被选为重要领域，但在 2014 年制定的综合路线图中将氢气和燃料电池以及生物燃料纳入了"开发运输燃料"中。

此外，在 2015 年修订 SET 计划时制定了 10 项措施，其中第 8 项"促进交通领域可再生能源衍生燃料的市场拓展"也表明了可再生能源制氢的成本目标（2020 年为 7 欧元/kg，2030 年为 4 欧元/kg）。

2. 燃料电池汽车和加氢站在欧洲的普及

欧盟于 2014 年 10 月发布了《替代燃料基础设施指令》，要求成员国在 2016 年 11 月之前提交石油替代计划。该指令指出，从长远来看，有潜力替代石油的能源是电力、氢气、生物燃料、天然气和液化石油气。根据每个国家提交的石油替代计划，到 2025 年，促进氢能源发展的国家的发展目标估计将达到 750 ~ 850 个加氢站和 100 万辆燃料电池汽车（表 8 – 11）。

表 8 – 11　欧洲燃料电池汽车和加氢站的现状和目标

	2017 年	2025 年
FCV	900 辆	100 万辆
加氢站	130 个	750 ~ 850 个

3. 燃料电池/氢能源联合执行机构概述

欧盟的与氢有关的项目正在由燃料电池和氢联合执行机构（FCH JU）实施。FCH JU 是成立于 2008 年的合作组织。这是因为当时的研究与创新总署（相当于日本的文部科学省）的补贴政策是僵化的，并没有反映出企业的需求，因此，该机构将企业添加到了决策层中。

FCH JU 的目标是到 2030 年将燃料电池汽车（指乘用车）和燃料电池巴士投入实际使用，并为燃料电池氢技术在 2030 年实现欧洲的能源和环境目标做出重大贡献。到 2050 年，燃料电池氢技术将在日常生活中使用，其目标是实现交通零排放和能源零碳化。

在第二期 FCH JU 总体目标中，显示的 5 个目标是在 2014 年制定的 "2014—2020 年度工作计划" 中设定的。

4. 由 FCH JU 推出的总体目标

截至 2018 年底，FCH JU 引进了 1350 辆燃料电池汽车和燃料电池商用车，67 辆燃料电池巴士和 115 辆燃料电池叉车（表 8 – 12）。

表 8 – 12　第二期 FCH JU 的总体目标

目标 1	降低燃料电池系统的制造成本，使其可用于运输，同时将其寿命提高到可以与现有技术竞争的水平
目标 2	提高各种热电联产和单产燃料电池的发电效率和耐久性，将成本降低到可与现有技术竞争的水平
目标 3	降低运营和资本成本，使集成制氢和储存系统能够在市场上竞争，同时提高电解水的能源效率，以从可再生能源生产氢气
目标 4	大规模示范将可再生能源引入能源系统的氢系统（利用氢作为可再生能源电力的竞争性存储介质）
目标 5	成为欧盟定义的 "重要原材料" （如铂金），回收和减少稀土元素的使用量，尽量避免使用

欧盟正在积极开发的不是燃料电池汽车，而是燃料电池巴士。这反映了一个事实，即面对空气质量不断恶化的欧洲大城市正在推广燃料电池巴士，作为公共交通清洁的一部分（表 8 – 13）。2015 年，欧共体同意与 33 家欧洲公共交通运营商在 2016 年至 2020 年之间推出 300 ~ 400 辆燃料电池巴士。此外，FCH JU 在 2015 年进行的一项调查预测，到 2025 年将引入 8800 辆燃料电池巴士（图 8 – 5）。实际上，FCH JU 已经实施了 CHIC 项目，计划引入 High V. Lo - City、HyTransit 和 3Emotion 等燃料电池巴士，并且已经引入了约 50 辆燃料电池巴士。此外，2016 年通过了引进 139 辆燃料电池巴士的 JIVE 项目，2017 年采纳了引入 152 辆燃料电池巴士的 JIVE2 项目（图 8 – 6）。结果，几年内在欧洲部署

了 350 辆燃料电池巴士。

表 8 - 13　FCH JU 的部署

	FCH JU 计划	2017 年底引进数量
FCV、FC 商用车	1900 辆	1350 辆
FC 叉车	28073 台	328 台
加氢站	90 个	158 个
FC 巴士	360 辆	70 台
家用小型 FC	3780 台	1200 台
商用中型 FC	58 台	34 台
大型 FC	3 台	1 台

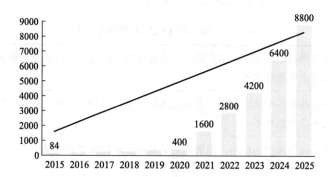

图 8 - 5　FCH JU 预测燃料电池巴士的普及

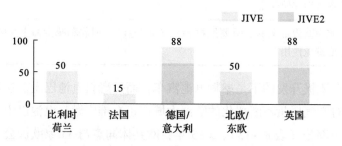

图 8 - 6　JIVE 和 JIVE2 项目 (FCH JU) 中引入的燃料电池车辆的数量

5. FCH JU 的水电解项目

FCH JU 还正在积极开发 "Power-to-Gas" 项目 (即利用剩余可再生能源进行水电解制氢的项目)。

FCH JU 的水电解项目始于 2011 年采用 150kW PEM 水电解项目 (Don

Quichote），2016 年采用 6 MW PEM 水电解项目（H₂ Future）和 3 MW 碱性水电解项目（Demo4Grid），2017 年，采用了 10MW 的 PEM 水电解项目，2018 年，采用了 20MW 规模的项目。

8.6　德国的氢能源组织

1. 德国政策

自 2007 年以来，德国一直由联邦交通运输和数字基础设施等部门牵头，促进国家氢能源和燃料电池技术创新计划（NIP）。NIP 已在 2007—2016 年间投资 14 亿欧元用于氢能源和燃料电池技术的开发和示范。第二期项目于 2016 年开始，在 2026 年之前的 10 年中将投资相同的金额。

为 NIP 的管理而建立的组织是德国氢能源与燃料电池技术机构（NOW），使用 NIP 预算公开募集资金和补贴氢气和燃料电池。NOW 由 "监察委员会" "咨询委员会" 和 "NIP 管理机构" 组成，其中 "NIP 管理机构" 对项目进行公开募集资金和管理（图 8 - 7）。

NOW 目前是总体上对电动汽车行业具有管辖权的组织，负责推进纯电动汽车和充电基础设施以及燃料电池汽车和氢能基础设施的普及。

2004 年，燃料电池汽车和加氢站示范清洁能源伙伴关系（CEP）开始了，利用 NIP 预算促进了加氢站的发展。在 CEP 的框架内，以 2016 年为目标促进了全国 50 个加氢站的发展（2017 年实际完成）。

此外，在 2009 年，为了增加加氢站，成立了一个名为 H₂ Mobility 的合作组织。该组织由汽车制造商和能源公司组成，计划在 2018 年建立 100 个加氢站，2023 年建立 400 个，2030 年建立 1000 个（图 8 - 8）。

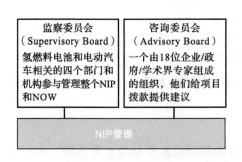

图 8 - 7　NOW 的组织

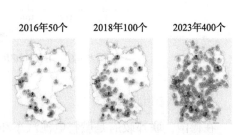

图 8 - 8　德国加氢站建设计划（H₂ Mobility）

2. 德国燃料电池汽车和加氢站的普及

截至2018年12月，德国已开设55个加氢站。另外39个站点正在建设中，预计到2019年底将建成约100个站点（图8-9）。

在德国，引入了500辆燃料电池汽车（使用中的有约300辆），其中大多数是现代汽车的ix35燃料电池。另外有16辆燃料电池巴士已被广泛使用，但上述欧洲项目JIVE和JIVE2预计还会引入60~80辆燃料电池巴士。

此外，根据NIP，截至2017年7月底，已提交了向租赁车辆和公共交通引入燃料电池汽车和燃料电池巴士的补贴申请，因此，有200多辆燃料电池汽车和50多辆燃料电池巴士申请了补贴。

图8-9　德国加氢站的当前状态

3. 考虑通过 H_2 Mobility 对氢基础设施进行投资

H_2 Mobility 委托德国 Yurich 研究所进行研究，并宣布了2017年燃料电池汽车（加氢站）和电动汽车（充电站）之间投资比较的结果。结果得出的结论是，充电基础设施的经济规模为300万~1000万辆电动汽车，而氢气基础设施的经济规模是1500万~2000万辆燃料电池汽车（图8-10）。

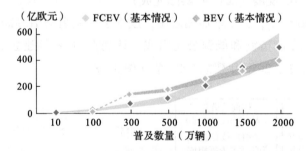

图8-10　H_2 Mobility 基础设施研究结果

4. 当地城市的倡议

在德国，联邦政府是燃料电池汽车和氢能基础设施开发的主导组织，但地方政府也对其推广充满热情。

北莱茵-威斯特法伦州是德国最大的州，拥有杜塞尔多夫和埃森等大城市，已经建立了氢能源和燃料电池网络，并正在积极提供工业支持和示范支持。

汉堡是德国发达的城市，并且已经建立了企业、政府和学术界的合作委员会 "HySOLUTIONS"。

8.7　法国的氢能源组织

1. 法国的政策

法国有自己的氢能源开发路线。尽管该国拥有 TOTAL 和 AirLiquide 等相关企业，但这些公司主要是在向海外扩张（例如德国），因为法国不热衷于氢的扩张。此外，由于 80% 的电力已经是核能发电，因此推广电动汽车很容易，雷诺和标致也将重点放在了电动汽车上。

在这种情况下，受德国发展加氢站运动的推动，2013 年成立了法国的业界合作组织 H_2 Mobilitè France，并与 30 多个组织和公司合作，形成了能反映法国实际情况的商业模式。该组织于 2014 年宣布，燃料电池汽车将主要用于商用车，并逐步扩展到私家车，目标是到 2030 年普及 80 万辆燃料电池汽车和 600 个加氢站。

作为 H_2 Mobilitè France 的成员，由 La Poste 引入的电动汽车（雷诺 Kangoo ZE）被 Symbio FCell 转换为配备燃料电池（5kW）增程器的电动汽车（图 8 - 11）。其储氢罐中的压力为 35MPa。目前，法国约有 200 辆配备燃料电池增程器的电动汽车被广泛使用。

图 8 - 11　雷诺 Kangoo ZE

法国于 2018 年 6 月宣布了 "氢气部署计划"。与德国一样，该政策旨在促进能源转换，并利用氢来扩展可再生能源。氢能将由低碳电力（尤其是可再生能源产生的电力）产生，到 2028 年，电解氢的当前量将由 4 ~ 6 欧元/kg，降至 2 ~ 3 欧元/kg。此外，计划从 2019 年开始每年投资 1 亿欧元，用于在工业、交通和能源领域开发氢气。

2. 燃料电池汽车和加氢站在法国的普及

法国目前仅在德国边境和大城市中部署 35MPa 的加氢站和 70MPa 的加氢站。目前，法国建设了 21 个 35MPa 加氢站和 2 个 70MPa 加氢站（表 8 - 14）。但是，法国正在逐步调整至统一的 70MPa 标准。

表 8-14　法国燃料电池汽车和加氢站的现状和目标

	2018 年	2020 年	2030 年
FCV	320 辆	1000 辆	80 万辆
加氢站	21 个	100 个	600 个

最近，H_2 Mobilitè France 的普及目标已被更现实的数字所取代，最新的加氢站普及目标是 2019 年达到 100 个（70MPa 和 35MPa 的比例未知）。

迄今为止，法国尚未引进燃料电池巴士，但计划在 2019 年之前引入 20 辆，作为欧洲项目的一部分。

8.8　其他欧洲国家的氢能源组织

1. 斯堪的纳维亚国家

丹麦、挪威和瑞典已经签署了名为斯堪的纳维亚氢能源高速公路伙伴关系（SHHP）协议，并决定共同开发加氢基础设施（图 8-12）。他们还共同参与了 FCH JU 的 "H_2 Moves Scandinavia" 加氢站开发和燃料电池汽车部署项目（2010—2012 年）。

丹麦正在开发一个加氢站，这是一个名为 "Hydrogen Link" 的国家项目。目前，有 9 个加氢站已开放，目标是在 2020—2025 年普及 100～200 个加氢站。丹麦与德国保持着联系，并一直在大力寻求与德国合作。

挪威正在开发名为 "诺斯克氢能源论坛" 的加氢站项目。目前，有 5 个加氢站已投入运营，计划到 2020 年有 25 个加氢站投入运营。挪威对汽油车征收重税（进口税、增值税），这使得拥有免税电动汽车

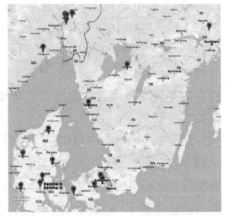

图 8-12　斯堪的纳维亚国家加氢站的当前状态

和燃料电池汽车的成本降低。此外，首都奥斯陆和阿克斯胡斯省（包括周围的城市）正在大力促进低碳交通，并推行诸如允许电动汽车和燃料电池汽车在公交专用道行驶并提供优先停车位等普及政策。

瑞典正在根据"瑞典氢气"项目开发加氢站。目前，有 4 个加氢站已经投入运营，计划到 2020 年将有 15 个加氢站投入运营。

2. 荷兰

荷兰于 2013 年发布了"可持续汽车燃料愿景"，燃料电池汽车与生物燃料汽车和电动汽车一起包括在内。此外，2017 年就职的新政府宣布了一项政策，到 2030 年使所有新车达到零排放。

北部州（德伦特、弗里斯兰、格罗宁根）对氢的开发尤其充满热情，并于 2017 年 4 月宣布了"荷兰北部绿色氢经济"的愿景。目前荷兰已经开设了 2 个加氢站，目标是到 2020 年达到 20 个。

3. 奥地利

奥地利有许多与汽车相关的公司，因此人们对低碳出行产生了浓厚的兴趣。格拉茨工业大学还以氢能源相关的研究而闻名。目前，奥地利有 2 个加氢站。

4. 英国

目前，英国有 3 个加氢站投入运营。但由于英国"脱欧"的问题，未来的计划尚不清楚。

8.9　韩国的氢能源组织

1. 韩国的政策

在韩国，政策目标的连贯性较低，因为当行政管理部门发生变化时，经济和产业政策会发生重大变化。此外，燃料电池汽车仅由现代汽车一家公司开发，氢能基础设施的支持也仅由一家公司提供，因此进展缓慢。

韩国于 2018 年 5 月建立了"工业创新 2020 平台"，以促进新兴产业，并在 6 月的第二次会议上宣布了"加快建设公私联合氢能汽车产业生态系统的政策"，计划到 2022 年，在燃料电池汽车和加氢站行业投资 2.6 万亿韩元；2022 年的推广目标是 16000 辆燃料电池汽车、1000 辆燃料电池公交车和 310 个加氢站（表 8 - 15）。此外，还列出了建立氢基础设施开发公司，引入成套氢站，在国家能源基本计划中确定氢能的位置，启动了"Power to Gas"示范项目等，总体规划类似于日本。

表 8 – 15　韩国燃料电池汽车和加氢站的现状和目标

	2018 年	2022 年
FCV	100 辆	1.6 万辆
加氢站	10 个（建设中 3 个）	310 个

2. 燃料电池汽车和加氢站在韩国的普及

韩国有超过一半的人口集中在首都圈（首尔特别市、仁川市、京畿道），仅首尔特别市的郊区就占人口的近1/4。因此，如果在首尔这样的大城市安装加氢站，则可以满足相当大的加气需求。

截至 2018 年 1 月，韩国已投入使用 100 辆燃料电池汽车，并且有 17 个加氢站（图 8 – 13）。其中 6 个加氢站的压力为 35MPa。

在 2018 年 2 月的平昌冬奥会上，韩国发布了现代汽车公司的新型燃料电池汽车"NEXO"，并宣布其已从首尔郊区自动行驶约 200km 到达平昌。这款 NEXO 自 2018 年 3 月起在韩国发售。

图 8 – 13　韩国加氢站的现状

3. 蔚山都会区的发展

韩国正在建设蔚山作为氢能源基地。蔚山市官员经常访问日本，详细考察福冈县氢能源应用的情况，并在 2012 年宣布启动世界上最大的氢城市示范项目（2012—2018 年）。总共安装了约 200kW（140 台 1kW，5 台 5kW，1 台 10kW）的固定燃料电池，项目预算总额为 870 万美元，其中政府承担 700 万美元。

2016 年，现代汽车投放了 10 辆燃料电池汽车"Tucson ix35 FCEV"进行出租车运营。

8.10　中国的氢能源组织

1. 中国的政策

2015 年，中国发布了"中国制造 2025"，其目标到 2025 年中国将成为制造业强国，并展示了 10 个有待加强的主要产业，除了 IT 行业、生物行业和航空航天行业外，汽车行业也包括在内。

作为响应，中国汽车工程学会于 2016 年 11 月制定了"中国新能源与智能汽车技术路线图"。除了自动驾驶和电动汽车，该路线图还显示了燃料电池汽车和加氢站的建设目标。据此，燃料电池汽车（包括燃料电池公交车）的数量在 2020 年为 5000 辆，在 2025 年为 50000 辆，到 2030 年为 100 万辆，到 2020 年将有 100 个加氢站，到 2025 年将有 300 个加氢站，到 2030 年将有 1000 个站（表 8-16）。2017 年 4 月，国家发展和改革委员会、工业和信息化部以及科学技术部发布了"汽车产业中长期发展规划"，促进了新能源汽车（NEV）的普及。规划指出，除了蓄电池技术外，燃料电池技术也将在中国建立供应链。

表 8-16　中国燃料电池汽车和加氢站的现状和目标

	2018 年	2020 年	2025 年	2030 年
FCV	60 辆	5000 辆	5 万辆	100 万辆
加氢站	11 个	100 个	300 个	1000 个

2. 新能源汽车法规

中国政府于 2017 年 9 月颁布了推广新能源汽车的法规（将于 2019 年开始实施），规定汽车制造商必须在 2019 年使新能源汽车占 10%，到 2020 年占 12%。根据公告，新能源汽车包括电动汽车、插电式混合动力汽车、燃料电池汽车等。此外，就像加州的零排放汽车法规一样，燃料电池汽车在信用方面比电动汽车享有优惠待遇，这是引入燃料电池汽车的诱因。

该法规的目的主要是产业政策。作为世界最大汽车制造国的中国，目标是用中国技术主导全球汽车市场。大力推广新能源汽车目的还有改善空气质量。

此外，中国已与联合国开发计划署（UNDP）合作，在"一带一路"沿线国家签署了技术转让促进合作伙伴关系，氢/碳氢化合物技术也包括在内。

3. 中国的氢能源普及状况

截至 2018 年 1 月，中国约有 60 辆燃料电池汽车，有 10 个加氢站（其中 7 个为 35MPa），并已决定增加约 20 个。

此外，中国正在开发燃料电池客车，目前有 200 辆客车被广泛使用，未来几年内将引入 2000~3000 辆燃料电池客车。

4. 地方城市的工作

上海、武汉和北京对在中国发展氢能充满热情。在 2010 年举行的上海世博会上，上汽集团和通用汽车共同开发了 40 辆燃料电池汽车和 6 辆燃料电池巴士（清华大学 3 辆，同济大学 3 辆）用于游客和贵宾的观光。另外，会场还提供了 100 辆小型电动汽车（图 8 - 14）。

图 8 - 14　上海世博会的燃料电池汽车和移动加氢站

此后，2017 年 9 月上海发布了"上海燃料电池汽车发展计划"。该计划提出到 2020 年发展 5 ~ 10 个加氢站，在燃料电池汽车的供应链中，到 2020 年年产值将达到 150 亿元人民币，到 2025 年将达到 1000 亿元人民币。上海的燃料电池/氢能源相关技术开发的核心是上汽集团（SAIC）和同济大学。

继上海之后，武汉是近年来氢能源推广最活跃的城市。武汉市于 2018 年 1 月宣布为"氢城"，并发布了在该市建设氢工业园区、聚集 100 多家相关公司的计划。武汉计划到 2020 年安装约 20 个加氢站，并推广约 3000 辆燃料电池汽车。到 2025 年，武汉的目标是吸引世界各地与氢相关的公司，建设 30 ~ 100 个加氢站，并成为一个全球性的氢城市。

北京在 2008 年北京奥运会上投放了燃料电池汽车和燃料电池巴士运营。燃料电池巴士是由清华大学开发的，并得到了联合国开发计划署环境机构的资助。北京还计划将 150 辆燃料电池巴士在 2022 年冬季奥运会期间投入运营。

5. 行业努力

一些中国公司正在积极投资燃料电池，具体如下：

①广东联合新氢动力技术有限公司与巴拉德（Ballard）动力系统公司成立了燃料电池堆制造公司，计划年产量为 6000 台。

②巴拉德最大的股东中山大阳电机（Taiyo Nakayama）与巴拉德合资成立了

一家工厂，每年制造数千台燃料电池堆。

③北京亿华通科技公司根据 Hydrogenics 的许可生产燃料电池堆，将交付给在 2022 年北京冬奥会上运行的 150 辆燃料电池巴士。

④华夏集团将与荷兰 Nedstack 建立合资企业，生产用于燃料电池汽车的燃料电池堆，计划年产 3000 台。

⑤长城汽车公司于 2017 年底加入了国际氢气理事会，最近正在积极进行燃料电池汽车开发。

扩展阅读

南非铂金矿

属于元素周期表第 5、第 6 期第 8、第 9 和第 10 组的六种元素的钌、铑、钯、铱和铂通常与铂族元素的物理和化学性质相似。它被称为铂族金属（PGM）。其中，铂广泛用于汽车尾气催化剂以及珠宝和医疗用途。它在燃料电池的电化学反应和涉及氢的水电解中显示出良好的催化性能，并可用作重要的功能材料。

全球铂的年产量为 180 ~ 200t，其中 75% 来自南非或附近。全球探明储量约为 60000t，据估计其中 95% 位于南非。

作为从事燃料电池和水电解的人，有必要了解铂金矿的当前状态。2013 年春季，笔者有机会参观了南非的铂金矿。拜访了 Lonmin 公司的 Hossy Shaft 铂金矿，该公司的销量在南非排名第三（图 8 - 15）。这个地方靠近经济中心约翰内斯堡，在公路的两侧，有许多大山，从矿山排出的泥土和沙子很多。

图 8 - 15　Hossy Shaft 铂金矿的建筑和地下 400m 的采掘场

到达现场后，我换上工作服，并首先进行了应急培训，给了一个氧气袋，被告知可以在矿山的紧急情况下使用。氧气袋的使用时长为 20min，我担心是否可以在那段时间内撤离。我乘升降机去了地下 400m 的采掘场（观光点）。在现场，我目睹了铂金矿山的机械挖掘和矿石采集。

铂金矿的实际开采主要在地下 4000m 进行，品位约为 5×10^{-6}。据说这个矿场快要枯竭了，正在考虑地下约 6000m，品位约 4×10^{-6}。

在南非，"南非氢能源"项目正在进行中，正在积极利用和引入来自可再生能源，包括太阳能和风能的氢能及燃料电池，其主要目标之一是减少铂金矿的二氧化碳排放。

考虑到将从可再生能源中获得的氢应用于燃料电池汽车，减少了二氧化碳排放量，目前还铂制造过程中的排放量最大。当我访问南非时，与当地工程师讨论了此问题。我们还参观了约翰内斯堡附近的索韦托，并参观了曼德拉的出生地和母校。尽管与过去相比条件有了很大的改善，但许多家庭仍然缺电。

进行这次访问时，南非政府考虑到集中在南非的铂矿资源的国有化，发起了"铂金谷倡议"，这是通过对铂金资源进行国有化来防止资金流出海外。

后 记

非常高兴在氢能协会的协助下，经过包括西宫伸幸老师、太田健一郎老师在内的许多编写委员以及各领域诸多专家的努力，本书终于得以出版发行。另外，作为一直关注参与氢能发展的一员，我们 Technova 株式会社能参与本书的编写工作，感到非常荣幸。

Technova 是已故东京大学名誉教授大岛惠一于 1978 年创建的智囊团，一贯致力于尖端技术的研究开发和在现实社会的实用化。在 2010 年参与了 "NEDO 燃料电池、氢技术发展蓝图" 中的氢领域内容的策划编写，对很多开发人员有参考作用。另外，从 2013 年开始组织了 "HyGrid 研究会"，推进了氢能等可再生能源从制造到利用的系统实证工作。

在全球向脱离石油依赖型社会转型的今天，需要在积累各项技术的同时，构建氢社会体系；日本如何实现这一目标备受世界瞩目。氢社会是日本未来必须实现的目标。

为此，需要融合许多专业领域，并且需要与各行业、各企业以及世界各地进行合作，凝聚具有创新思维和献身该行业人们的智慧也是不可缺少的。我们希望今后能承担这样的责任。

本书是上述想法的实践，它融汇了各位学者的成果，也向今后研究氢能和推动氢社会的人们发出信息。希望本书能成为实现氢社会的指南。

最后，借此机会，要向编写本书的氢能协会以及出版者朝仓书店表示衷心的感谢。

编写干事

Technova 株式会社董事总经理

龟井淳史

2019 年 1 月

参考文献

第 2 章

［1］桂井 誠（2013）基礎エネルギー工学［新訂版］，p. 17，数理工学社．

［2］Climate Change 2013-The Physical Science Basis（2013）Intergovernmental Panel on Climate Change，p. 14，p. 471，p. 714，IPCC．

［3］日本気象協会地球環境問題委員会編（2014）地球温暖化—そのメカニズムと不確実性，p. 22，p. 26，朝倉書店．

［4］J. Kiehl，K. Trenberth（1997）*Bulletin of the American Meteorological Society*，78: 197．

［5］田中紀夫（2004）石油・天然ガスレビュー，No. 9，p. 83；No. 11，p. 43．

［6］IPCC 第 5 次評価報告書の概要 – 第 1 作業部会（自然科学的根拠）（2014. 12）環境省．

［7］HSC Chemistry 5. 11，Outokumpu Research．

［8］DOE Hydrogen and Fuel Cell Program Record 9013（2009）．

［9］T. Hua，R. Ahluwalia，*et al.*（2010）ANL – 10/24．

［10］Y. Okada，M. Shimura（2013. 2）Proceedings of Joint GCC-Japan Environment Symposia．

［11］牧野 功（2018）国立科学博物館技術の系統化調査報告，12: 209．

［12］W. Avery（1988）*Int. J. Hydrogen Energy*，13: 761．

第 3 章

［1］福田健三：WE-NET が目指した社会と今，NEDO FORUM（2015 年 2 月 12 日）．

［2］橋本道雄：水素社会の実現に向けて ~ 50 年の大計 ~，NEDO FORUM（2015 年 2 月 12 日）．

［3］水素利用国際クリーンエネルギーシステム技術（WE-NET）研究開発・第 I 期 最終評価報告書（平成 11 年 12 月）．

［4］Euro-Québec Hydro-Hydrogen Pilot Project Phase II Feasibility Study Final Report（March 1991）．

第 4 章

［1］桜井 弘（1997）元素 111 の新知識，pp. 30 – 34，講談社．

［2］J. D. Lee 著，浜口 博，菅野 等訳（1982）リー無機化学，pp. 119 – 123，東京化学同人．

［3］J. van Kranendonk，H. p. Gush（1962）水素分子の結晶構造．*Physics Letters* A．

［4］竹市信彦，田中秀明他（2007）高圧力の化学と技術，17: 257．

第 5 章

［1］石油学会編（2014）新版石油精製プロセス，pp. 345 – 368，石油学会．

［2］五十嵐哲（2000）水素の製造と利用に関する最近の話題. 水素エネルギーシステム, 25（2）: 62 - 70.

［3］白崎義則, 太田洋州他（1997）都市ガスから直接純水素を製造する水素分離型改質器の開発. 水素エネルギーシステム, 22（1）: 8 - 13.

［4］金子祥三（2012）石炭ガス化技術と水素製造. 水素エネルギーシステム, 37（1）: 29 - 32.

［5］池田雅一（2009）製油所を活用した"低炭素型"水素製造の可能性. 水素エネルギーシステム, 34（1）: 29 - 32.

［6］原田道昭, 川村　靖他（2010）石炭からの水素製造. 水素エネルギーシステム, 35（1）: 9 - 16.

［7］F. M. Sapountzi, J. M. Gracia, *et al.*（2017）Electrocatalysts for the generation of hydrogen, oxygen and synthesis gas. Prog. Energy Combust. *Sci.*, 58: 1 - 35.

［8］K. Kinoshita（1992）Electrochemical Oxygen Technology, pp. 348 - 359, John Wiley & Sons, New York.

［9］M. Carmo, D. L. Fritz, *et al.*（2013）A comprehensive review on PEM water electrolysis. *Int. J. Hydrogen Energy*, 38: 4901 - 4934.

［10］W. Doenitz, R. Schmidberger, *et al.*（1980）Hydrogen production by high temperature electrolysis of water vapour. *Int J. Hydrogen Energy*, 5: 55 - 63.

［11］水素エネルギー協会編（2014）水素の事典, pp. 524 - 528, 朝倉書店.

［12］河守正司, 三谷　優（2010）バイオマスを用いた水素発酵実証試験. 水素エネルギーシステム, 35（1）: 17 - 21.

［13］M. Aslam, *et al.*（2017）Engineering of the hyperthermophilic archaeon *Thermococcus kodakarensis* for chitin-dependent hydrogen production. *Appl. Environ. Microbiol.*, 83（15）: e00280 - 17.

［14］林　石英他（1999）CO_2吸収剤共存における有機物を利用した超臨界水の熱化学分解反応によるH2 の製造. 化学工学論文集, 25（3）: 498 - 500.

［15］美濃輪智朗（2005）木材から水素を生産する新技術. *AIST TODAY*, 5（2）: 29.

［16］A. Fujishima, K. Honda（1972）*Nature*, 238: 37 - 38.

［17］日本化学会編（1987）無機光化学. 化学総説 No. 39, p. 123, 学会出版センター.

［18］工藤昭彦, 和木康弘他（2007）触媒, 49（7）: 567 - 572.

［19］阿部　竜（2014）触媒, 56（4）: 219 - 225.

［20］Q. Wang, T. Hisatomi, *et al.*（2016）*Nature Mater.*, 15: 611 - 615.

［21］高橋喜和, 依田　稔（1999）日本油化学会誌, 48（10）: 1141.

［22］https://aburano-hanashi. kuni-naka. com/13

［23］吉田邦夫編（1999）エクセルギー工学, p. 131, 共立出版.

［24］J. E. Funk, *et al.*（1964）TID 20441（EDR3714）, Vol. 2, supplement A.

［25］S. Kasahara, *et al.*（2017）*Int. J. Hydrogen Energy*, 42（9）: 13477 - 13485.

［26］T. Kameyama, *et al.*（1984）*Int. J. Hydrogen Energy*, 93: 197 - 190.

［27］L. E. Brecher, *et al.*（1977）*Int. J. Hydrogen Energy*, 2（7）.

［28］T. Nakagiri, *et al.*（2006）*Int. J. JSME*, B 4（92）.

［29］G. F. Naterer, *et al.*（2010）*Int. J. Hydrogen Energy*, 35: 10905 – 10926.

［30］ソーダ工業ハンドブック2017. 日本ソーダ工業会.

［31］日本ソーダ工業会ソーダハンドブック編集幹事会編（1998）ソーダハンドブック，日本ソーダ工業会.

［32］木村英雄，藤井修治（1984）石炭化学と工業（増補版），三共出版.

［33］日本エネルギー学会コークス工学研究部会（2010）コークス・ノート2010 年版.

［34］S. Nomura, T. Nakagawa（2016）*Int. J. Coal Geology*, 168: 179 – 185.

［35］岡崎照夫，小野　透（2011）新日鉄技報，391: 187 – 193.

［36］藤本健一郎，鈴木公仁（2011）新日鉄技報，391: 201 – 205.

［37］小野嘉夫他（2003）吸着の化学と応用，pp. 10 – 11，講談社サイエンティフィク.

［38］残間　洋（1986）圧力スイング吸着技術集成（川井利長編），pp. 184 – 187，工業技術会.

［39］http://www.tn-denzaiequipment.jp/jp/purifier/puremate/index.html#ambient-temp-absorber-h2

［40］朝倉隆晃他（2014）天然ガスからの水素製造，水素エネルギーの開発と応用（吉倉広志他編），pp. 33 – 35，シーエムシー出版.

［41］原谷賢治（1993）気体透過. 膜分離プロセスの理論と設計（酒井清孝編），pp. 219 – 220，アイピーシー.

［42］日本膜学会編（1985）膜分離プロセスの設計法，p. 25. 喜多見書房.

［43］京谷智裕他（2011）化学プロセスへの適用に向けたゼオライト膜開発の現状. ゼオライト，28（1）: 10 – 15.

［44］荒木貞夫他（2011）シリカ系水素分離膜の開発. 関西大学理工学会誌理工学と技術，Vol. 18, pp. 25 – 30.

［45］吉宗美紀他（2009）カーボン膜モジュールを用いた混合ガス分離. 高圧ガス，46（6）: 428 – 431.

［46］須田洋幸（2006）金属膜による水素分離の進展. 膜（MEMBRANE），31（5）: 267 – 270.

［47］K. Nagata, M. Miyamoto, *et al.*（2011）*Chem. Lett.*, 40: 19 – 21.

［48］西田亮一，中尾真一（2015）膜分離技術を用いた有機ハイドライドからの水素の分離・精製. 水素エネルギーシステム，40（1）: 15 – 19.

［49］吉宗美紀，原谷賢治（2014）SPPO 中空系カーボン膜による水素/トルエン混合カス分離. 日本膜学会第 36 年会講演要旨集，p. 28，日本膜学会.

［50］伊藤直次（2014）無機系水素分離膜と膜反応器の化学系水素キャリアシステムへの応用. エネルギー・化学プロセスにおける膜分離技術（喜多英敏監），pp. 250 – 259，S&T 出版.

［51］高野俊夫（2014）輸送用・蓄圧用高圧水素容器，水素利用技術集成，Vol. 4, pp. 79 – 89，NTS.

［52］岩谷産業，Hydrogen 冊子．

［53］L. Randall，F. Barron（1985）Cryogenic system，p. 5，Oxford press，London．

［54］WE-NET 水素エネルギーシンポジウム予稿集（1999）

［55］J. Gretz（1995）The Euro-Quebec Hydrogen Pilot Project. *Int. J. hydrogen energy*，Vol. 23．

［56］AIAA（2004）Guide to Safety of hydrogen and hydrogen systems．

［57］神谷祥二（2012）水素エネルギーシステムと液体水素．燃料電池，Vol. 12．

［58］B. A. Hands（2013）Cryogenic Engineering，pp. 327 – 328，Academic Press，London．

［59］F. Rigas，*et al*.（2013）Hydrogen Safety，p. 67，CRC Press，London．

［60］水素・燃料電池戦略協議会（2016）水素・燃料電池戦略ロードマップ．

［61］川崎重工業パンフレット（2015）Hydrogen Roads．

［62］日本海事協会（2017）液化水素運搬船ガイドライン．

［63］HySTRA（技術研究組合 CO_2 フリー水素サプライチェーン機構）パンフレット（2017）．

［64］佐竹義典他（2015）火力発電所向けタービン発電機の大容量化技術．三菱重工技報，52（2）：44．

［65］経済産業省 HP　http：//www. meti. go. jp/press/2017/12/20171226002/20171226002. html

［66］千代田化工建設 HP　https：//www. chiyodacorp. com/jp/service/spera-hydrogen/innovations/

［67］NEDO HP　http：//www. nedo. go. jp/news/press/AA5_100807. html

［68］水素・燃料電池ハンドブック編集委員会（2006）水素・燃料電池ハンドブック，オーム社．

［69］水素エネルギー協会編（2017）トコトンやさしい水素の本 第 2 版，p. 146，日刊工業新聞社．

［70］神谷祥二，砂野耕三他（2015）水素液化・液化水素輸送貯蔵—来るべき水素社会に向けて—．川崎重工技報，176：34 – 39．

［71］藤村　靖（2017）CO_2 フリー水素利用アンモニア合成システム開発．SIP エネルギーキャリア公開シンポジウム2017 配付資料，pp. 50 – 51，内閣府（国研）科学技術振興機構．

［72］岡田佳巳（2017）大規模水素貯蔵輸送技術と今後の展望．第 37 回水素エネルギー協会大会予稿集，p. I – VI．

［73］水野有智，石本祐樹他（2017）国際水素エネルギーキャリアチェーンの経済性分析．エネルギー・資源学会論文誌，38（5）：11 – 17．

［74］岩谷産業（2016）水素エネルギーハンドブック第 4 版．

［75］新エネルギー・産業技術総合開発機構編（2017）NEDO 水素エネルギー白書，p. 130，日刊工業新聞．

［76］田畑　健（2010）水素社会と都市ガス事業．水素エネルギーシステム，35（4）：77 – 80．

［77］石油エネルギー技術センター（2013）製油所からの水素供給能力調査，平成 25 年度技術開発・調査事業成果発表会要旨集．

［78］日本ガス協会 HP　http：//www. gas. or. jp/gas-life/enefarm/shikumi/

［79］日本電機工業会 HP　https：//www. jema-net. or. jp/Japanese/res/fuel/about. html

［80］エネファームパートナーズ HP　http：//www. gas. or. jp/newsrelease/2017ef20. pdf

［81］日本電機工業会（2017）2016 年度 燃料電池発電システム出荷量統計調査報告. 電機, 792: 28 –32.

［82］三菱日立パワーシステムズ HP　https：//www. mhps. com/jp/products/sofc/overview/

［83］トヨタ自動車 HP　ht tps：//www. toyota. co. jp/jpn/tech/environment/fcv/

［84］ホンダ技研工業 HP　https：//www. honda. co. jp/tech/suiso/

［85］日本船舶輸出組合（2015）欧州における水素燃料電池船に関する調査. http：//www. jstra. jp

［86］http：//ec. europa. eu.　One hundred passengers and zero emissions

［87］国土交通省プレスリリース（2016）水素社会実現に向けた燃料電池の実船試験が開始. http：//www. mlit. go. jp

［88］W. p. Joseph, *et al.*（2016）Feasibility of the SF-BREEZE: a Zero-Emission Hydrogen Fuel, High-Speed Passenger Ferry. https：//www. marad. dot. gov

［89］経済産業省（2010.4.12）次世代自動車戦略 2010.

［90］経済産業省（2016）燃料電池自動車等の普及促進に係る自治体連携会議（第 3 回）資料.

［91］宇宙航空研究開発機構（2008）水素燃料航空機の国内外検討調査, JAXA-SP-08-005.

［92］岡井敬一（2008）脱化石燃料航空機の展望. PILOT, 309（4）: 6 –16.

［93］ATAG（Air Transport Action Group）（2013）Reducing Emission from Aviation through Carbon neutral Growth from 2020. https：//www. iata. org/policy/environment/Documents/atag-paper-on-cng2020-july2013.

［94］岡井敬一, 野村浩司他（2017）航空機伝導推進用燃料電池ハイブリッドシステムの可能性. 日本航空宇宙学会誌, 65: 19 –20.

［95］http：//www. jaxa. jp/projects/rockets/h2a/index_ j. html

［96］http：//www. jaxa. jp/projects/rockets/h2b/index_ j. html

［97］p. Timmerman（2008）JPL Power Systems, 1st 20 years in Review. Proceedings of the 2008 Space Power Workshop.

［98］桑島三郎（2000）燃料電池技術とその応用（竹原善一郎編）, pp. 293 –304, テクノシステム.

［99］曽根理嗣他（2002）宇宙用燃料電池技術と最近の動向, 電気化学および工業物理化学, 70（9）: 705 –710.

［100］曽根理嗣（2008）航空宇宙用電源における水素利用. 水素エネルギーシステム, 33（3）: 48 –54.

［101］H. A. Liebhafsky, E. J. Crains（1968）Fuel Cells and Fuel Batteries, pp. 587 – 619, John Wiley & Sons.

［102］D. Bell III, F. M. Plauche（1973）Apollo Experience Report-Power Generation System, NASA

TND –7142.

[103] W. E. Simon（1985）Space Shuttle Power Generation and Reactant Supply System. Pro. Space Shuttle Technical Conference, NASACP –2342, pp. 702 –719.

[104] 宇宙開発事業団（1992）宇宙用 Ni-H2 電池　適用データシート, 技術資料番号 TKE92021.

[105] 宇宙開発事業団（1997）宇宙用 Ni-MH 電池　適用データシート, 技術資料番号 GBA-97095.

[106] D. J. Samplatsky, K. Grohs, *et al.*（2011）Development and Integration of the Flight Sabatier Assembly on the ISS, AIAA 2011 –5151.

[107] 曽根理嗣（2016）宇宙探査から水素利用社会へ, 貢献の道筋. 再生可能エネルギーによる水素製造, pp. 94 –102, S&T 出版.

第 6 章

[1] 新エネルギー・産業技術総合開発産業機構編（2015）NEDO 水素エネルギー白書, p. 90, p. 92, p. 98, 日刊工業新聞.

[2] 高圧ガス保安協会編（2018）高圧ガス保安法規集, 高圧ガス保安協会.

[3] 飯島高志（2016）高圧水素ガス中金属材料試験装置の開発と材料評価方法. 燃料電池、15: 51 –69.

[4] 水素エネルギー協会編（2014）水素の事典, p. 461, p. 483, p. 494, 朝倉書店.

[5] 水素・燃料電池戦略協議会ワーキンググループ（第 3 回）, 配布資料. http://www. meti. go. jp/committee/kenkyukai/ene r gy/ sui s o_ nenryodenchi / sui s o_ nenryodenchi_ wg/pdf/003_02_00. pdf

[6] 水素・燃料電池戦略協議会（第 8 回）, 配布資料. http://www. meti. go. jp/committee/kenkyukai/energy/suiso_ nenryodenchi/pdf/008_02_01. pdf

[7] 規制改革推進に関する第 1 次答申. http://www. meti. go. jp/committee/kenkyukai/energy/suiso_ nenryodenchi/pdf/009_ s01_00. pdf

[8] 丸田昭輝（2018）海外における燃料電池・水素の教育, 啓蒙. トレーニング活動. 燃料電池, 17（3）: 33 –41.

第 7 章

[1] 資源・エネルギー庁（平成 28 年 3 月）水素・燃料電池戦略ロードマップ改訂版.

[2] 再生可能エネルギー・水素等関係閣僚会議（平成 29 年 12 月）水素基本戦略.

[3] Department of Energy（2012）Fuel Cell Technologies Office Multi-Year Research, Development, and Demonstration Plan.

[4] Department of Energy（2002）A National Vision of America's Transition to a Hydrogen Economy.

[5] E. L. Miller（2017）Hydrogen Production & Delivery Program, 2017 Annual Merit Review and Peer Evaluation Meeting 5 June.

[6] Pivovar, H2@ Scale Workshop Report, NREL/BK –5900 –68244（2017）.

[7] Ludwig-Blkow-Systemtechnik Gmbh，HyWays The European Hydrogen Roadmap（2008）.

[8] FCH2JU，Multi-Annual Work Plan（2014－2020，2014）.

[9] Hydrogen Mobility Europe. https：//h2me. eu/

[10] H2 Mobility. http：//h2-mobility. de/en/h2-mobility/

[11] IEA（2015）Technology Roadmap Hydrogen and Fuel Cells.

[12] J. Gretz, *et al.* （1994）*Int. J. Hydrogen Energy*，19: 169－174.

[13] 電源開発（NEDO 委託）(1995) 水素利用国際クリーンエネルギーシステム技術サブタスク3 全体システム概念設計. 平成 6 年度成果報告書，NEDO-WE-NET-9431.

[14] エネルギー総合工学研究所（NEDO 委託）(2010) 再生可能エネルギーの大陸間輸送技術の研究.

[15] IEA（2015）Technology Roadmap Hydrogen and Fuel Cells.

[16] 東芝プレスリリース（2016 年 3 月 14 日）「変なホテル」第 2 期棟の自立型水素エネルギー供給システム「H2OneTM」が運転を開始.

[17] 相澤芳弘他（2015 年 12 月）離島における再生可能エネルギーの水素電力貯蔵の検討. 第 35 回水素エネルギー協会大会.

[18] 東京電力プレスリリース（2018 年 4 月 13 日）2030 年のエネルギーミックスを模擬した電力系統の実証試験を開始へ－風力発電などの大量導入を目指し，島内で模擬実証－.

[19] IEA（2012）Energy Technology Perspectives 2012.

[20] IEA（2017）Energy Technology Perspectives 2017.

[21] 日本エネルギー経済研究所（2016）アジア/世界エネルギーアウトルック.

[22] A. Kurosawa（2004）Carbon concentration target and technological choice. Energy Econ，26: 675－684.

[23] 石本祐樹他（2015）世界及び日本におけるCO_2フリー水素の導入量の検討. 日本エネルギー学会誌，94: 170－176.

[24] エネルギー総合工学研究所（2012）平成 23 年度 CO_2 フリー水素チェーン実現に向けた構想研究成果報告書. http：//www. iae. or. jp/report/list/renewable_ energy/action_ plan/

[25] エネルギー総合工学研究所（2016）平成 28 年度 CO_2 フリー水素普及シナリオ研究成果報告書.

[26] Siemens, Green ammonia. https：//www. siemens. co. uk/pool/insights/siemens-green-ammonia. pdf.

[27] Eystein Leren（2017 年 11 月 15 日）Renewable Energy in Industry-ammonia-，Nordic Energy Day at COP23. http：//www. nordicenergy. org/wp-content/uploads/2017/11/Yara-IEA-REN-in-Industry-ammonia-COP23-15NOV 2017－2－1. pdf